JN102239

改訂2版

ひと目でわかる危険物乙4問題集

中野　裕史　著

電気書院

[本書の正誤に関するお問い合せ方法は，最終ページをご覧ください]

はじめに

「危険物取扱者乙４類」は国家資格の代名詞といってよいほど，人気のある資格である．高校生から社会人まで多くの人が受験する．したがって受験者数は，他の国家資格に比べ，はるかに多い．そのわけは，高校や大学での専門知識がなくても，地道に努力し，勉強していけば，だれでも合格可能な国家資格であるからである．

国家試験の分類としては，化学系であり，いわばその登竜門的なものである．

この資格のメリットは，まずは就職に有利であるということであろう．実際に乙４類が必要な職種に就く場合はもちろんのこと，そうでなくとも，自分で勉強し，知識を習得していく力があることの証明となるからである．特に中高年の方が再就職される場合，就職先の幅を大きく広げることができる．

本書の特徴

本書は，［要点解説編］，［問題編］，［問題解答編］の３部より構成されている．

［要点解説編］は，本試験で特に重要な要点をまとめたもので「基礎の物理･化学」「性質・燃焼・消火」「法令」からなる．

［問題編］は，基本問題（Set １～５）の５回分と応用問題［実際に出題された問題をベースにしている］（Set １～３）の３回分の，計８回分を用意した．基本問題を解いたうえで，応用問題をやるとよい．［問題編］は，取り外せるようになっており，［問題解答編］を横に置き，確認しながら学習できるようにしている．

［問題解答編］は，取り外された問題を見て，すぐに解答・解説を見ることができるようにしたもので，解答ページを探す時間を省けるようにした．さらにここでは，問題文と一緒に「解説」をつけている．それが本書の大きな特徴である．正しい説明文はそのまま覚えることができ，また誤った説明文は，どこが誤っているのかが，ひと目でわかるようにしている．１問を解くことで，２～３問分を解くのと同じような効果を期待しているものである．

また危険物試験には，覚えなくてはならない数値が多いので，よく出題される数値については，「覚え方の例」や「独自の表」も記した．試験の直前になれば，この［問題解答編］に最初から目を通すことも有効である．

本書の活用法としては，まず［要点解説編］を一通り目を通した上で，問題を解いていくのが，一番よい方法である．しかし試験までに十分な準備期間がない場合は，直接問題を解いていくのも１つの方法である．解説を読み，［要点解説編］で確認するという方法である．

さらに効率よく学習するには，著者監修の「受かる乙４危険物取扱者（電気書院発行）」を利用すれば，分からないところがすぐに調べられ，さらに詳しく記述されているので，なお一層効率が上がる．またその本の実践問題５回分も解くことで，さらに合格に近づくことができる．

以上，読者の皆様が，栄えある「危険物取扱者乙４類」に合格することを祈念し，著者のことばといたします．

著者　しるす

追　記

① 改訂版においては「問題解答編」の解答の星マークの横に参照すべき「要点解説編」のページ数を記入して，すぐに確認できるようにした．

②「問題編」の問題の右側に「解答解説編」の「解答解説編」のページ数を記入し，すみやかに解説を見ることができるようにした．また，「問題編」を取り外した状態でも解答がわかるように，次ページの下段に解答番号を表示した．これによりスピーディーに乙４が学習できるようになると思います．

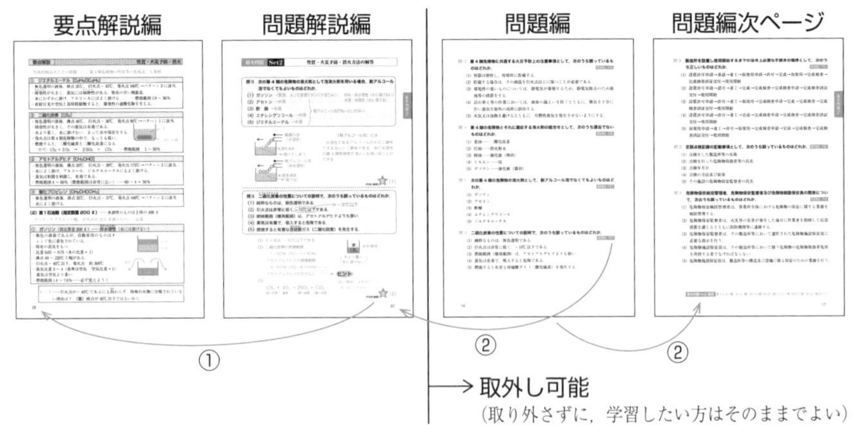

目次 改訂2版 ひと目でわかる危険物乙４問題集

別冊　［問題編］

乙種第４類危険物取扱者試験受験案内

乙種第４類の危険物取扱者になるためには，乙種第４類危険物取扱者試験を受けてこれに合格し，危険物取扱者免状の交付申請を行い，乙種第４類危険物取扱者免状の交付を受けることが必要です．

【試験の実施】

消防法の規定により，都道府県知事が試験を実施し，合格した者に乙種危険物取扱者免状を与えることになっています．

【試験の期日】

東京都の場合，乙種第４類の試験は毎月２～数回程度行われていますが，他の道府県では年に１～数回程度実施されています．試験の期日，願書の受付期間等は，都道府県によってまちまちですから，受験を希望する都道府県の財団法人消防試験研究センター各支部等に，前もって問い合わせて確認しておくことが大切です．

【受験申請に必要な書類等】

◎受験願書　受験案内，受験願書及び試験手数料振込用紙等は，財団法人消防試験研究センター各支部等及び都道府県によっては，消防署の窓口に用意されています．受験を希望する都道府県の財団法人消防試験研究センター各支部等へ問い合わせて，間違いのないようにしてください．

◎写　　真　試験日前６カ月以内に撮影した無帽，無背景，正面上三分身像の縦 4.5cm，横 3.5cm の枠なしで鮮明なもの（本人確認ができるもの）．

◎受験手数料　乙種危険物取扱者試験の受験料は，4,600 円です．（令和２年現在）

【受験地の制限】

自宅，勤務先の都道府県の他，日本全国どこの県でも受験ができます．

【受験資格の制限】

乙種危険物取扱者試験は誰でも受験ができます．受験資格の制限はありません．

【受験手続き】

都道府県によって違いますから，受験を希望する都道府県の受験案内をよく読んで，間違いのないようにしてください．

◎受験願書の提出　郵送，持参のいずれか一方の場合がありますので，受験案内を確認して，正しい提出をしてください．

◎受験票の送付　受験票は，試験日の約１週間前までに郵送されます．

◎試験時刻　原則として試験は午前中に行われます．ただし，会場の都合で午後となる場合がありますので，受験票記載の集合時間を確認してください．

※受験申請には「電子申請」（インターネットによる受験申請）による方法もあります．詳細は，一般財団法人消防試験研究センターホームページ（https://www.shoubo-shiken.or.jp）をご覧下さい．

【試験科目】

乙種危険物取扱者試験の試験科目と問題数は，次のとおりです．

1	危険物に関する法令	15問
2	基礎的な物理学及び基礎的な化学	10問
3	危険物の性質並びにその火災予防及び消火の方法	10問

以上，合計35問です．

【試験時間】

上記35問題の解答時間が，ちょうど２時間です．

【試験の方法】

試験は筆記試験で行われます．問題用紙と答案用紙は別になっており，答案用紙の正解欄を鉛筆で塗りつぶすマークカード方式です．

出題は，各科目とも五肢択一式となっています．１問につき答が５つ用意されていて，その中から問に対して正しい答を一つ選び出し解答します．

【合格の基準】

前記３科目のすべてについて60％以上正解すると合格となります．

【試験についての問い合わせ先】

財団法人消防試験研究センター本部　電話 03-3597-0220

東京都千代田区霞が関 1-4-2 大同生命霞ヶ関ビル 19階（〒100-0013）

ホームページアドレス　https://www.shoubo-shiken.or.jp/

財団法人消防試験研究センター各支部の住所電話番号は，以下のとおりです．

北海道支部　〒060–8603 札幌市中央区北５条西 6–2–2 札幌センタービル 12階
☎ 011-205-5371

青森県支部　〒030–0861 青森市長島 2–1–5 みどりやビルディング４階
☎ 017-722-1902

岩手県支部　〒020–0015 盛岡市本町通 1–9–14 JT 本町通ビル 5 階☎ 019-654-7006

宮城県支部　〒981–8577 仙台市青葉区堤通雨宮町 4–17　県仙台合同庁舎 5 階
☎ 022-276-4840

秋田県支部　〒010–0001 秋田市中通 6–7–9 秋田県畜産会館 6 階☎ 018-836-5673

山形県支部　〒990–0025 山形市あこや町 3–15–40 田代ビル 2 階☎ 023-631-0761

福島県支部　〒960–8043 福島市中町 4–20 みんゆうビル 2 階☎ 024-524-1474

茨城県支部　〒310–0852 水戸市笠原町 978–25 茨城県開発公社ビル 4 階☎ 029-301-1150

栃木県支部　〒320–0032 宇都宮市昭和 1–2–16 県自治会館 1 階☎ 028-624-1022

群馬県支部　〒371–0854 前橋市大渡町 1–10–7 群馬県公社総合ビル 5 階☎ 027-280-6123

埼玉県支部　〒330–0062 さいたま市浦和区仲町 2–13–8 ほまれ会館 2 階☎ 048-832-0747

千葉県支部　〒260–0843 千葉市中央区末広 2–14–1 ワクボビル 3 階☎ 043-268-0381

中央試験センター　〒151–0072 渋谷区幡ヶ谷 1–13–20 ☎ 03-3460-7798

神奈川県支部　〒231–0015 横浜市中区尾上町 5–80 神奈川中小企業センタービル 7 階
☎ 045-633-5051

新潟県支部　〒950–0965 新潟市中央区新光町 10–3 技術士センタービルII 7 階
☎ 025-285-7774

富山県支部　〒939–8201 富山市花園町 4–5–20 県防災センター 2 階☎ 076-491-5565

石川県支部　〒920–0901 金沢市彦三町 2–5–27 名鉄北陸開発ビル 7 階☎ 076-264-4884

福井県支部　〒910–0003 福井市松本 3 丁目 16–10 福井県福井合同庁舎 5 階
☎ 0776-21-7090

山梨県支部　〒400–0026 甲府市塩部 2–2–15 湯村自動車学校内☎ 055-253-0099

長野県支部　〒380–0837 長野市大字南長野字幅下 667–6 長野県土木センター 1 階
☎ 026-232-0871

岐阜県支部　〒500–8384 岐阜市薮田南 1–5–1 第 2 松波ビル 1 階☎ 058-274-3210

静岡県支部　〒420–0034 静岡市葵区常磐町 1–4–11 杉徳ビル 4 階☎ 054-271-7140

愛知県支部　〒460–0001 名古屋市中区三の丸 3–2–1 愛知県東大手庁舎 6 階☎ 052-962-1503

三重県支部　〒514–0002 津市島崎町 314 島崎会館 1 階☎ 059-226-8930

滋賀県支部　〒520–0806 大津市打出浜 2–1 コラボしが 21 4 階☎ 077-525-2977

京都府支部　〒602–8054 京都市上京区出水通油小路東入丁字風呂町 104–2 京都府庁西別館 3 階☎ 075-411-0095

大阪府支部　〒540–0012 大阪市中央区谷町 1–5–4 近畿税理士会館・大同生命ビル 6 階
☎ 06-6941-8430

兵庫県支部　〒650–0024 神戸市中央区海岸通 3 番地　シップ神戸海岸ビル 14 階
☎ 078-385-5799

奈良県支部 〒630‒8115 奈良市大宮町 5‒2‒11 奈良大宮ビル 5 階☎ 0742-32-5119

和歌山県支部 〒640‒8137 和歌山市吹上 2 丁目 1 番 22 号日赤会館 6 階☎ 073-425-3369

鳥取県支部 〒680‒0011 鳥取市東町 1‒271 鳥取県庁第 2 庁舎 8 階☎ 0857-26-8389

島根県支部 〒690‒0886 島根県松江市母衣町 55 番地　島根県林業会館 2 階
☎ 0852-27-5819

岡山県支部 〒700‒0824 岡山市北区内山下 2‒11‒16 小山ビル 4 階☎ 086-227-1530

広島県支部 〒730‒0013 広島市中区八丁堀 14‒4 JEI 広島八丁堀ビル 9 階
☎ 082-223-7474

山口県支部 〒753‒0072 山口市大手町 7‒4 KRY ビル 5 階（県庁前）☎ 083-924-8679

徳島県支部 〒770‒0943 徳島市中昭和町 1‒3 山一興業ビル 4 階☎ 088-652-1199

香川県支部 〒760‒0066 高松市福岡町 2‒2‒2 香川県産業会館 4 階☎ 087-823-2881

愛媛県支部 〒790‒0011 松山市千舟町 4‒5‒4 松山千舟 454 ビル 5 階☎ 089-932-8808

高知県支部 〒780‒0823 高知市菜園場町 1‒21 四国総合ビル 4 階 401 号☎ 088-882-8286

福岡県支部 〒812‒0034 福岡市博多区下呉服町 1‒15 ふくおか石油会館 3 階
☎ 092-282-2421

佐賀県支部 〒840‒0826 佐賀市白山 2 丁目 1 番 12 号 佐賀商工ビル 4 階☎ 0952-22-5602

長崎県支部 〒850‒0032 長崎市興善町 6‒5 興善町イーストビル 5 階☎ 095-822-5999

熊本県支部 〒862‒0976 熊本市中央区九品寺 1‒11‒4 熊本県教育会館 4 階
☎ 096-364-5005

大分県支部 〒870‒0023 大分市長浜町 2‒12‒10 昭栄ビル 2 階☎ 097-537-0427

宮崎県支部 〒880‒0805 宮崎市橘通東 2‒7‒18 大淀開発ビル 4 階☎ 0985-22-0239

鹿児島県支部 〒890‒0064 鹿児島市鴨池新町 6‒6 鴨池南国ビル 3 階☎ 099-213-4577

沖縄県支部 〒900‒0029 那覇市旭町 116‒37 自治会館 6 階☎ 098-941-5201

改訂２版
ひと目でわかる危険物乙４問題集

要点解説編

要点解説編は，本試験で特に重要な要点をまとめています．通勤・通学時，また休み時間を利用した学習から試験場における直前チェックまで，短かい時間も利用して，重要事項が覚えられるように工夫してあります．繰り返し読み返して全部覚えましょう．

物理・化学の要点

周期表

周期＼族	1	2	3	4	5	6	7	8	9	10	11	12	13	14	15	16	17	18
	アルカリ金属	アルカリ土類金属															ハロゲン	希ガス
1	H																	He
2	Li	Be											B	C	N	O	F	Ne
3	Na	Mg											Al	Si	P	S	Cl	Ar
4	K	Ca	Sc	Ti	V	Cr	Mn	Fe	Co	Ni	Cu	Zn	Ga	Ge	As	Se	Br	Kr
5	Rb	Sr	Y	Zr	Nb	Mo	Tc	Ru	Rh	Pd	Ag	Cd	In	Sn	Sb	Te	I	Xe
6	Cs	Ba	*	Hf	Ta	W	Re	Os	Ir	Pt	Au	Hg	Tl	Pb	Bi	Po	At	Rn
7	Fr	Ra	**	Rf	Db	Sg	Bh	Hs	Mt	Ds	Rg							

原子番号	元素記号	元素名
1	H	水素
2	He	ヘリウム
3	Li	リチウム
4	Be	ベリリウム
5	B	ホウ素
6	C	炭素
7	N	窒素
8	O	酸素
9	F	フッ素
10	Ne	ネオン
11	Na	ナトリウム
12	Mg	マグネシウム
13	Al	アルミニウム
14	Si	ケイ素
15	P	リン
16	S	硫黄（イオウ）
17	Cl	塩素
18	Ar	アルゴン
19	K	カリウム
20	Ca	カルシウム
21	Sc	スカンジウム
22	Ti	チタン
23	V	バナジウム
24	Cr	クロム
25	Mn	マンガン
26	Fe	鉄
27	Co	コバルト

原子番号	元素記号	元素名
28	Ni	ニッケル
29	Cu	銅
30	Zn	亜鉛（アエン）
31	Ga	ガリウム
32	Ge	ゲルマニウム
33	As	ヒ素
34	Se	セレン
35	Br	臭素
36	Kr	クリプトン
37	Rb	ルビジウム
38	Sr	ストロンチウム
39	Y	イットリウム
40	Zr	ジルコニウム
41	Nb	ニオブ
42	Mo	モリブデン
43	Tc	テクネチウム
44	Ru	ルテニウム
45	Rh	ロジウム
46	Pd	パラジウム
47	Ag	銀
48	Cd	カドミウム
49	In	インジウム
50	Sn	スズ
51	Sb	アンチモン
52	Te	テルル
53	I	ヨウ素
54	Xe	キセノン

原子番号	元素記号	元素名
55	Cs	セシウム
56	Ba	バリウム
72	Hf	ハフニウム
73	Ta	タンタル
74	W	タングステン
75	Re	レニウム
76	Os	オスミウム
77	Ir	イリジウム
78	Pt	白金
79	Au	金
80	Hg	水銀
81	Tl	タリウム
82	Pb	鉛
83	Bi	ビスマス
84	Po	ポロニウム
85	At	アスタチン
86	Rn	ラドン
87	Fr	フランシウム
88	Ra	ラジウム
104	Rf	ラザホージウム
105	Db	ドブニウム
106	Sg	シーボーギウム
107	Bh	ボーリウム
108	Hs	ハッシウム
109	Mt	マイトネリウム
110	Ds	ダームスタチウム
111	Rg	レントゲニウム

Ⅰ．基礎的な物理・化学

Ⓐ 熱について

1．温　度……K（ケルビン）と℃（度）について

℃（度）は，水の凍る温度を0としたものである．一方，K（ケルビン）は，地球上のすべてのものが凍りつく温度を0としたものである．K（ケルビン）を℃（度）で表すと，0〔K〕＝－273〔℃〕となる．0〔K〕のことを「絶対零度」という．なお，K（ケルビン）と℃（度）の温度幅は同じである．

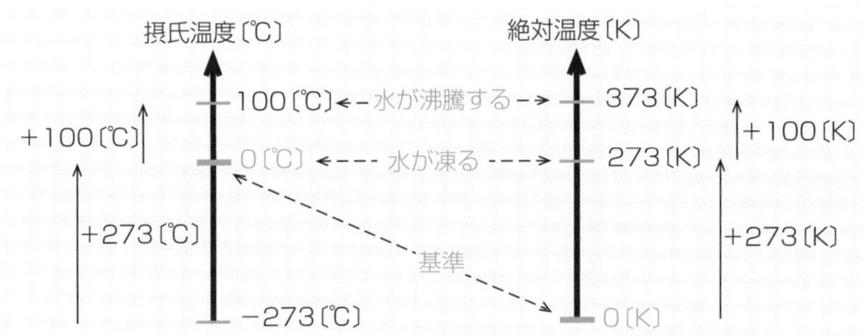

〔チェック問題〕　30℃をケルビン（K）で表わせ．→273を足せばよい．

（答）30 ＋ 273 ＝ 303〔K〕

2．熱　量〔カロリー cal〕

1グラム〔g〕の水を1〔℃〕上昇させるために，必要な熱量が1〔cal〕である．

（例）右図．

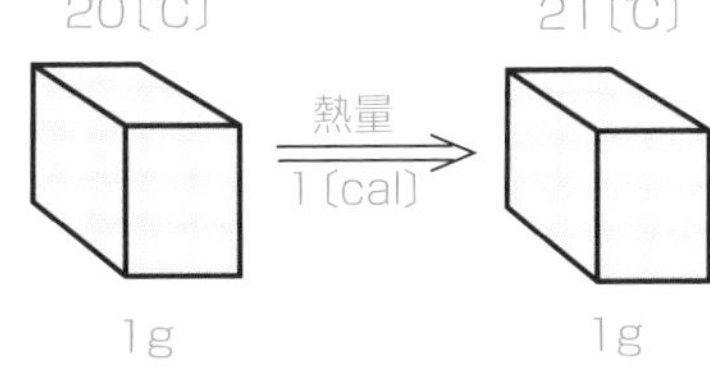

国際的には，熱量の単位は，ジュール〔J〕が使われる．〔cal〕と〔J〕との単位換算は，1〔cal〕≒ 4.2〔J〕である．1000倍すれば，1〔kcal〕≒ 4.2〔kJ〕となる．

≒は約を表す．さらに厳密にいえば4.187〔kJ〕である．

〔チェック問題〕　200〔cal〕は何〔J〕か．……4.2をかければよい．

（答）200 × 4.2 ＝ 840〔J〕

3．比　熱

物質1〔g〕を1〔℃〕（1〔K〕）上昇させるために，必要な熱量である．

水は，1〔g〕を1〔℃〕上昇させるためには，1〔cal〕必要であるため，比熱は1となる．（ジュール換算では4.187となる．）

（参考）単位を付けて水の比熱を表すと，次のとおりである．

1〔cal/g・℃〕または4.187〔J/g・K〕である．

「比熱の大きな物質は温まりにくく，冷えにくい.」水は比熱が最大である.

4．熱容量（ねつようりょう）

物質の質量が大きいほど，熱容量は大きい.

熱容量	=	物質の比熱	×	物質の質量
〔cal/℃〕		〔cal/g・℃〕		〔g〕
〔J/K〕		〔J/g・K〕		〔g〕

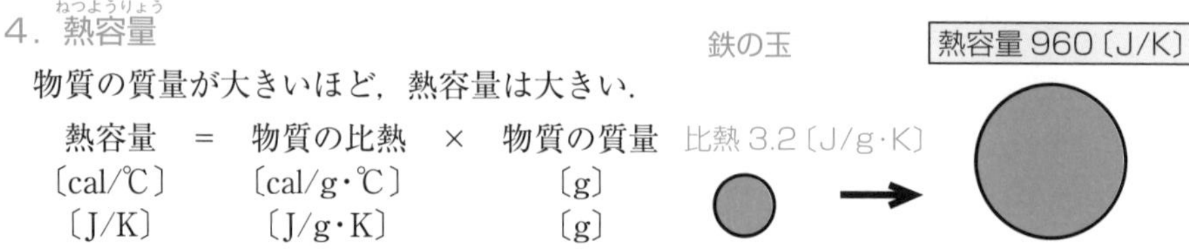

〔チェック問題〕　比熱 3.2〔J/g・K〕で質量 300〔g〕の鉄の熱容量はいくらか（上図）.

（答）3.2〔J/g・K〕× 300〔g〕＝ 960〔J/K〕

5．熱量の計算

比熱 A〔J/g・K〕で質量 B〔g〕の物質を，C〔K〕（C〔℃〕）上昇させるには，何〔J〕の熱量が必要か.

必要な熱量 Q〔J〕は，次のように表される.

［公式］

$$Q\text{〔J〕} = \underset{\text{比熱}}{A\text{〔J/g・K〕}} \times \underset{\text{質量}}{B\text{〔g〕}} \times \underset{\text{上昇温度}}{C\text{〔K〕}} = A \cdot B \cdot C \left\lbrack \frac{\text{J}}{\text{g}\cdot\text{K}}\,\text{g}\cdot\text{K} \right\rbrack = ABC\text{〔J〕}$$

（問）水 100〔g〕を 20〔℃〕から 80〔℃〕まで温めるのに必要な熱量は？

水
100g
20℃
熱量
お湯
80℃

水の比熱をジュールで表すと，4.2〔J/g・K〕であり，上昇温度は 80 − 20 ＝ 60〔℃〕であるので，熱量 Q は次のとおりとなる.

Q ＝比熱×質量×上昇温度＝ 4.2 × 100 × 60 ＝ 25200〔J〕

6．熱の移動

伝導（でんどう）・対流（たいりゅう）・放射（ほうしゃ）の 3 つがある.

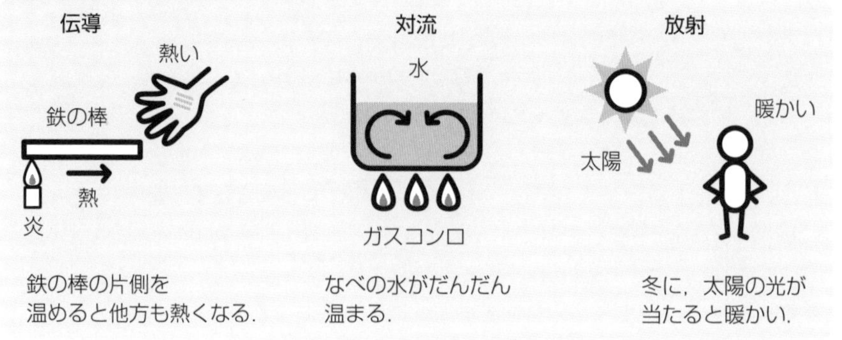

7．熱による膨張

熱により物体は体積膨張を起こす．特に問題となるのは液体の体積膨張である．液体は気体と違い体積膨張により，その容器に大きな力を発生し，気体部分がない場合，容器を破損する力を持っている．

体膨張 $V = V_0 \times (1 + B \times T) = V_0(1 + BT)$：文字式の×は省略する．

B ＝体膨張率　T ＝温度差　V_0 ＝膨張する前の体積

（問）20℃で4000 ℓのガソリンが50℃になった場合，体積は何〔ℓ〕増えるか．ただしガソリンの体膨張率を0.0014とする．

温度差 $T = 50 - 20 = 30$℃である．よって，

$V = 4000 \times (1 + 0.0014 \times 30) = 4000 \times (1 + 0.042) = 4000 \times 1.042$

$= 4168$〔ℓ〕

$V - V_0 = 4168 - 4000 = 168$ ℓ

168〔ℓ〕増加することが分かる．（答）168 ℓ

Ⓑ 静電気について

1．静電気の発生

電気的に絶縁された2つの異なる物質が相接触（あいせっしょく）して離れるときに，片側には正（＋）の電荷が，他方には負（－）の電荷が帯電（たいでん）することで発生する．

静電気の発生

たまった電荷が耐えきれなくなると，放電が起こり，火花を散らすことになる．これが，点火源になる．

2．静電気の発生防止

① 静電気が発生すると思われるものに，アース（接地）をする．

② 湿度を高く保つ．

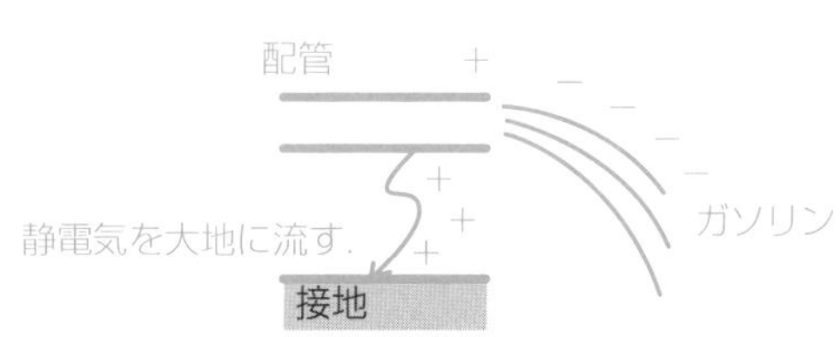

Ⓒ 物理変化

色や形，状態が変わるだけで，物質の本質は変わらない変化をいう．

① 物質の三態

すべての物質は，液体，固体，気体に変化することができる．

物質の三態の表は書けるようにしておきたい.

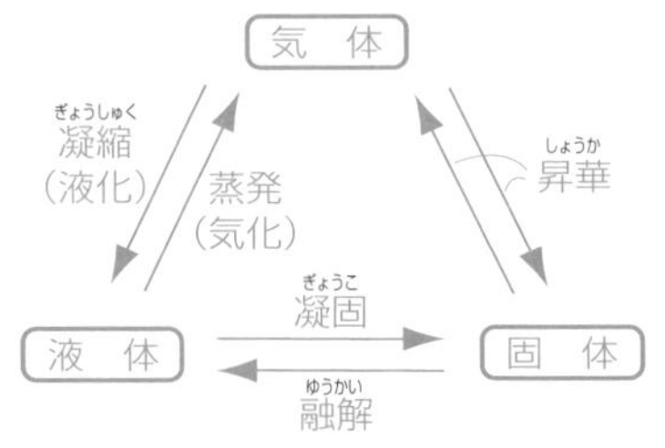

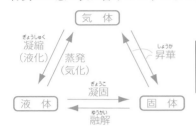

・まず気体を上に書き，左下に液体を書く.
・凝固と凝縮は呼び名が似ているので注意.
・気体と固体の変化は，どちらも昇華という.

② 各種状態変化の例

蒸発（じょうはつ）……水が水蒸気になる.　凝縮（ぎょうしゅく）……水蒸気が水になる.

凝固（ぎょうこ）……水が凍る.　融解（ゆうかい）……氷が解ける.

昇華（しょうか）……ドライアイスがいつの間にかなくなる（固体→気体).
北海道のダイヤモンドスノー現象（気体→固体).

③ その他の物理変化

沸騰（ふっとう）……液体の内部から蒸発が起こる現象.

潮解（ちょうかい）……固体が空気中の水分を吸ってドロドロに溶ける現象.

風解（ふうかい）……結晶水（結晶を作るために必要な水分）をもつ物質を空気中に放置しておくと，結晶水が蒸発して，粉末になってしまう現象.

溶解（ようかい）……物質が液体に溶けること.

D 化学変化

物質がもとの物質とまったく違った，新しい性質をもつ物質に変わることをいう.

① **化合**　(例）水素と酸素で水ができる.
② **分解**　(例）水が電気分解して，水素と酸素ができる.
③ **酸化**　(例）鉄がさびる.
④ **還元**（かんげん）　(例）さびた銅（酸化銅）が水素により，きれいな銅にもどる.
⑤ **燃焼**　(例）紙が燃える.
⑥ **中和**　(例）塩酸と水酸化ナトリウムを反応させて，塩と水ができる.

E 比重（ひじゅう）とは

「比べる重さ」と書かれているが，では何と比べているのか？
ありふれたものと比較するのが合理的である.
よって　液体……水の重さと比較する.（水の比重＝1）
　　　　気体……空気の重さと比較する.（空気の比重＝1）単位は無単位である.

液体で「比重が1未満であれば，水より軽い.」
気体で「比重が1未満であれば，空気より軽い.」

（例）比重 0.9 の油は水に浮く．比重 1.4 の油の蒸気（気体）は床面にそって漂（ただよ）う．

F 比重と体積と質量の関係

質量 M〔kg〕＝比重 A ×体積 V〔ℓ〕

（例題）比重 0.9，体積 1000 ℓ の油の質量はどれだけか．

$M = 0.9 \times 1000 = 900$〔kg〕

G 物質の種類

① 単体・化合物・混合物

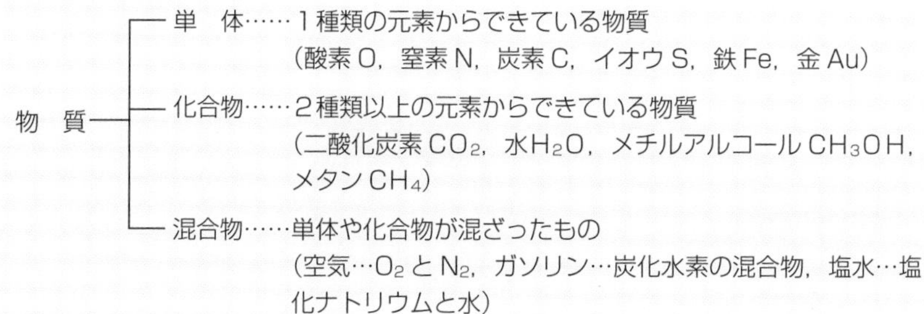

物質
- 単　体……１種類の元素からできている物質（酸素 O，窒素 N，炭素 C，イオウ S，鉄 Fe，金 Au）
- 化合物……２種類以上の元素からできている物質（二酸化炭素 CO_2，水 H_2O，メチルアルコール CH_3OH，メタン CH_4）
- 混合物……単体や化合物が混ざったもの（空気…O_2 と N_2，ガソリン…炭化水素の混合物，塩水…塩化ナトリウムと水）

② 同素体（どうそたい）……１種類の元素からできている単体のうち，原子の結合状態が異なるため，異なる性質をもつもの．

（C…ダイヤモンドと黒鉛（こくえん），O…酸素 O_2 とオゾン O_3，P… 赤リンと黄リン）

③ 異性体（いせいたい）……分子式が同じであっても分子内の構造が異なり，性質が異なる物質

〔C_2H_6O…C_2H_5OH（エチルアルコール），CH_3OCH_3（ジメチルエーテル）〕

〔$C_6H_4(CH_3)_2$…オルトキシレンとメタキシレンとパラキシレンの関係〕

H 酸素（O_2）の特徴

無色，無臭．空気よりやや重い．それ自体，不燃性ガス（燃えないガス）であるが，他のものを燃やす作用があるため「支燃性（しねんせい）ガス」という．

I 酸性とアルカリ性

酸　性……水溶液中で水素イオン（H^+）が多いものを酸性という．

アルカリ性……水溶液中で水酸化物イオン（OH^-）が多いものをアルカリ性という．

アルカリ性のことを塩基性（えんきせい）ともいう．

J pH（ペーハー）（水素イオン濃度指数）……「ピイエイチ」ともいう．

酸性かアルカリ性かを判定する指針．

pH の範囲は 0 から 14 までである．pH ＝ 7 が中性で，pH が 0 に近いほど酸性が強く，pH が 14 に近いほどアルカリ性が強い．

pH = 7　中性　　pH（ペーハーまたはピーエイチ）と読む.
pH ＜ 7　酸性
pH ＞ 7　アルカリ性（塩基性）

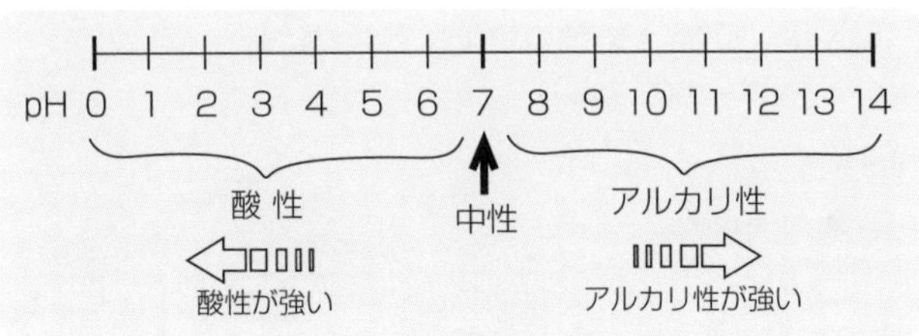

Ⅱ. 燃焼理論

Ⓐ 燃焼の定義

1．燃焼とは,「熱と光を伴う酸化反応である.」

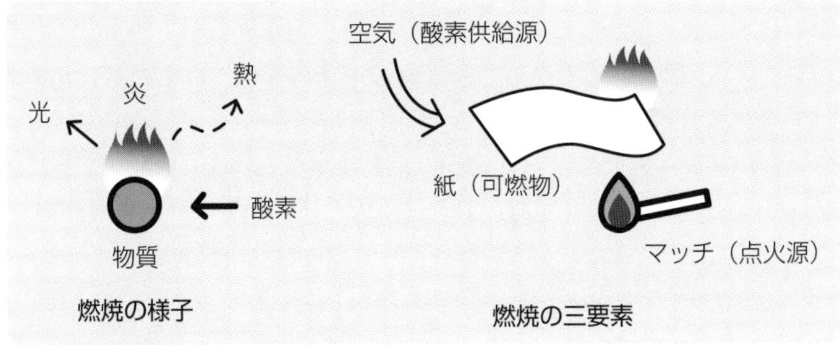

2．燃焼の三要素

「可燃物」「酸素供給源」「点火源」

① 可燃物……紙, 木材, ガソリン, 灯油, プロパンガス, 水素など.

② 酸素供給源……空気, 酸素, 第１類・第６類危険物など. 空気中には, 約 21％の酸素と約 78％の窒素と残り約１％の希ガス等が含まれている.

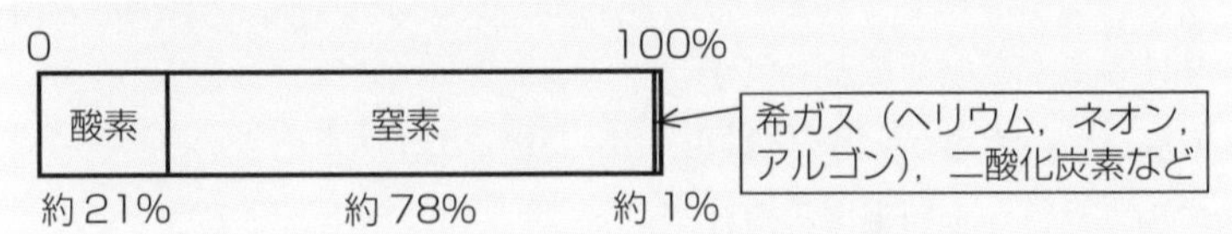

③ 点火源……火気（マッチ・ライターの炎）, 衝撃, 摩擦熱, 酸化熱, 電気火花, 静電気火花など.

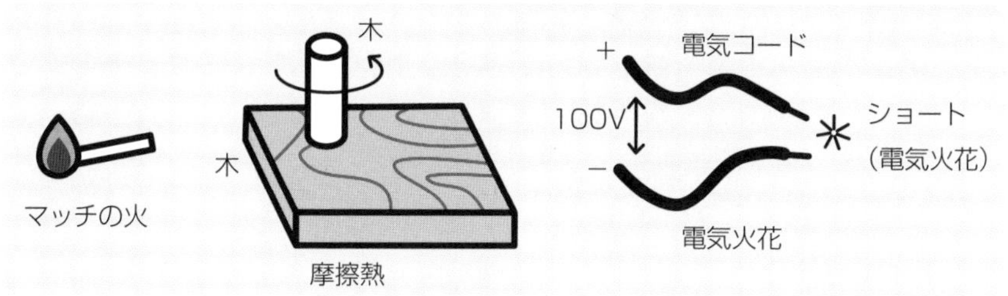

〔不燃物の例〕……二酸化炭素，窒素，塩化ナトリウム，第１類危険物（酸化性固体），第６類危険物（酸化性液体）.

第１類危険物・第６類危険物はそれ自体不燃物であるが，相手に酸素を与える．つまり酸素供給源になることに注意！

３．燃焼の難易（燃焼しやすいか，しにくいか.）

難（しにくい）．易（しやすい）.

燃焼しやすい条件を示す.

① 酸化されやすい.　② 空気（酸素）との接触面積が大きい.
③ 発熱量（燃焼熱）が大きい.　④ 乾燥度が高い.
⑤ 可燃性蒸気が発生しやすい.　⑥ 周囲の温度が高い.
⑦ 熱伝導率が小さい．……注意！（「大きい」ではない）

４．燃焼の仕方

(1) 気　体……**拡散燃焼**（空気と混合しながら，定常的な炎を出す燃焼）

(2) 液　体……**蒸発燃焼**（液体から蒸発した蒸気が燃焼する.）

(3) 固　体……**表面燃焼**，**分解燃焼**，**蒸発燃焼**の３つがある．…**固体にも蒸発燃焼がある！**

① **表面燃焼**……可燃性固体がその表面で熱分解も起こさず，また蒸発もしないで高温をたもちながら燃焼する.

(例) 木炭，コークス

② **分解燃焼**……可燃物が加熱されて分解され，その際発生する可燃性ガスが燃焼する.

(例) 木材，石炭，プラスチック

③ **蒸発燃焼**……固体を熱した場合，熱分解を起こさず，そのまま蒸発して，その蒸気が燃焼する．…液体の燃焼と同じ名前なので注意！

(例) 硫黄(いおう)（第2類危険物），ナフタリン，固形アルコール（第2類危険物）

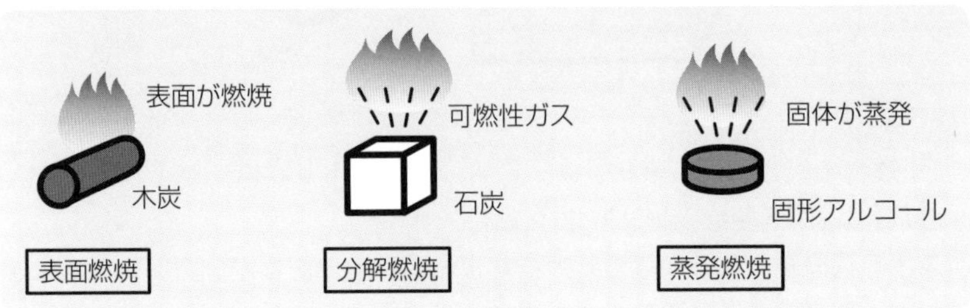

5．粉じん爆発

固体の可燃物が粉末状で空気に浮遊(ふゆう)する時，点火源を与えると強力に爆発する．（石炭，金属粉，小麦粉など）

6．燃焼範囲(ねんしょうはんい)

空気中において燃焼することができる可燃性蒸気の濃度範囲のことである．濃度が薄くても，濃くても燃焼しない！

(例) ガソリンの燃焼範囲：1.4～7.6（vol）%　　vol は体積を意味する．

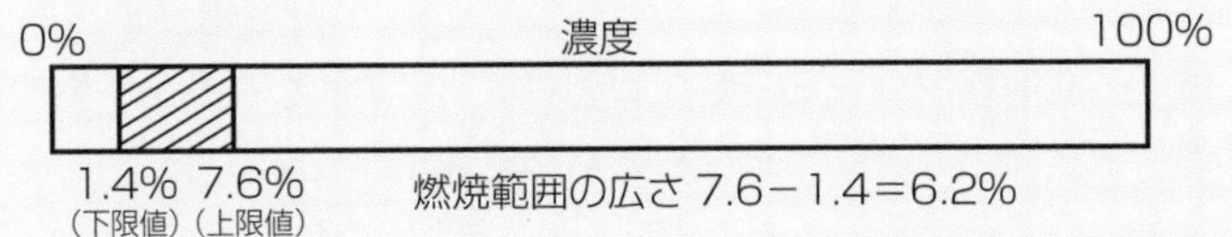

ガソリン1.4%の蒸気濃度とは，ガソリン蒸気1.4 ℓと空気98.6 ℓを混ぜた状態である．

$$\text{濃度} = \frac{\text{蒸気}}{\text{蒸気} + \text{空気}} = \frac{1.4}{1.4 + 98.6} = \frac{1.4}{100} = 0.014 = 1.4\%$$

7．引火点(いんかてん)（表現方法はいくつかある．すべて覚えること．）

- 点火源をその液体に近づけたとき，燃焼する最低の液温
- 空気中で液体に点火源を近づけたとき引火するのに十分な濃度の蒸気を，液体の表面近くに発生させる最低の液温
- 可燃性液体がその表面に，燃焼範囲の下限値に相当する混合ガスを生成するときの液温

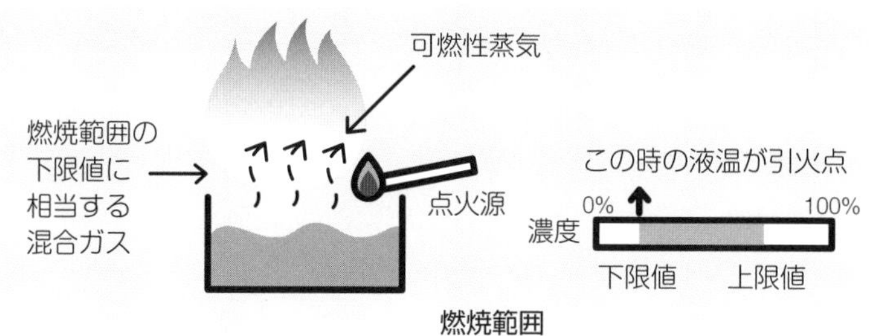

燃焼範囲

8．発火点（着火温度）

・他から点火されなくても自ら発火し，または爆発をおこす最低の液温

Ⅲ．消火理論

Ⓐ 消火のしくみ

燃焼の三要素（可燃物，酸素供給源，点火源）のうちの，どれか一つを除去する．

1．除去効果による消火……可燃物を取り除く．

（例１）ガスコンロの元栓を閉めて火を消す．（図１）

（例２）ろうそくの炎を吹き消す．（可燃性蒸気を吹き飛ばすことになる）

2．窒息効果による消火……酸素供給源を取り除く．（酸素濃度が約 14％以下になると燃焼できない．）

（例１）アルコールランプの炎を，ふたをして消す．

（例２）石油類の火災を泡消火器で消す．（泡が炎をおおってしまう）（図２）

（例３）二酸化炭素消火剤で可燃物をおおう．（二酸化炭素消火剤には冷却効果もある）

図１

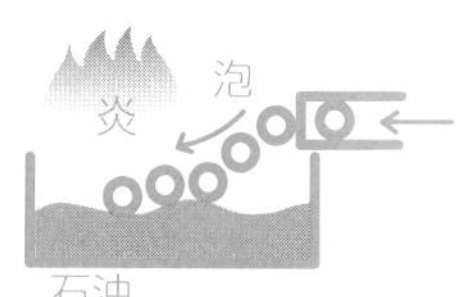

図２

（注意） 自分自身に酸素を含有する第５類危険物（自己燃焼するもの）は，窒息効果では消火できない！

3．冷却効果による消火……点火源を取り除く．

燃焼の継続は燃焼しているものが，次の可燃物の点火源になっているからである．そこで，燃焼している可燃物の温度を，水などで下げることで，次の可燃物へ点火するエネルギーを吸収すれば，燃焼は止まる．

4．その他の効果による消火

・抑制（よくせい）効果……酸化の連続反応を中断させたり，遅れさせたりする．
・希釈（きしゃく）効果……可燃物の濃度や酸素濃度を薄めて消火する．

Ⓑ 消火剤の特徴

1．泡消火剤

・**普通泡**……タンパク質を加水分解してできたもの（原液）と水を混合し，空気と混ぜ発泡（はっぽう）させたものである．そのタンパク質は動物等から採取したもので，決していい匂いではない．放出後なかなか泡は消失せず，固形泡として残る．それゆえ効果が大きいともいえる．残った泡の色は肌色である．水分は96％以上である．水溶性である．

・**耐（たい）アルコール泡（特殊泡）**……アルコールなどの水溶性の液体の火災では，普通泡（タンパク泡）では，溶けてしまい，窒息効果が期待できない．そこで水には溶けない泡が開発された．それが耐アルコール泡である．水に溶けないということは，アルコールにも溶けないので「耐アルコール泡」と言われる．

※　**泡消火剤は水分を多量に含み**，感電の恐れがあるため，**電気火災には不適当**である．

2．ハロゲン化物消火剤

文字通りハロゲン物質（臭素（しゅうそ）〔Br〕やフッ素〔F〕など）からできた消火剤である．液体であるが，放出後すぐに気体になるため，泡消火剤のように放出を受けた物体を汚すことはない．抑制効果や窒息効果にすぐれている．

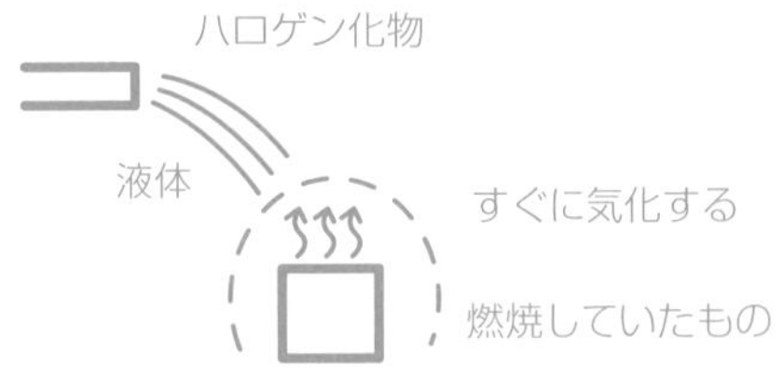

※　電気の不良導体であるため，電気火災や油火災に効果がある．現在は環境破壊のため製造されていないが，知識として試験に登場する．

3．二酸化炭素消火剤

勢いよく放射されると途中で，ドライアイスになる．ドライアイスは冷たいので，冷却効果がある．また，さらに気化した二酸化炭素が燃焼物を覆(おお)うので，窒息効果もある．さらに燃焼物の蒸気濃度や空気の濃度を下げる希釈(きしゃく)効果もある．

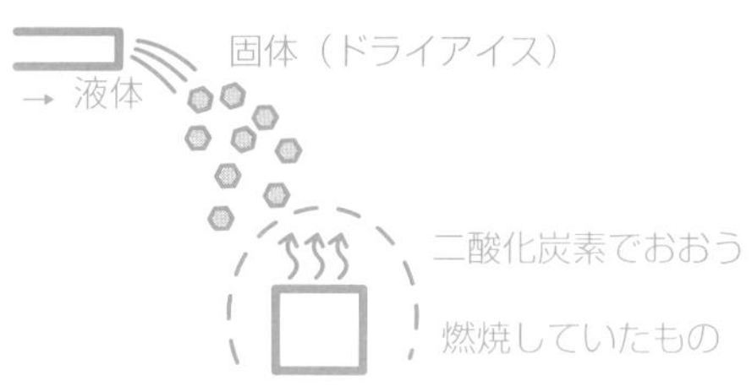

4．粉末消火剤

炭酸水素ナトリウム（$NaHCO_3$）を主成分としたもの……BC 消火剤（色は白）

リン酸塩を主成分としたもの……ABC 消火剤（色はピンク）

A：普通火災，B：油火災，C：電気火災への適応を表す．

5．液体の消火剤

① 水……普通火災には適するが，油火災には不適．

② 強化液(きょうかえき)……水に炭酸カリウム（K_2CO_3）を混ぜたもの．濃厚な水溶液である．

（ポイント）！

霧状(きりじょう)放射の強化液はA（普通），B（油），C（電気）火災のすべてに有効である．

棒状(ぼうじょう)放射の強化液はA（普通）火災のみに有効である．

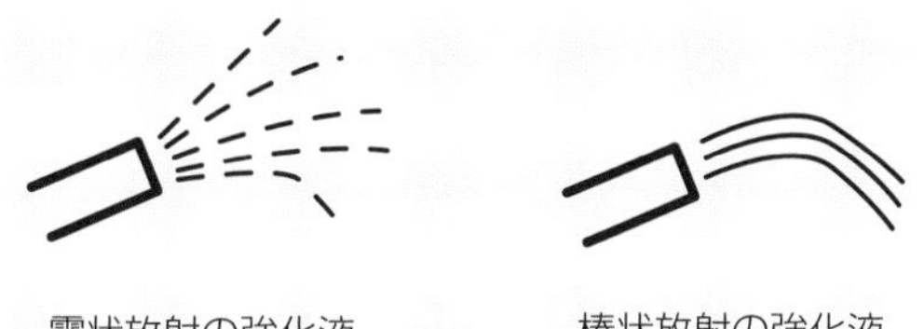

性質・火災予防・消火の要点

I．第1類から第6類までのまとめ

Ⓐ 第1類危険物（酸化性固体）

① それ自体，不燃性物質である．他の物質を酸化する酸素を含有している．強酸化剤である．

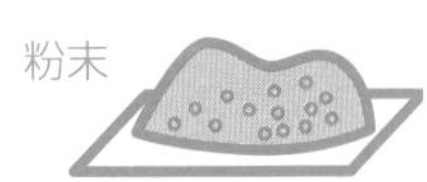

② 無色の結晶または白色の粉末である．

（例）塩素酸塩類

Ⓑ 第2類危険物（可燃性固体）

① 水に溶けない．

② 燃焼が速い．有毒のものや，燃焼のとき有毒ガスを発生するものがある．

③ 酸化されやすく，燃えやすい．

④ 酸化剤との接触，混合，打撃などにより，爆発する危険性がある．

⑤ 微粉状のものは紛じん爆発を起こしやすい．

⑥ 鉄粉，金属粉などにおいては，水または酸との接触をさける．

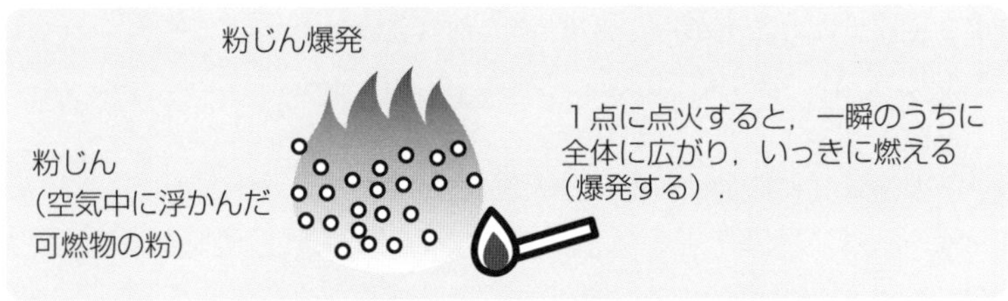

（例）鉄粉（Fe），赤りん（P），イオウ（S），固形アルコールなど．

Ⓒ 第3類危険物（自然発火性物質・禁水性物質）

① 空気または水との接触によって，直ちに危険性が生じる．

② 自然発火性……空気中での発火の危険性をいう．

③ 禁水性……水と接触して発火または可燃性ガスを発生する危険性をいう．

④ ほとんどのものは禁水性と自然発火性の両方の危険性を有する．

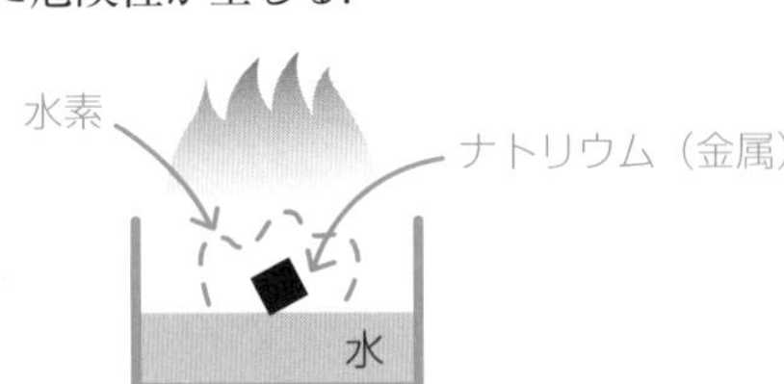

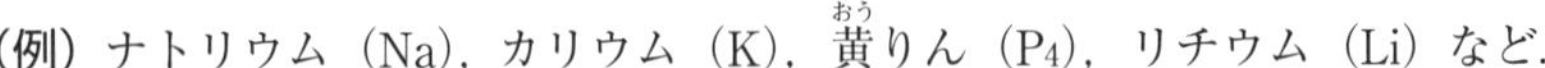

（例）ナトリウム（Na），カリウム（K），黄りん（P_4），リチウム（Li）など．

Ⓓ 第4類危険物（引火性液体）〔詳細は「II．第4類の各種危険物」で述べる．〕

1．共通性質等……概要

① 空気と蒸気の混合物は，ある範囲のときに燃焼する．これを燃焼範囲という．

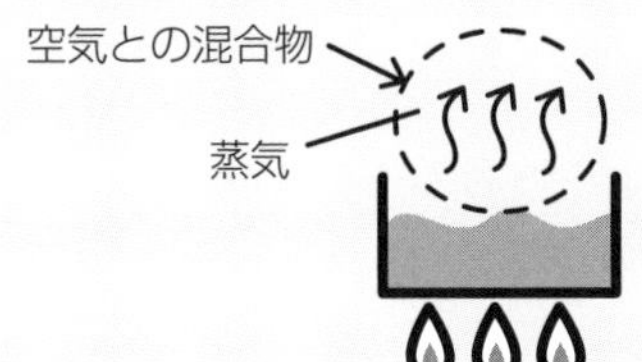

ガソリンの場合
1.4〜7.6（vol）％
の濃度のとき燃焼する．
vol とは体積という意味である．
特に意識しなくてもよい．

② 蒸気比重は1より大きく，低所に滞留（たいりゅう）する．……蒸気の重さは空気と比較する．

ガソリンの蒸気比重は3〜4である．
（空気の比重＝1）

③ 液比重は1より小さく，水に溶けないものが多い．
水の入った容器にガソリンを入れると，混ざらずに上に浮く．
（例外）グリセリン，エチレングリコール，酢酸（さくさん）…
…液比重は1より大きく，水に溶ける．

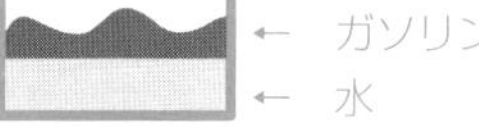

④ 電気の不良導体である．……電気を通しにくい．静電気が発生しやすい．

⑤ 発火点の低いものがある．（例）二硫化炭素（にりゅうかたんそ）90℃，ジエチルエーテル 160℃

⑥ 消火の方法……窒息効果

⑦ 消火薬剤

・一般の第4類危険物……霧状の強化液，泡，ハロゲン化物，二酸化炭素，粉末等
・アルコールやアセトンなどの水溶性液体……水溶性液体用泡消火薬剤（耐アルコール泡）

ヒント！

水溶性液体用泡消火薬剤とは…

水溶性液体用｜泡消火薬剤
――ここで区切って読む．「水溶性液体泡消火剤」であるならば，水に溶ける泡消火剤ということになるが，「用」が付くと，それに対するということで，逆の「非水溶性の泡消火剤」ということになる．水溶性の危険物の代表的なものに，アルコールがある．アルコールに耐える泡消火剤ということで，「耐（たい）アルコール泡」とも呼ばれる．

Ⓔ 第5類危険物（自己反応性物質（じこはんのうせいぶっしつ））

① いずれも可燃性の固体または液体

② 比重は１より大きい.

③ 燃えやすい物質である.

④ 燃焼速度が速い.

⑤ 加熱，摩擦，衝撃等により，発火し，爆発するものが多い.

⑥ 空気中に長時間放置すると分解が進み，自然発火するものがある.

F 第６類危険物（酸化性液体）

① 不燃性の液体である.

② 無機化合物である.

③ 水と激しく反応し，発熱するものがある.

④ 酸化力が強い（強酸化剤）．有機物と混ぜると，これを酸化させ，場合によっては，着火させることがある.

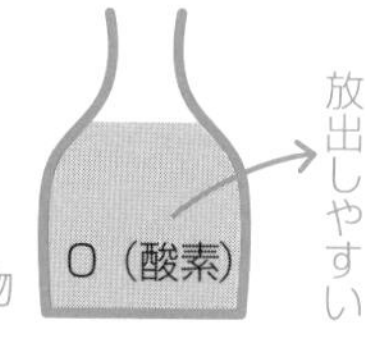

Ⅱ．第４類の各種危険物

１．主な第４類危険物の性状等の比較表

品名	物質名	水溶性	引火点（℃）	発火点（℃）	比重	沸点（℃）	燃焼範囲
特殊引火物（とくしゅいんかぶつ）	ジエチルエーテル	△	－45	160	0.71	35	1.9～36
	二硫化炭素	×	－30	90	1.26	46	1～50
	アセトアルデヒド	○	－39	175	0.78	20	4～60
	酸化プロピレン	○	－37	449	0.83	35	2.8～37
第１石油類 略称（１石）	ガソリン	×	－40	300	0.65	40～220	1.4～7.6
	ベンゼン	×	－10	498	0.88	80	1.3～7.1
	トルエン	×	5	480	0.87	111	1.2～7.1
	アセトン	○	－20	465	0.79	57	2.15～13
アルコール類	メチルアルコール	○	11	385	0.79	65	6～36
	エチルアルコール	○	13	363	0.79	78	3.3～19
	n－プロピルアルコール	○	23	412	0.8	97	2.1～13.7
	イソプロピルアルコール	○	15	399	0.79	82	2.0～12.7
第２石油類 略称（２石）	灯油	×	40	220	0.8	145～270	1.1～6
	軽油	×	45	220	0.85	170～370	1～6
	キシレン	×	33	463	0.88	144	1～6
	酢酸	○	41	463	1.05	118	4～19.9
	クロロベンゼン	×	28	593	1.11	139	1.3～9.6

※略称は本書の解説用に使用する．また，業界では略して呼ぶことが多い.

品名	物質名	水溶性	引火点	発火点	比重	沸　点	燃焼範囲
第３石油類 略称（３石）	重油	×	60	250	0.9	300	
	クレオソート油	×	73	336	1	200	
	ニトロベンゼン	×	88	482	1.2	211	1.8 ～ 40
	グリセリン	○	177	370	1.26	290	
	エチレングリコール	○	111	398	1.1	197.9	
第４石油類 略称（４石）	ギヤー油	×	250 未満		約 0.9		
	シリンダー油	×	250 未満		約 0.9		
	タービン油	×	250 未満		約 0.9		
動植物油類（どうしょくぶつあぶらるい）	アマニ油	×	250 未満		約 0.9		

○：よく溶ける　　△：少し溶ける　　×：溶けない

2．第４類危険物の分類

(1) 特殊引火物（とくしゅいんかぶつ）（指定数量（していすうりょう） 50 ℓ）

発火点（はっかてん） 100℃以下のもの又は引火点（いんかてん）が－ 20℃以下で沸点（ふってん）が 40℃以下のもの……定義

パターン１　パターン２

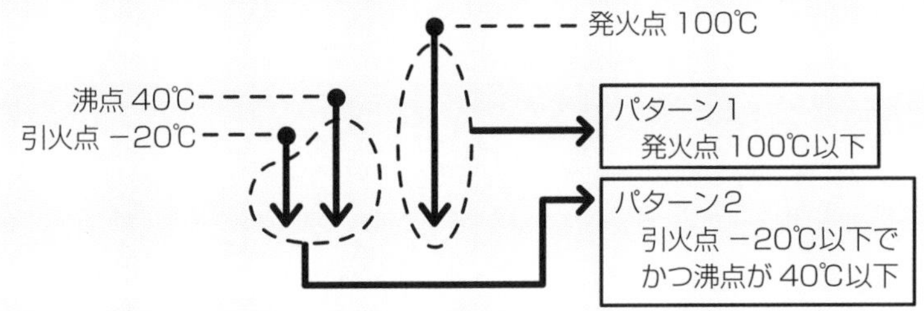

パターン１またはパターン２のどちらかを満たしておれば，特殊引火物である．

（例題）で考えてみる．

問１　発火点 90℃，沸点 60℃，引火点 50℃の場合，特殊引火物か？

答　○……パターン１に該当（がいとう）するので，特殊引火物である．

問２　発火点 110℃，沸点 30℃，引火点－ 25℃の場合，特殊引火物か？

答　○……パターン１には該当しないが，パターン２に該当するので，特殊引火物である．

問３　発火点 80℃，沸点 35℃，引火点－ 30℃の場合，特殊引火物か？

答　○……パターン１もパターン２にも該当するので，特殊引火物である．

問４　発火点 120℃，沸点 30℃，引火点５℃の場合，特殊引火物か？

答　×……パターン１には該当しない．パターン２の沸点は満たしているが，引火点は満たしていない．よって，特殊引火物ではない．

具体的物品名とその特徴……「第4類危険物の性状等の比較表」も参照.

① ジエチルエーテル [$C_2H_5OC_2H_5$]

・無色透明の液体，沸点35℃，引火点－45℃，発火点160℃→パターン2に該当.
・揮発性（きはつせい）が大きく，蒸気には麻酔性（ますいせい）がある．特有の甘い刺激臭.
・水にわずかに溶け，アルコールにはよく溶ける.　・燃焼範囲1.9～36%
・直射日光や空気と長時間接触すると，爆発性の過酸化物を生じる.

② 二硫化炭素 [CS_2]

・無色透明の液体，沸点46℃，引火点－30℃，発火点90℃→パターン1に該当.
・揮発性が大きく，その蒸気は有毒である.
・水より重く，水に溶けない．よって水中保存をする.
・発火点は第4類危険物の中で，もっとも低い.
・燃焼すると，二酸化硫黄と二酸化炭素になる.

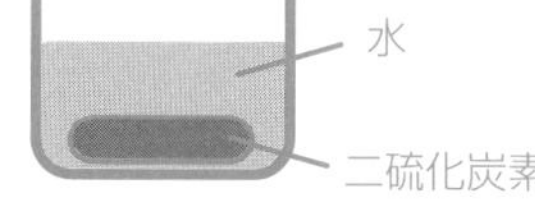

（参考）$CS_2 + 3O_2 \rightarrow 2SO_2 + CO_2$　・燃焼範囲　1～50%

③ アセトアルデヒド [CH_3CHO]

・無色透明の液体，沸点20℃，引火点－39℃，発火点175℃→パターン2に該当.
・水によく溶け，アルコール，ジエチルエーテルにもよく溶ける.
・蒸気は粘膜を刺激し，有毒である.
・燃焼範囲4～60%（燃焼範囲は非常に広い）……60 － 4 ＝ 56%

④ 酸化プロピレン [CH_2CHOCH_3]

・無色透明の液体，沸点35℃，引火点－37℃，発火点449℃→パターン2に該当.
・水によく溶ける.

(2) 第1石油類（指定数量200 ℓ）……水溶性のものは2倍の400 ℓ

ガソリンやアセトンの他，引火点が21℃未満のもの……定義

① ガソリン（指定数量200 ℓ）……**非水溶性**（ひすいようせい）（水には溶けない）

・無色の液体であるが，自動車用のものはオレンジ色に着色されている.
・特有の臭気をもつ.
・比重0.65～0.75（水の比重＝1）
・沸点40～220℃と幅がある.
・引火点－40℃以下，発火点　約300℃
・蒸気比重3～4（基準は空気　空気比重＝1）
　蒸気は空気より重い.
・燃焼範囲1.4～7.6%……必ず覚えよう！

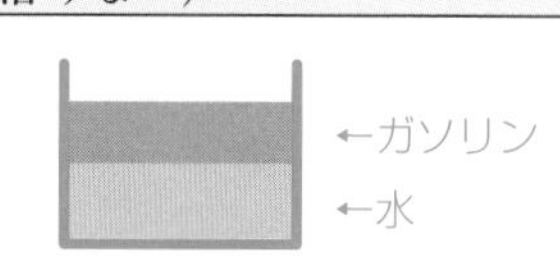

ヒント……引火点が－40℃であるにも拘（かか）わらず，特殊引火物に分類されていない理由は？　（答）沸点が40℃以下ではないから.

② アセトン［CH_3COCH_3］（指定数量 400 ℓ）……水溶性（水に溶ける）

・無色透明の液体，特有の刺激臭がある．
・沸点 57℃，引火点－20℃，発火点 465℃　・燃焼範囲 2.15～13％

③ ベンゼン［C_6H_6］（指定数量 200 ℓ）……非水溶性

・無色透明の液体，芳香臭（ほうこうしゅう）（よい香り）がある．
・沸点 80℃，引火点－10℃，発火点 498℃
・揮発性を有し，有毒である．　・燃焼範囲 1.3～7.1％

④ トルエン［$C_6H_5CH_3$］（指定数量 200 ℓ）……非水溶性

・無色透明の液体，芳香臭（ほうこうしゅう）（よい香り）がある．
・沸点 111℃，引火点 5℃，発火点 480℃
・揮発性を有し，有毒である．毒性はベンゼンより少ない．
・塗料の薄め液（シンナー）に使われる．　・燃焼範囲 1.2～7.1％

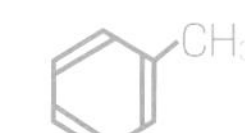

ヒント……シンナー中毒のシンナーとは「トルエン」のことである．

⑤ ピリジン［C_5H_5N］（指定数量 400 ℓ）……水溶性

・無色の液体，悪臭を放つ．
・沸点 115.5℃，引火点 20℃，発火点 482℃

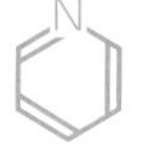

⑥ メチルエチルケトン［$CH_3COC_2H_5$］（指定数量 200 ℓ）……非水溶性

・無色の液体，アセトンに似た臭気．
・沸点 80℃，引火点－7℃，発火点 404℃
・揮発性はアセトンより低い．
・水にわずかに溶け，アルコールやジエチルエーテルにはよく溶ける．
・燃焼範囲 1.7～11.4％　・MEK と略して書かれる場合もある．
・消火の方法……泡消火剤を用いる場合，多少水に溶ける性質があるため，耐アルコール泡を使用する．

⑦ 酢酸エチル［$CH_3COOC_2H_5$］（指定数量 200 ℓ）……非水溶性

・無色の液体，果実のような芳香……接着剤（セメダイン等）に含まれる成分である．
・沸点 77℃，引火点－3℃，発火点 426℃
・水に少し溶け，ほとんどの有機溶剤に溶ける．
・酢酸［CH_3COOH］の最後の H が C_2H_5（エチル基）に置き換わった形である．
・燃焼範囲 2～11.5％
・酢酸エステル類に分類される．
（参考）酢酸メチル［CH_3COOCH_3］も酢酸エステル類である．酢酸メチルは水によく溶ける．

> ヒント　エステルとは，酸とアルコール類との反応で水（H_2O）が取れてできたもの
>
> （例）$CH_3COOH + C_2H_5OH \rightarrow CH_3COOC_2H_5 + H_2O$
>
> 酢酸　エチルアルコール　酢酸エチル　水

⑧　ぎ酸エステル類
・ぎ酸とアルコールから水が取れて結合した物質である．水によく溶ける「**ぎ酸メチル**」と水に少し溶ける「**ぎ酸エチル**」がある．

(3) アルコール類（指定数量 400 ℓ）……水溶性

1分子を構成する炭素の原子の数が1個から3個までの飽和1価アルコールをいう（変性アルコールも含む．また，アルコールの含有量60%未満は除く．）．……定義

炭化水素化合物の水素（H）をヒドロキシル基（－OH）で置換した形の化合物となっている．（ヒドロキシル基はヒドロキシ基ともいう．）

ヒント

・**飽和とは？**　炭素の2重結合（＝）や3重結合（≡）がないものである．

飽和（1重結合）	**2重結合**	**3重結合**
（例）エタン CH_4	エチレン C_2H_4	アセチレン C_2H_2

```
  H H
  | |
H-C-C-H        H＼        ／H
  | |            C＝C            H-C≡C-H
  H H          H／        ＼H
```

・**1価のアルコールとは？**　ヒドロキシル基（－OH）が1個しかないもの
メチルアルコール［CH_3OH］やエチルアルコール［C_2H_5OH］は1価のアルコールである．

CH_3OH　　　C_2H_5OH

（参考）2価のアルコールの例「ヒドロキシル基（－OH）が2個」
エチレングリコール……第3石油類
$C_2H_4(OH)_2$
3価のアルコールの例
グリセリン……第3石油類
$C_3H_5(OH)_3$

```
  H  H
  |  |
H-C--C-H
  |  |
  OH OH
```

① メチルアルコール $[CH_3OH]$

・無色透明の液体，芳香性はわずか．
・沸点 65℃，引火点 11℃，発火点 385℃　　・燃焼範囲 6 ～ 36%
・自動車用の燃料にも使われ始めている．　　・毒性がある．
・メタノールともいう．
・燃焼しても炎の色が淡（あわ）いため，認識しづらい．
・流動などによって，静電気をほとんど発生しない．（水溶性であることによる）
・消火の方法……水溶性であるため，耐アルコール泡（特殊泡）を用いるほか，二酸化炭素，粉末，ハロゲン化物の消火剤が有効である．

② エチルアルコール $[C_2H_5OH]$

・無色透明の液体，特有の芳香と味．
・沸点 78℃，引火点 13℃，発火点 363℃
・燃焼範囲 3.3 ～ 19%（ガソリンより広い）　　・酒類の主成分である．
・毒性はないが，麻酔性がある．（酒に酔う状態）　　・エタノールともいう．
・その他，メチルアルコールと同じ．

③ n－プロピルアルコール $[C_3H_7OH]$

④ イソプロピルアルコール $[(CH_3)_2CHOH]$

(4) 第2石油類（指定数量 1000 ℓ）……水溶性のものは 2 倍の 2000 ℓ

灯油や軽油の他，引火点が 21℃以上 70℃未満……定義

① 灯油（指定数量 1000 ℓ）……非水溶性（水には溶けない）

・無色または淡紫黄色（たんしおうしょく）の液体．ガソリンスタンドで購入するものは無色である．
・比重 0.8　　・蒸気比重 4.5　　・引火点 40℃以上，発火点 220℃
・石油ストーブの燃料　　・燃焼範囲 1.1 ～ 6%
・危険性……布にしみこんだ状態では，空気との接触面積が大きくなるので引火しやすくなる．この性質を利用し，石油ストーブの芯（しん）に布を使い，点火しやすくしている．
・消火の方法……泡，二酸化炭素，粉末，ハロゲン化物による窒息効果

② 軽油（指定数量 1000 ℓ）……非水溶性

・淡黄色（たんおうしょく）または淡褐色（たんかっしょく）の液体．ガソリンスタンドで購入するものは淡黄色（薄い黄色）である．
・引火点 45℃以上，発火点 220℃　　・バスやトラックなどのディーゼル車の燃料
・燃焼範囲 1 ～ 6%　　・危険性や消火の方法は「灯油」と同じ．

③ 酢酸（さくさん）[CH_3COOH]（指定数量 2000 ℓ）……水溶性

・無色透明の液体．特異な酢（す）の臭いをもつ．
・沸点 118℃，引火点 41℃，発火点 463℃
・比重 1.05（水より重く，水によく溶ける）　・燃焼範囲 4 ～ 19.9%
・水で薄めた酢酸（3 ～ 5%の水溶液）は食酢（しょくす）の主成分で，弱い酸性を示す．
・17℃以下で凝固する．高濃度の酢酸（96%以上）は低温で氷結するので「氷酢酸（ひょうさくさん）」といわれる．
・青い炎を上げて燃える．

④ キシレン [$C_6H_4(CH_3)_2$]（指定数量 1000 ℓ）……非水溶性

・無色透明の液体．特有の芳香性がある．
・沸点約 140℃，引火点 27 ～ 33℃，発火点 463 ～ 528℃
・オルト，メタ，パラの 3 種類の異性体がある．

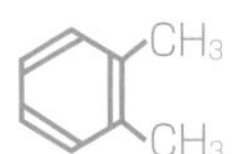

⑤ n－ブチルアルコール [$CH_3(CH_2)_3OH$]（指定数量 1000 ℓ）……非水溶性

・無色透明の液体．
・多量の水には溶けるが，部分的に残る．よって「非水溶性」に分類される．
・炭素数が 4 となるためアルコール類には分類されない．

⑥ クロロベンゼン [C_6H_5Cl]（指定数量 1000 ℓ）……非水溶性

・無色透明の液体．
・比重 1.11（水より重い）　・沸点 139℃，引火点 28℃
・燃焼範囲 1.3 ～ 9.6%

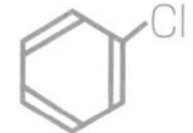

⑦ プロピオン酸 [CH_3CH_2COOH]（指定数量 2000 ℓ）……水溶性

⑧ アクリル酸 [$CH_2=CHCOOH$]（指定数量 2000 ℓ）……水溶性

(5) 第3石油類（指定数量 2000 ℓ）……水溶性のものは 2 倍の 4000 ℓ

重油やクレオソート油の他，引火点が 70℃以上 200℃未満……定義

引火点が高く，蒸発性が少ないため，加熱しないかぎり，引火する危険性は少ない．

① 重油（指定数量 2000 ℓ）……非水溶性（水には溶けない）

・褐色（かっしょく）または暗褐色（あんかっしょく）の粘性のある液体．特有の臭気をもつ．
・沸点 300℃以上，引火点 60℃～ 150℃，発火点 250 ～ 380℃
・比重 0.9 ～ 1.0（一般に水よりやや軽い）
・燃焼温度が高いため，いったん火災になると，消火は困難となる．
・重油には動粘度により A 重油, B 重油, C 重油があり, A, B 重油は引火点 60℃以上, C 重油は引火点 70℃以上である．A 重油が 1 番良質である．
・ボイラーの燃料によく使われる．

② クレオソート油（指定数量 2000 ℓ）……非水溶性

・黄色または暗緑色（あんりょくしょく）の液体．特有の臭気をもつ．
・沸点 200℃以上，引火点 74℃，発火点 336℃　・比重 1 以上（水より重い）

（参考）
古くから木などに塗る防腐剤に使用される．医薬品のセイロ丸には木（もく）クレオソートが含まれているが，これはクレオソート油とは異なる．クレオソート油は石炭からできるのに対し，木クレオソートはブナやマツの原木から作られる．

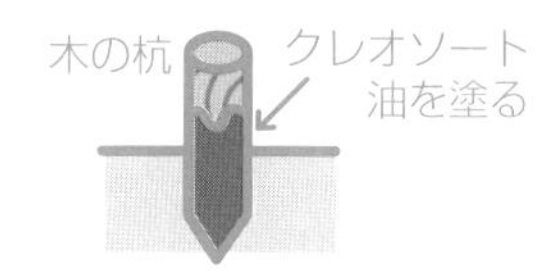

③ グリセリン［$C_3H_5(OH)_3$］（指定数量 4000 ℓ）……水溶性

・無色無臭の液体．
・沸点 290℃，引火点 177℃，発火点 370℃
・比重 1.26（水より重い）　・粘性が大きい（どろっとしている）

④ エチレングリコール［$C_2H_4(OH)_2$］（指定数量 4000 ℓ）……水溶性

・無色無臭の液体．
・沸点 198℃，引火点 111℃，発火点 398℃
・比重 1.1（水より重い）　・粘性が大きい（どろっとしている）

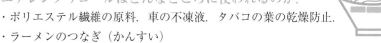

（参考）
エチレングリコールはどんなところに使われるのか．

・ポリエステル繊維の原料．車の不凍液．タバコの葉の乾燥防止．
・ラーメンのつなぎ（かんすい）

ラーメンの小麦のつなぎは，昔は卵であった．しかし戦後エチレングリコールが生産されるようになると，卵の白身よりも，価格の安いエチレングリコールが使われるようになった．エチレングリコールは毒性はないが，骨や歯を溶かす性質が少しあるといわれているので，連日の食事には注意をした方がよい．しかし，まれに卵麺のラーメン店がある．ここなら毎日でも食べに行きたい．

⑤ ニトロベンゼン［$C_6H_5NO_2$］（指定数量 2000 ℓ）……非水溶性

・淡黄色（たんおうしょく）または暗黄色（あんおうしょく）の液体．特有の臭いがある．
・沸点 211℃，引火点 88℃，発火点 482℃
・比重 1.2（水より重い）　・燃焼範囲 1.8 ～ 40%

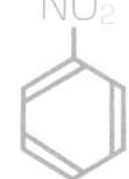

⑥ アニリン［$C_6H_5NH_2$］（指定数量 2000 ℓ）……非水溶性

・無色または淡黄色の液体．特有の臭気をもつ．
・沸点 185℃，引火点 70℃，発火点 615℃
・比重 1.01（水より重い）

(6) 第4石油類（指定数量 6000 ℓ）……非水溶性

ギヤー油やシリンダー油の他，温度 20℃で液状であり，かつ，引火点が 200℃以上 250℃未満……定義

・一般に総称として「潤滑油（じゅんかつゆ）」である．

・水に溶けず，粘り気が大きく，水よりも軽い．また引火点が高く蒸発性がほとんどないため，加熱しない限りは，引火する危険性はない．

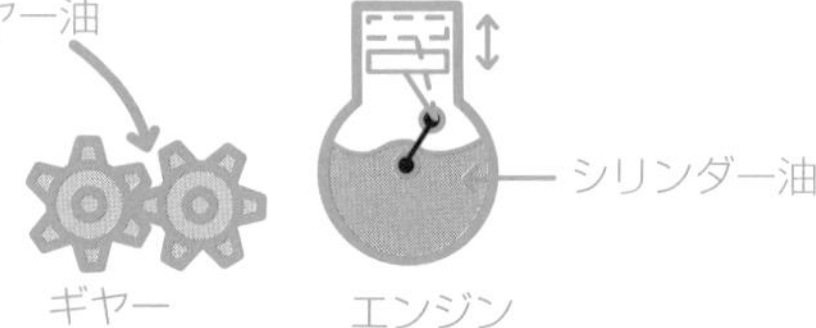

・いったん火災になった場合は，重油と同様に，液温が非常に高くなり消火が困難になる場合がある．

(7) 動植物油類（どうしょくぶつあぶらるい）（指定数量 10000 ℓ）……非水溶性（ひすいようせい）

動植物油類とは，動物の脂肉（しにく）等又は植物の種子若（も）しくは果肉（かにく）から抽出（ちゅうしゅつ）したもので，引火点が 250℃未満のもの……定義

・比重は水より小さく，約 0.9 ぐらいである．

・水に溶けない．

・可燃性で，布などにしみ込んだものは，酸化，発熱し自然発火するものもある．乾性油（かんせいゆ）という．乾性油の代表的なものに「アマニ油」がある．

〔よう素価（そか）と自然発火〕

動植物油類の自然発火は，油が空気中で酸化され，この反応で発生した熱（酸化熱）が蓄積されて発火点に達すると起こる．自然発火は一般に乾きやすい油（乾性油）ほど起こりやすい．よう素価とは，この乾きやすさを油脂 100g に吸収する「よう素」のグラム数で表したものである．よう素価が大きいほど自然発火しやすくなる．（よう素価 130 以上が乾性油である．）

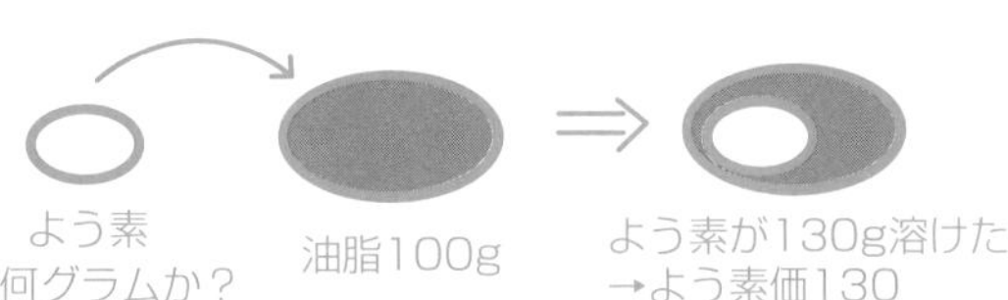

よう素価	小	中	大
	100 以下	100 ～ 130	130 以上
乾き分類	不乾性油（ふかんせいゆ）	半乾性油（はんかんせいゆ）	乾性油
（例）	オリーブ油	なたね油	アマニ油，キリ油

法令の要点

Ⅰ．危険物施設の概要

1．危険物の性質の概要

種　別	性　質	性質の概要
第１類	酸化性固体	そのもの自体は燃焼しないが，他の物質を強く酸化させる性質を有する固体であり，可燃物と混合したとき，熱，衝撃，摩擦によって分解し，極めて激しい燃焼を起こさせる危険性を有する固体.
第２類	可燃性固体	火災によって着火しやすい固体または比較的低温（40℃未満）で引火しやすい固体であり，燃焼が速く消火することが困難である.
第３類	自然発火性物質及び禁水性物質	空気にさらされることにより自然に発火する危険性を有し，または水と接触して，発火もしくは可燃性ガスを発生するもの.
第４類	引火性液体	液体であって，引火性を有する.
第５類	自己反応性物質	固体または液体であって，加熱分解などにより，比較的低い温度で多量の熱を発生しまたは爆発的に反応が進行するもの.
第６類	酸化性液体	そのもの自体は燃焼しない液体であるが，混在する他の可燃物の燃焼を促進する性質を有するもの.

2．危険物の例（品名）

第１類：塩素酸塩類（塩素酸カリウム等），無機過酸化物（過酸化ナトリウム等）

第２類：赤りん（P），硫黄（S），鉄粉（Fe），引火性固体（固形アルコール等）

第３類：カリウム（K），ナトリウム（Na），アルキルリチウム，黄りん（P_4）

第４類：エーテル，ガソリン，アルコール，灯油，軽油，重油，ギヤー油，動植物油

第５類：有機過酸化物（過酸化ベンゾイル等），硝酸エステル類（ニトログリセリン等）

第６類：過塩素酸，過酸化水素，硝酸，ハロゲン間化合物

3．危険等級

危険性の程度においてⅠからⅢまである．第４類に関しては次のとおりである．

危険等級Ⅰ	特殊引火物（例：二硫化炭素，エーテル，アセトアルデヒド，酸化プロピレン）
危険等級Ⅱ	第１石油類とアルコール類（例：ガソリン，アセトン，ベンゼン，トルエン，エチルアルコール）
危険等級Ⅲ	危険等級Ⅰ，Ⅱ以外のもの（例：灯油，重油，酢酸，グリセリン，ギヤー油，動植物油）

4．指定数量

その物質の危険性を考え，法令で貯蔵及び取扱いの基準が適用される数量をいう．

(例) ガソリンの指定数量は200 ℓである．199 ℓを所持する場合には，国の法律の適用はない．（ただし指定数量未満であっても，市町村条例（各市町村がつくる規則）には従わなければならない．）

分類	性質	物品名	指定数量（ℓ）
特殊引火物	非水溶性，水溶性，両方ある．	・二硫化炭素　・ジエチルエーテル ・アセトアルデヒド　・酸化プロピレン	50
第1石油類	非水溶性	・ガソリン　・ベンゼン　・トルエン ・酢酸エチル　・メチルエチルケトン ・ヘキサン	200 ↘2倍
	水溶性	・アセトン　・ピリジン ・ギ酸エチル　・ギ酸メチル	400
アルコール類	水溶性	・メチルアルコール ・エチルアルコール ・n－プロピルアルコール ・イソプロピルアルコール	400
第2石油類	非水溶性	・灯油　・軽油　・クロロベンゼン ・キシレン　・スチレン ・n－ブチルアルコール	1,000 ↘2倍
	水溶性	・酢酸　・プロピオン酸　・アクリル酸	2,000
第3石油類	非水溶性	・重油　・クレオソート油 ・アニリン　・ニトロベンゼン	2,000 ↘2倍
	水溶性	・エチレングリコール　・グリセリン	4,000
第4石油類	非水溶性	・ギヤー油（潤滑油） ・シリンダー油（潤滑油） ・タービン油（潤滑油）	6,000
動植物油類	不乾性油	・オリーブ油	10,000
	半乾性油	・なたね油	
	乾性油	・アマニ油	

5．指定数量の倍数（重要！）

基準に対する比で表す．貯蔵量や取扱量をその物質の指定数量で割って計算する．

(1) 同一の場所で1種類の危険物Aを貯蔵する場合

$$倍数=\frac{\text{A の数量〔}\ell\text{〕}}{\text{A の指定数量〔}\ell\text{〕}}$$

(2) 同一の場所で複数の種類の危険物を貯蔵する場合

$$\text{倍数}=\frac{\text{Aの数量〔}\ell\text{〕}}{\text{Aの指定数量〔}\ell\text{〕}}+\frac{\text{Bの数量〔}\ell\text{〕}}{\text{Bの指定数量〔}\ell\text{〕}}+\frac{\text{Cの数量〔}\ell\text{〕}}{\text{Cの指定数量〔}\ell\text{〕}}$$

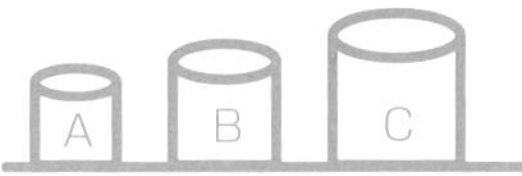

〔例1〕同一場所にガソリン1000〔ℓ〕貯蔵する場合（ガソリンの指定数量＝200 ℓ）

$$\text{倍数}=\frac{1000}{200}=5\text{倍}$$

〔例2〕同一場所にガソリン400〔ℓ〕，灯油3000〔ℓ〕，重油8000〔ℓ〕貯蔵する場合（ガソリンの指定数量＝200 ℓ，灯油の指定数量＝1000 ℓ，重油の指定数量＝2000 ℓ）

$$\text{倍数}=\frac{400}{200}+\frac{3000}{1000}+\frac{8000}{2000}=2+3+4=9\text{倍}$$

6．各種申請手続き

手続き	項目	内容	申請先
許　可	設置（変更）	製造所等を設置（変更）する．	市町村長等
認　可	予防規程	予防規程を制定（変更）する．	
承　認	仮貯蔵	10日以内の期間，仮に貯蔵し，又は取扱う．	消防長又は消防署長
	仮使用	変更工事に係る部分の全部又は一部を仮に使用する．	市町村長等
届　出	品名・指定数量	品名，指定数量・指定数量の倍数の変更(10日前)	市町村長等
	選任・解任	危険物保安統括管理者の選任・解任 危険物保安監督者の選任・解任	
	譲渡	危険物施設の譲渡（吸収や合併で名称が変わる）	
	用途廃止	危険物施設の廃止	
検　査	完成検査前検査	タンクを設置する場合，完成検査の前にも検査を受ける．	市町村長等
	完成検査	設置（変更）工事が完成した時，検査を受ける．	
	保安検査	政令で定める屋外タンク貯蔵所や移送取扱所（相当大きなものに限る）	

・防火上，特に急を要したり，万一の火災の際すみやかな対応をしてもらえるように「仮貯蔵」に関してのみ，申請先が「消防長または消防署長」となっている．

・「届出」に関しては，事前に分かっている「品名，指定数量・指定数量の倍数の変更」は10日前までである．

・「選解任・譲渡・廃止」は突然起こるので，事後処理（遅滞なく）でよい．

7．設置（変更）の許可申請手続きの流れ

新たに設置する場合も一部を変更する場合も，手続きは同じである．

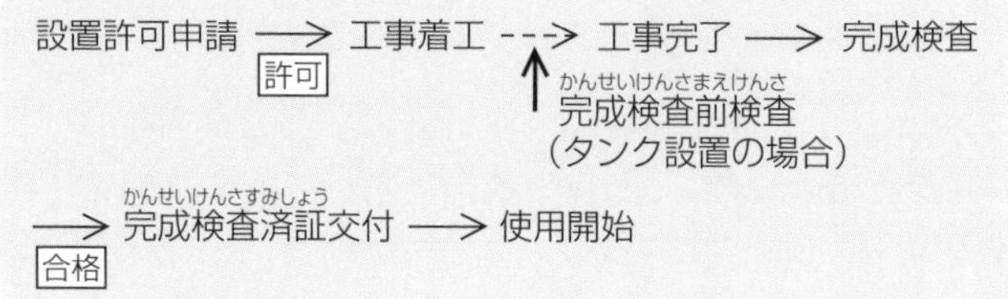

※　参考まで「完成検査済証交付」とは，実務的には，「完成検査申請書」に「完成検査済証」の赤い印を押してもらい返却してもらうことをいう．シールや特別な書類をもらう訳ではない．

8．危険物取扱者制度

甲種，乙種，丙種の３種類の資格がある．

	取扱える危険物	立会ができる危険物	危険物保安統括管理者	危険物施設保安員	危険物保安監督者
甲　種	すべての危険物	すべての危険物	○ だれでもなれる（甲，乙，丙の資格は不要）		実務経験 6月以上
乙　種	取得した類の危険物	取得した類の危険物			
丙　種	第４類のうち指定された危険物　※１	× （できない）			× （なれない）

※１：ガソリン，灯油，軽油，第３石油類（重油，潤滑油及び引火点が130℃以上のもの），第４石油類，動植物油類

9．危険物取扱者免状の交付等

手続き	申請先	事由(じゆう)等
交　付	都道府県知事	試験に合格し，免状交付を受けたいとき
書換え(かきかえ)	免状を交付した都道府県知事 居住地，勤務地の都道府県知事	氏名，本籍地等が変更，写真が10年経過，免状を添え，遅滞なく申請する．
再交付(さいこうふ)	交付又は書換えをした都道府県知事	1　免状を亡失(ぼうしつ)又は滅失(めっしつ) 2　免状を汚損(おそん)又は破損(はそん) (2の場合には，汚損又は破損した免状を添える．)

亡失した免状を発見したとき……10日以内に再交付を受けた都道府県知事に，亡失した免状を提出．

(例) 再交付について……A県で交付を受け，B県で書換えをした場合．

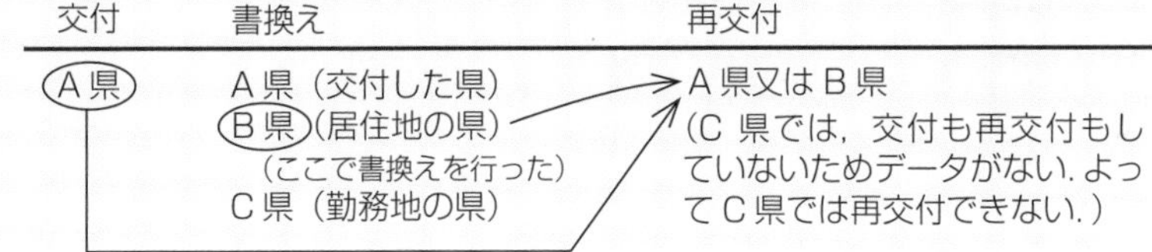

10．免状の不交付

返納命令後……1年を経過していないもの．

罰金以上の刑……執行が終わり，又は執行を受けることがなくなった日から2年を経過しないもの．

11．保安講習(ほあんこうしゅう)

危険物の取扱作業に従事している危険物取扱者が受講する．(全国どこでも可)

① [原則] その仕事に従事することになった日から1年以内，その後講習を受けた日以後における最初の4月1日から3年以内ごとに受講する．(注) 以前から無資格で従事しており，乙4等に合格し交付を受けた場合は，交付日以後における最初の4月1日から3年以内ごとに受講する．

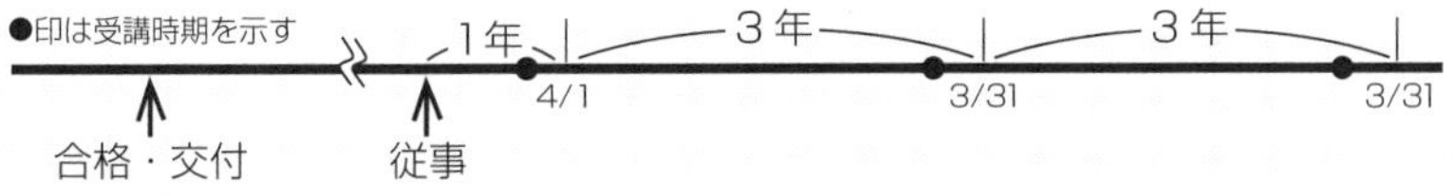

② [特例] 取扱作業に従事することになった日前2年以内に免状の交付を受けている場合又は講習を受けている場合は，免状交付日又は前回の講習日以後における最初の4月1日から3年以内に受講する．

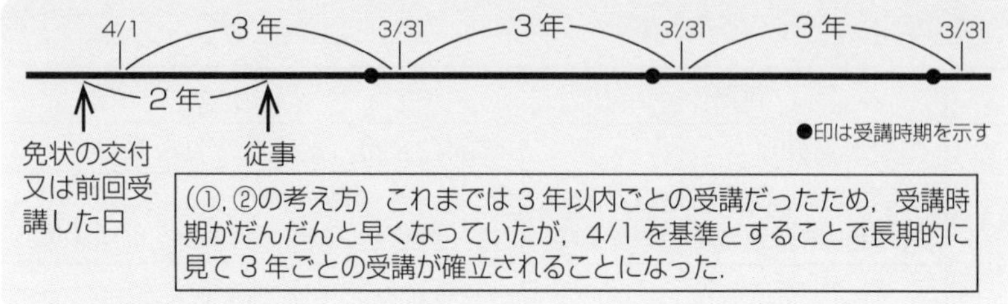

12. 自主保安体制

指定数量の倍数が大きいと，下図の全部が必要（左ほど位の高い者）.

(例) 製造所……指定数量3000倍以上では，下図の全部が必要.

指定数量100倍以上では，危険物施設保安員が必要.

製造所では危険物保安監督者はすべて必要である.

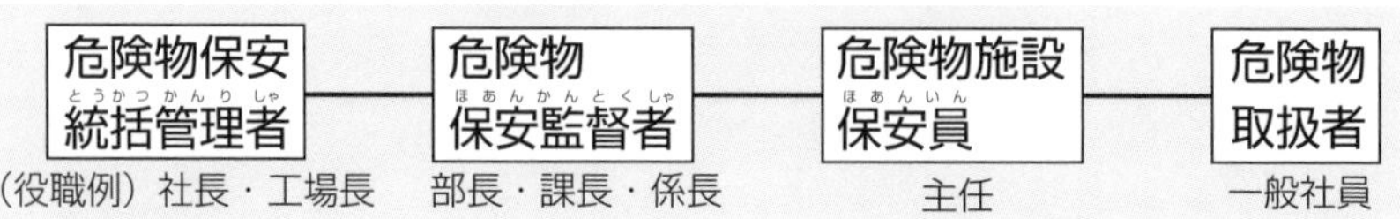

13. 予防規程

製造所等の火災を予防するため，事業者が守る自主保安基準である．（1冊の本の形をとる.）

・市町村長等の「認可」が必要である.

・給油取扱所，移送取扱所はすべて必要．その他の製造所等は指定数量の大きさによって必要となることがある．(注意)屋内タンク貯蔵所に関しては指定数量の倍数に関係なく不要である（P73問24解説参照)．他に不要な施設には，「地下タンク貯蔵所」「簡易タンク貯蔵所」「移動タンク貯蔵所」「販売取扱所」がある.

14. 定期点検

目的：定期的に点検をして，技術上の基準を維持する.

点検時期：1年に1回以上　　記録の保存期間：3年

実施対象施設：移動タンク貯蔵所
地下タンク貯蔵所と地下タンク貯蔵所を有する○○所
その他の製造所等は指定数量の倍数による.

実施対象でない施設：簡易タンク貯蔵所，屋内タンク貯蔵所，販売取扱所

点検実施者　：危険物取扱者，危険物施設保安員，危険物取扱者以外の者（危険物取扱者の立会いが必要）

点検記録事項：点検をした製造所等の名称

・点検の方法及び結果　・点検年月日

・点検を行った危険物取扱者，危険物施設保安員，点検に立ち会った危険物取扱者の氏名

15．保安検査

移送取扱所と屋外タンク貯蔵所で規模の大きなものは，検査を受ける．

16．自衛消防組織

規模の大きい危険物取扱所では必要である．（例：指定数量3000倍以上の製造所）

Ⅱ．製造所等の位置・構造・設備の基準

1．製造所等とは？

……次の12の施設のことをいう．→ P60のイラスト参照

① 製造所	
貯蔵所	② 屋内貯蔵所 ③ 屋外貯蔵所 ④ 屋内タンク貯蔵所 ⑤ 屋外タンク貯蔵所 ⑥ 地下タンク貯蔵所 ⑦ 簡易タンク貯蔵所 ⑧ 移動タンク貯蔵所
取扱所	⑨ 一般取扱所 ⑩ 給油取扱所 ⑪ 販売取扱所 ⑫ 移送取扱所

2．製造所の基準

(1) **保安距離**……製造所等と周囲の建築物との間にとる距離

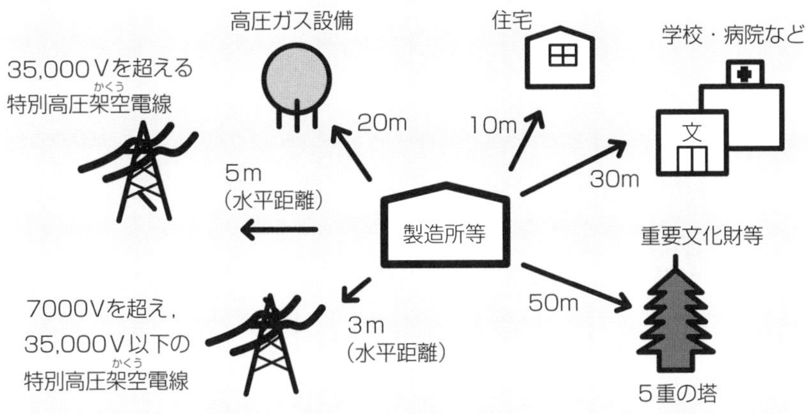

㊟ 保安距離が必要な施設は上記の「1.製造所等とは？」のうち，①製造所，②屋内貯蔵所，③屋外貯蔵所，⑤屋外タンク貯蔵所，⑨一般取扱所の5つである．他の7施設は保安距離は不要である．

(2) **保有空地**……製造所等の建物の周囲に設ける空地で，火災時の消火活動及び延焼防止のため必要．火災時，消防自動車が入るので，何も置いてはならない．

要点解説・法令

製造所の保有空地

危険物の取扱量	空地の幅
指定数量の10倍以下	3m以上
指定数量の10倍を超える	5m以上

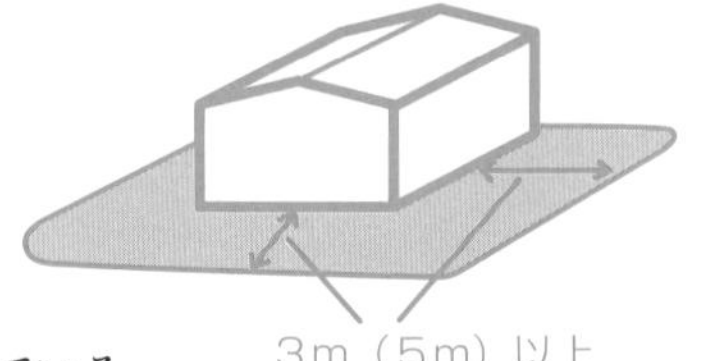

※　製造所以外の施設の保有空地は，別に定められている．

保有空地が必要な施設	保有空地を必要としない施設
製造所，屋内貯蔵所，屋外タンク貯蔵所，簡易タンク貯蔵所，屋外貯蔵所，一般取扱所	屋内タンク貯蔵所，地下タンク貯蔵所，移動タンク貯蔵所，給油取扱所，販売取扱所

(3) 構　造

・地階（ちかい）は有しない．（地下はつくっては，いけない．）
・壁・柱・床・はり及び階段は不燃材料
・屋根は不燃材料でつくるとともに金属板等の軽量な不燃材料でふく．
・液状の危険物を取扱う建築物の床は，危険物が浸透しない構造とし，適当な傾斜をつけ，かつ，貯留（ちょりゅう）設備を設ける．
・建築物には，採光，照明，換気の設備を設けること．
・可燃性蒸気，微粉が滞留（たいりゅう）する恐れがある建築物には，その蒸気を屋外の高所に排出する設備を備えなければならない．
・危険物を取扱う機械器具その他の設備では，危険物の漏れ，あふれ又は飛散を防止することができる構造とすること．
・危険物を加圧する設備又は圧力が上昇するおそれのある設備には，圧力計及び安全装置を設けること．

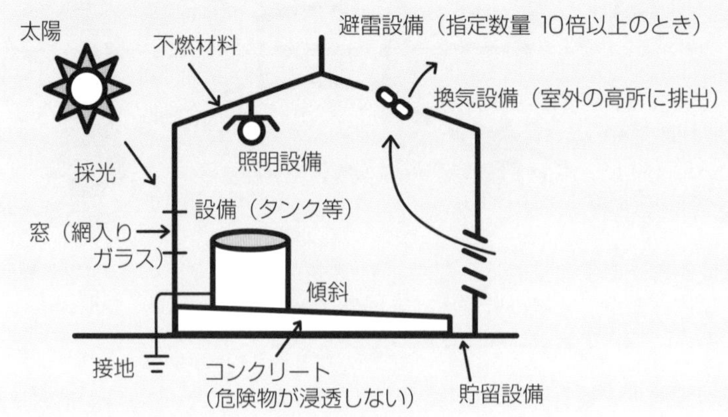

・電気設備は，可燃性ガスや粉じんが滞留（たいりゅう）するおそれのある場所に設置する機器は，防爆（ぼうばく）構造としなければならない.

・静電気が発生するおそれのある設備には，接地等，有効に静電気を除去する装置を設けなければならない.

・指定数量の倍数が 10 以上の製造所等には避雷（ひらい）設備を設けること.

3．屋内（おくない）貯蔵所の基準

（1）保安距離……必要（製造所と同じ.）

（2）保有空地……必要

（3）構　造

・1つの貯蔵倉庫の床面積は 1,000 ㎡を超えないこと.

・地盤面から軒までの高さは 6 m未満.

・容器の積み重ね高さは 3 m以下.

・容器に収納して保存する.（ただし，塊状（かいじょう）のイオウは除く.）

・引火点が 70℃未満の危険物の場合，滞留した可燃性蒸気を屋根上に排出する設備を設ける必要がある.

・その他は，製造所の基準と同じ.

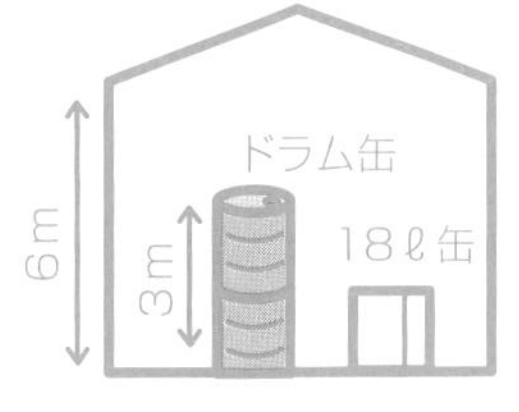

4．屋外（おくがい）貯蔵所の基準

（1）保安距離……必要（製造所と同じ.）

（2）保有空地……必要

（3）構　造

・周囲にさく等を設けて明確に区画する.

・積重ね高さは 3 m以下であるが，容器を架台（不燃材料でつくる）で貯蔵する場合の貯蔵高さは 6 m以下とすること.

・その他は，製造所の基準と同じ.

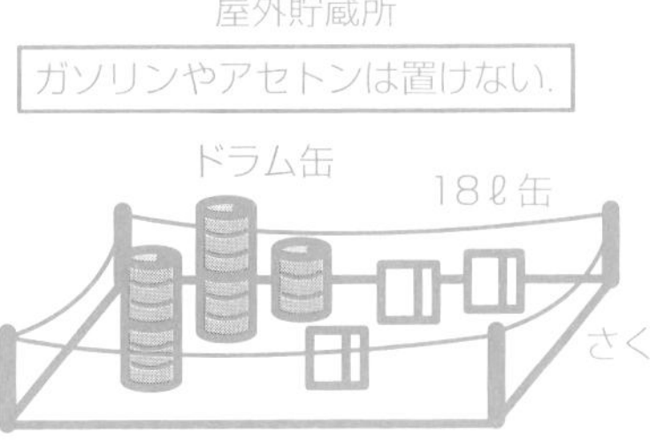

（4）貯蔵できる危険物……危険物は日光や雨にさらされるため，貯蔵できる危険物は限定される.

①　第2類の危険物

・硫黄（いおう）又は硫黄のみを含有するもの.

・引火性固体（引火点が 0 ℃以上のもの）

②　第4類の危険物

・第 1 石油類（引火点が 0 ℃以上のものに限る）

トルエン（引火点 5 ℃），ピリジン（引火点 20℃）は OK.

・アルコール類（メチルアルコールやエチルアルコールなど）
・第 2 石油類（灯油，酢酸など）　・第 3 石油類（重油など）
・第 4 石油類（ギヤー油など）　・動植物油類（なたね油，アマニ油など）

※ ・特殊引火物（二硫化炭素，エーテル，アセトアルデヒド，酸化プロピレン）はすべて屋外貯蔵所には貯蔵できない！
・第 1 石油類のほとんどのものは，屋外貯蔵所には貯蔵できない！
（　）内は引火点を示す．
ガソリン（－ 40℃），ベンゼン（－ 10℃），酢酸エチル（－ 3℃），メチルエチルケトン（－ 7℃），アセトン（－ 20℃）

5．屋内（おくない）タンク貯蔵所の基準

（1）保安距離……不要

（2）保有空地……不要

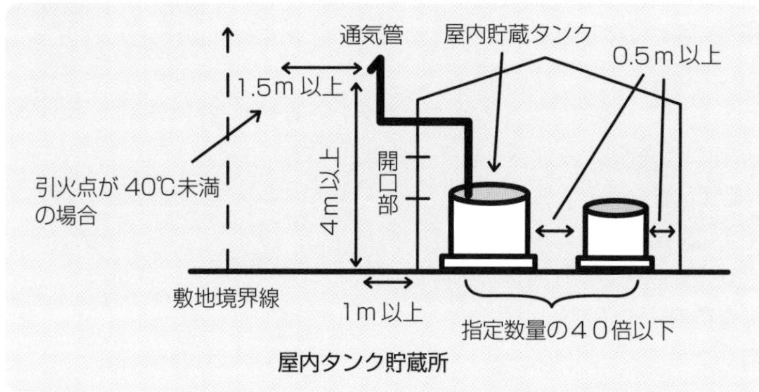

屋内タンク貯蔵所

（3）構　造

① 「屋内タンク貯蔵所」内のタンクを「屋内貯蔵タンク」という．

② 原則として平屋建てのタンク専用室に設置する．

③ タンク専用室の壁からタンクまでの間隔，タンク相互間の間隔は 0.5 m 以上とする．

④ 屋内貯蔵タンクの容量は，指定数量の 40 倍以下とする．ただし第 4 石油類及び動植物油類以外の第 4 類危険物（2 石と 3 石）については 20,000 ℓ 以下．

⑤ 同一タンク専用室に 2 以上の屋内貯蔵タンクがある場合の最大容量は，タンク容量を合算（がっさん）した量とする．

⑥ 圧力タンクには，安全装置を設ける．

⑦ 圧力タンク以外のタンクには，無弁通気管を設ける．

⑧ 無弁通気管の先端は屋外にあって，地上 4 m 以上の高さとし，建築物の開口

部から1m以上離す.

⑨　引火点が40℃未満の危険物については，先端を敷地境界線から1.5m以上離す.

⑩　その他は，屋外タンク貯蔵所の基準と同じ.

6．屋外タンク貯蔵所の基準

(1) 保安距離……必要（製造所と同じ.）

(2) 保有空地……必要

(3) 敷地内距離……タンクの側壁から敷地境界線まで確保しなければならない距離

目的「屋外貯蔵タンクの火災による隣地敷地への延焼を防止するため」

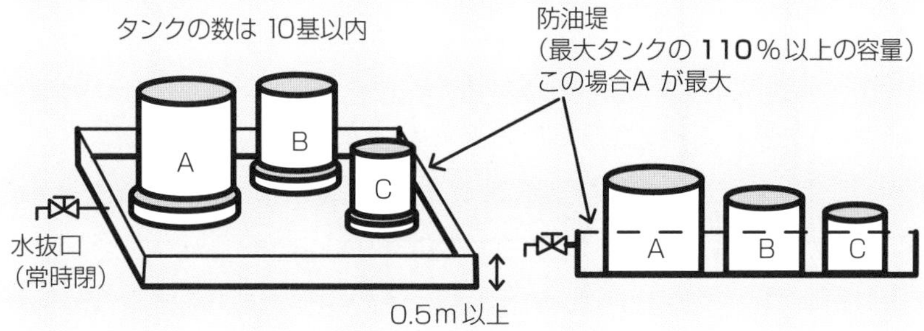

(4) 構　造

①　1,000kℓ以上の液体危険物タンクを「特定屋外タンク貯蔵所」，500kℓ以上～1,000kℓ未満の液体危険物タンクを「準特定屋外タンク貯蔵所」といい，特に厳しい基準が設けられている.

②　圧力タンクには安全装置を設ける．圧力タンク以外のタンクには，無弁通気管又は大気弁付通気管を設ける．（通気管とは，タンクが真空や加圧状態になり，タンクが破損するのを防ぐ設備である.）

③　液体の危険物の屋外貯蔵タンクには，危険物の量を自動的に表示する装置を設ける必要がある.

④　ポンプ設備は周囲に3m以上の空地を確保すること.

⑤　液体の危険物（二硫化炭素を除く.）の屋外貯蔵タンクの周囲には，防油堤を設けなければならない.

⑥　防油堤の容量は，タンク容量の110％以上とし，2以上のタンクがある場合は，最大であるタンクの容量の110％以上とすること.

⑦　防油堤の高さは0.5m以上必要．（高さが1mを超える場合，30mごとに出入りのための階段を設ける.

⑧　防油堤内に設置するタンクの数は10以下.

⑨　防油堤は鉄筋コンクリート又は土でつくる.

⑩　防油堤には，その内部の滞水を外部に排水するための水抜口(みずぬきぐち)を設けるとともに，これを開閉する弁等を防油堤の外部に設けなければならない．通常は弁を閉じておく.

防油堤内部に滞油(たいゆ)又は滞水(たいすい)した場合は，すみやかに排出する．滞油した場合は，当然のこと排出先を十分考慮しなければならない.

7．地下タンク貯蔵所の基準

(1) 保安距離……不要

(2) 保有空地……不要

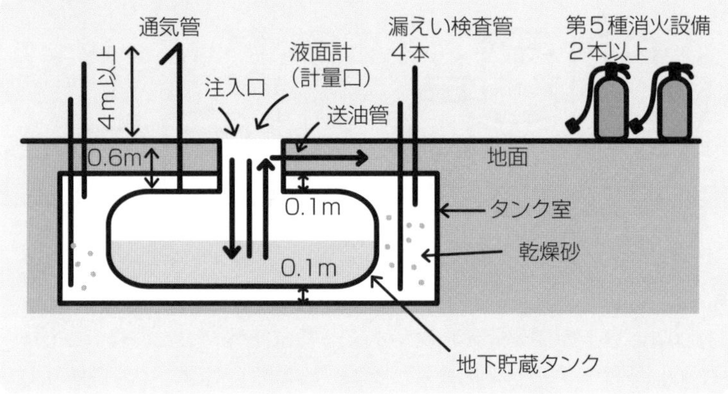

(3) 構　造

①　地下貯蔵タンクは，地盤面下に設けられたタンク室に設けなければならない.

②　地下貯蔵タンクとタンク室の内側とは0.1 m以上の間隔を保ち，周囲に乾燥砂を詰める.

③　地下貯蔵タンクの頂部は，0.6 m以上地盤面から下になければならない.

④　地下貯蔵タンクを2以上隣接して設置する場合は，その相互間に1 m以上の間隔を保つ必要がある.

⑤　貯蔵タンクの周囲には，液体の危険物の漏れを検査するための管（漏(ろう)えい検査管）を4箇所以上適当な位置に設けること.

⑥　通気管(つうきかん)の先端は，地上4 m以上の高さとすること.

⑦　地下タンク貯蔵所には第5種消火設備を2個以上設置すること.

⑧　計量口は計量するとき以外は閉鎖しておく.

8．簡易(かんい)タンク貯蔵所の基準

(1) 保安距離……不要

(2) 保有空地……屋外に設ける場合，簡易貯蔵タンクの周囲に1m以上の空地を確保する．

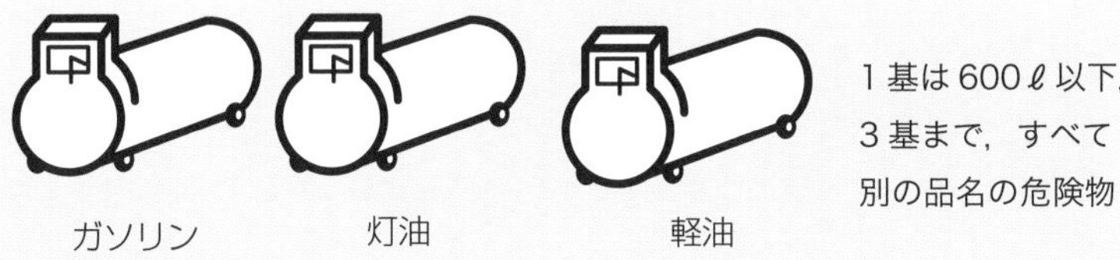

(3) 構　造

① 簡易貯蔵タンクの1基の容量は600ℓ以下とする．

② ひとつの簡易タンク貯蔵所には簡易貯蔵タンクを3基まで設置することができる．ただし3基とも別の品名であること．

③ 簡易貯蔵タンクをタンク専用室に設ける場合は，タンクと壁との間に0.5m以上の間隔を保つこと．

④ 簡易貯蔵タンクは，容易に移動しないように地盤面，架台(かだい)等に固定すること．

⑤ 簡易貯蔵タンクには通気管，メーターなどを設ける．

9．移動タンク貯蔵所の基準

(1) 保安距離……不要（常に移動し続けるタンクローリーなので）

(2) 保有空地……不要（常に移動し続けるタンクローリーなので）

(3) 構造等

① 常置する場所

屋外……防火上安全な場所．

屋内……耐火構造(たいかこうぞう)又は不燃材料でつくった建築物の1階．

② 容量……30,000ℓ以下とし，4,000ℓ以下ごとに間仕切り板(まじきばん)を設け，容量が2,000ℓ以上のタンク室には，防波板(ぼうはばん)を設ける．

③ 移動貯蔵タンクの配管の先端部には，弁等を設ける．

④ 移動タンク貯蔵所には，当該装置の損傷を防止するため，周囲の保護枠を設ける．

⑤ タンクの下部に排出口を設ける場合には，そのタンクの排出口に底弁(そこべん)を設けるとともに，非常の場合直ちに，底弁を閉鎖できる手動閉鎖装置(しゅどうへいさそうち)及び自動閉鎖装置を設けること．

⑥ 移動貯蔵タンクの底弁(そこべん)は，使用時以外は確実に閉鎖(へいさ)しておくこと．

⑦ 表示と標識……移動貯蔵タンクには，そのタンクが貯蔵し，または取扱う危険物の類，品名および最大数量を表示する設備を見やすい箇所に設けるととも

に，標識「危」を掲げること．

⑧　常備する書類は完成検査済証，定期点検記録，譲渡・引渡し届出書，品名・倍数・指定数量の倍数の変更届出書である．

⑨　消火設備は第５種消火設備を２個以上設置すること．

⑩　ガソリン，ベンゼン等静電気による災害が発生するおそれのある液体の危険物の移動貯蔵タンクには接地導線（アース）を設けなければならない．

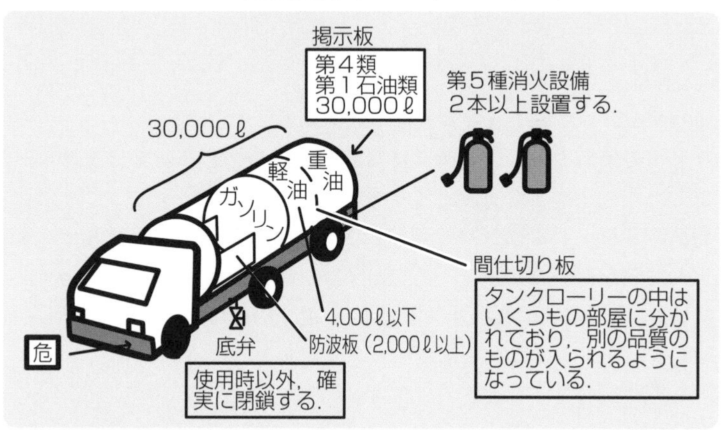

（4）移動貯蔵タンクによる移送の基準

①　危険物を移送する移動タンク貯蔵所には，移送する危険物を取扱うことができる資格を持った危険物取扱者が乗車するとともに，危険物取扱者免状を携帯しなければならない．

・ガソリン，灯油，軽油，重油の移送には，「丙種」「乙種第４類」または「甲種」の免状

・アルコール類の移送には「乙種第４類」または「甲種」の免状

②　危険物を移送する者は，移送の開始前に移動貯蔵タンクの底弁，マンホール，及び注入口のふた，消火器等の点検を十分に行う．

③　移動貯蔵タンクから液体の危険物を容器に詰め替えないこと．ただし引火点が40℃以上の第４類危険物（灯油，軽油，重油など）を詰め替えるときはこの限りではない．

④　移動貯蔵タンクから危険物を貯蔵し，取扱うタンクに引火点が40℃未満の危険物を注入・荷降ろしするときは，移動タンク貯蔵所の原動機（エンジン）を停止させること．

⑤　長時間にわたる移送の場合には，原則として２名以上の運転員を確保する．

（長時間とは，連続運転時間が4時間を超える，又は1日あたりの運転時間が9時間を超えることをいう）.

⑥　休憩等のため移動タンク貯蔵所を一時停止させるときは，安全な場所を選ぶ.

⑦　消防吏員又は警察官は，災害の発生防止のため，走行中の移動タンク貯蔵所を停止させ，乗車している危険物取扱者に対して危険物取扱者免状の提示を命ずることができる.

10. 一般取扱所の基準

指定数量以上の危険物を取扱う施設で給油取扱所，販売取扱所，移送取扱所に分類されない取扱所をいう.

位置・構造・設備にあっては，製造所の基準を使用する.

(1) 保安距離……必要

(2) 保有空地……必要

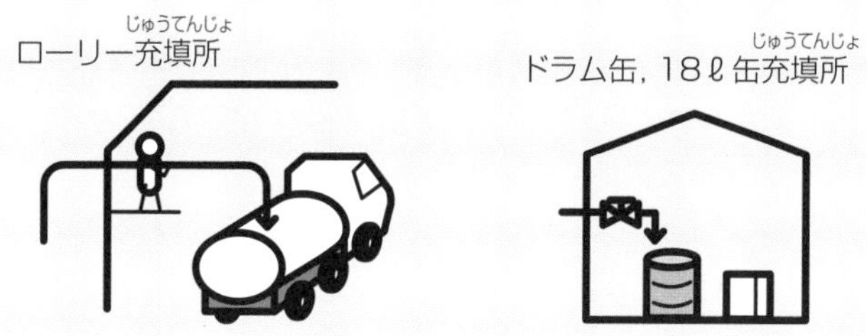

（一般取扱所の代表例）

①　充填の一般取扱所……車両に固定されたタンクに液体の危険物を注入する施設

②　詰め替えの一般取扱所……固定した注油設備によって，引火点が40℃以上の第4類の危険物のみを容器に詰め替え，又は車両に固定された容量4000 ℓ以下のタンクに注入し，かつ，指定数量の倍数が30未満の施設.

11. 給油取扱所の基準

(1) 保安距離……不要（住宅の隣にあることを思い出すとよい.）

(2) 保有空地……不要（住宅の隣にあることを思い出すとよい.）

(3) 構　造

①　固定給油設備と固定注油設備がある.

A. 固定給油設備

ガソリンまたは軽油を自動車等に直接給油する設備で，間口10 m，奥行き6 mの空地（給油空地）が必要である.……自動車が出入りするため.

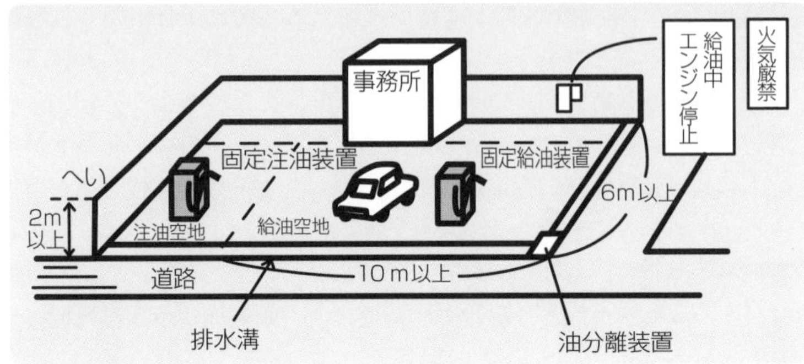

B. 固定注油設備

灯油または軽油を容器に詰め替える設備で，ホース機器の周囲には，容器の詰め替え等のために必要な空地（注油空地）を給油空地以外の場所に保有する．

② 空地の構造……漏れた危険物が浸透しないための舗装（コンクリート等）をすること．また漏れた危険物がその空地以外の部分に流出しないような措置（排水溝及び油分離装置等）を講ずる．

③ へい……給油取扱所の周囲には，高さ2m以上の耐火構造の，又は不燃材料のへいまたは壁を設ける．

④ 敷地境界線……敷地境界線から固定給油設備は2m以上，固定注油設備は1m以上の間隔を保つ．

⑤ 道路境界線

懸垂式の固定給油設備（固定注油設備も同じ.）は4m以上.

その他の固定給油設備（固定注油設備も同じ.）は4～6m以上.

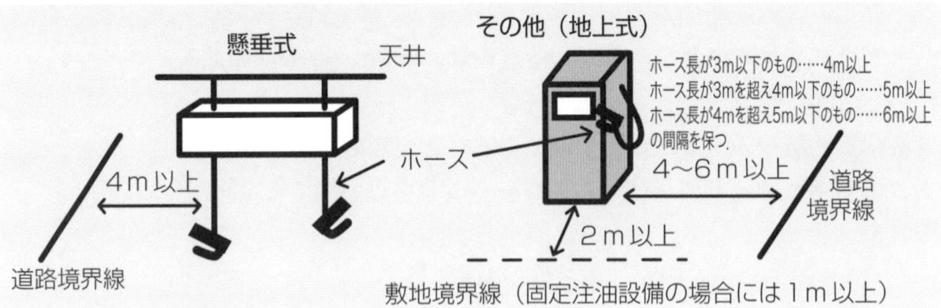

⑥ 給油管及び注油管の長さ……5m以下であること．給油ホースや注油ホースの先端には，蓄積された静電気を除去する装置（アース）などを設けること．

⑦ 地下貯蔵タンクの容量……制限はない.

⑧　地下廃油タンクの容量……10,000 ℓ以下.

⑨　給油取扱所に設置できる建築物の用途

a. 給油，自動車の点検・整備・洗浄を行うのための作業場

b. 給油取扱所の業務を行うための事務所

c. 店舗（てんぽ），飲食店又は展示場……コンビニは店舗に相当する.

d. 給油取扱所の関係者が居住する住居

（参考）給油取扱所に設置できない建築物の用途
遊技場（パチンコ店，ゲームセンター），診療所，立体駐車場など.

⑩　給油取扱所には，「給油中エンジン停止」や「火気厳禁」などの掲示板を表示すること.

（4）給油取扱所における取扱いの基準

①　自動車等に給油するときは，固定給油設備を使用して，直接給油すること.

②　自動車等に給油するときは，自動車等の原動機（げんどうき）（エンジン）を停止させる.

③　自動車等の一部又は全部が，給油空地からはみ出たままで給油しないこと.

④　固定注油設備から灯油若しくは軽油を容器に詰め替え，又は車両に固定されたタンクに注入するときは，容器又は車両の一部，若しくは全部が注油空地からはみ出たままで，灯油若しくは軽油を容器に詰め替え，又は車両に固定されたタンクに注入しないこと.

⑤　給油取扱所の専用タンク又は簡易タンクに危険物を注入するときは，当該（とうがい）タンクに接続する固定給油設備又は固定注油設備の使用を中止するとともに，自動車等を当該タンクの注入口に近づけないこと.

⑥　油分離装置に溜（た）まった油はあふれないように，随時（ずいじ）くみ上げること.

⑦　自動車等の洗浄を行う場合は，引火点を有する液体の洗剤を使用しないこと.

⑧　全面に上屋（うわや）が設（もう）けられると「屋内（おくない）給油取扱所」という.

⑨　顧客（こきゃく）に自ら給油等をさせる給油取扱所を「セルフスタンド」という.

⑩　バス会社，トラック運送会社などが，自社の車のみに給油する施設を「自（じ）家用（かよう）給油取扱所」という.「予防規程」不要等，法的規制はゆるくなっている.また一般の人にガソリン等を販売することは禁止されている.

危険物の種類	ハイオク	レギュラー	軽油	灯油
彩　色	黄	赤	緑	青

12. 販売取扱所の基準

（1）保安距離……不要　　（2）保有空地……不要

(3) 構造

① 店舗（販売取扱所）は，建築物の1階に設置しなければならない．

② 第1種（指定数量の倍数が15以下のもの）と第2種（指定数量の倍数が15を超え40以下のもの）に区分される．……1種より2種の方が，規模が大きいことに注意！

③ 第1種販売取扱所の構造設備

・建築物の店舗部分は壁を準耐火構造（じゅんたいかこうぞう）とすること．

・店舗部分のはりは不燃材料でつくり，天井を設ける場合にあっては，天井も不燃材料でつくる．

・店舗部分に上階がある場合には，上階の床を耐火構造とし，上階がない場合は屋根を耐火構造又は不燃材料でつくる．

・店舗の窓及び出入口には，防火設備を設ける．窓及び出入口にガラスを用いる場合は，網（あみ）入りガラスとする．

④ 第2種販売取扱所の構造設備

・第2種販売取扱所は，第1種販売取扱所に比べてさらに厳しい規制がされる．

13. 移送取扱所（いそうとりあつかいしょ）の基準

「配管及びポンプ並びにこれらに附属（ふぞく）する設備によって危険物を移送するために取扱う貯蔵所」

(1) 保安距離……不要　(2) 保有空地……不要

(3) 系統図……パイプラインの長さは数kmにも及ぶことが多い．

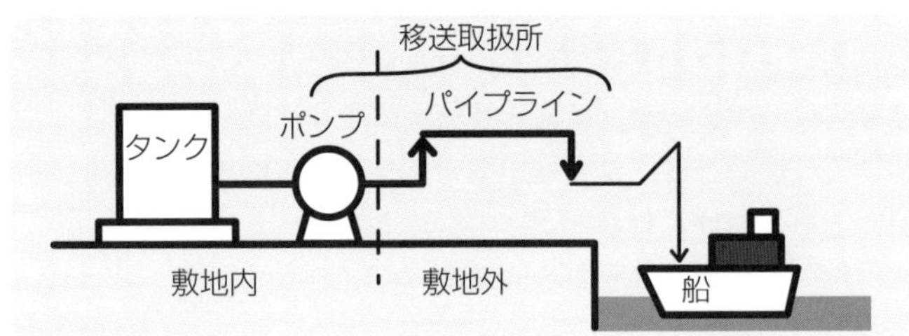

① 危険物の移送は移送するための配管，ポンプ，附属設備の安全を確認した後に始めること．

② 危険物の移送中は，移送する危険物の圧力及び流量を常に確認し，1日1回以上，配管，ポンプ，附属設備の安全確認のための巡視（じゅんし）を行うこと．

14. 標識・掲示板

製造所等には，見やすい箇所に危険物の製造所等である旨（むね）を示す「標識」及び防火に関し必要な事項を掲示した「掲示板」を設けなければならない．

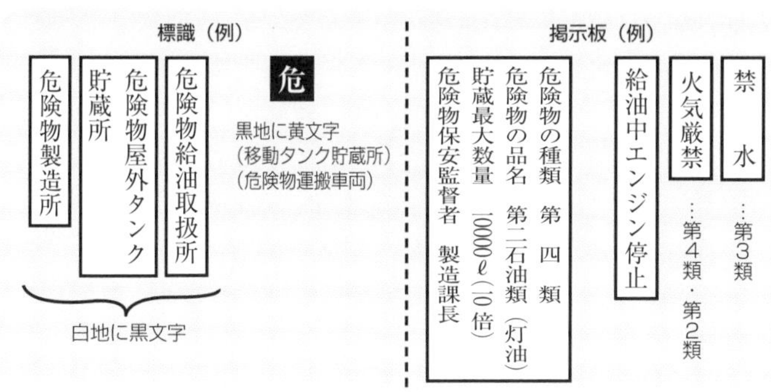

15. 貯蔵・取扱いの基準

(1) 共通基準

いずれの製造所等にも共通する技術上の基準として，次のものがある．

① 許可または届出された数量・指定数量の倍数を超える危険物の貯蔵・取扱いをしない．

② 許可または届出された品名以外の危険物の貯蔵・取扱いをしない．

③ みだりに火気を使用したり，係員以外の者の出入りをさせない．

④ 常に整理及び清掃を行うとともに，みだりに空箱等その他不必要な物件を置かない．

⑤ 貯留（ちょりゅう）設備又は油分離装置（あぶらぶんりそうち）に溜（た）まった危険物は，あふれないように随時（ずいじ）くみ上げる．

⑥ 危険物のくず，かす等は１日に１回以上危険物の性質に応じ，安全な場所及び方法で処理する．

⑦ 危険物を貯蔵し，又は取扱っている建築物等においては，その危険物の性質に応じた有効な遮光（しゃこう）又は換気を行う．

⑧ 危険物は，温度計，圧力計等の計器を監視し，その危険物の性質に応じた適正な温度，湿度又は圧力を保つように貯蔵し，又は取扱う．

⑨ 危険物を貯蔵し，又は取扱う場合には，危険物が漏れ，あふれ，又は飛散しないように必要な措置（そち）を講ずる．

⑩ 危険物を貯蔵し，又は取扱う場合には，危険物の変質，異物の混入等により，危険物の危険性が増大しないように必要な措置（そち）を講ずる．

⑪ 危険物の残存（ざんぞん）している設備，機械器具，容器等を修理する際は，安全な場所において危険物を完全に除去した後に行う．

⑫ 危険物を容器に収納して貯蔵し，又は取扱うときは，その容器は危険物の性質

に適応し，かつ，破損，腐食，さけめ等がないようにする．

⑬ 危険物を収納した容器を貯蔵し，又は取扱う場合は，みだりに転倒させ，落下させ，衝撃（しょうげき）を加え，または，引きずる等，粗暴（そぼう）な行為をしない．

⑭ 可燃性の液体，蒸気，ガスが漏れたり，滞留（たいりゅう）するおそれのある場所又は可燃性の微粉が著しく浮遊するおそれのある場所では，電線と電気機器とを完全に接続し，かつ，火花を発するものを使用しない．

⑮ 保護液（ほごえき）中に保存している危険物は，保護液から露出（ろしゅつ）しないようにする．

(2) 貯蔵の基準

① 異なる類の危険物の貯蔵

類の異にする危険物は，その危険性が異なるため，同一貯蔵した場合には災害発生の危険が高い．発災した場合の災害拡大が著しく高く，また，消火方法も異なることから，原則として同時貯蔵はできない．

② 同時貯蔵（どうじちょぞう）

ただし，屋内貯蔵所又は屋外貯蔵所において，下記の危険物を類別ごとにそれぞれとりまとめて貯蔵し，かつ，相互に１m以上の間隔を置く場合は，同時貯蔵することができる．

・第１類（アルカリ金属の過酸化物とその含有物を除く）と第５類
・第１類と第６類
・第２類と第３類の自然発火性物質（黄りんとその含有物に限る）
・第２類（引火性固体）と第４類
・アルキルアルミニウム等と第４類のうちアルキルアルミニウム等の含有物
・第４類（有機過酸化物とその含有物）と第５類（有機過酸化物とその含有物）

同時貯蔵

同時貯蔵が認められる組合せ（表にすると次のようになる）……複雑！

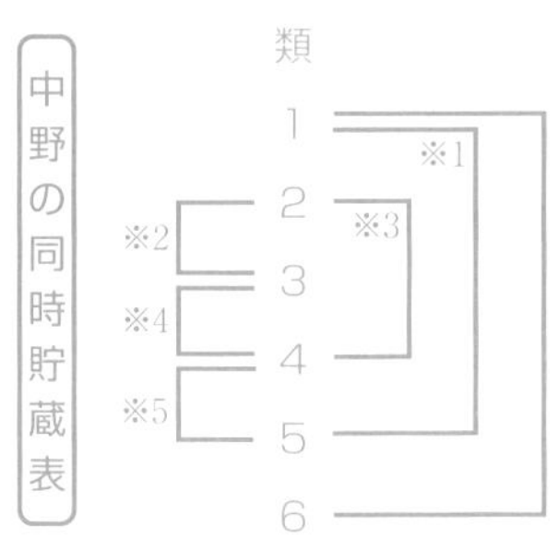

無条件でOKなのは1類と6類である.
他の組合せは，条件付である.
(条件)
※1　1類のアルカリ金属の過酸化物を除く.
※2　3類は黄りんに限る.
※3　2類は引火性固体に限る.
※4　3類のアルミニウム等と4類のアルキルアルミニウム等の含有物.
※5　4類の有機過酸化物と5類の有機過酸化物に限る.
〔書けるようにしておくとよい！〕…条件は除く！

③　その他

・屋内貯蔵所および屋外貯蔵所において，危険物を貯蔵する場合の容器の積み重ね高さは，原則3m（第3石油類，第4石油類および動植物油類を収納する容器のみを積み重ねる場合は4m，機械により荷役（にえき）する構造を有する容器のみを積み重ねる場合は6m）以下とすること.

ドラム缶1本の高さは，約0.9mであるので，縦積みで3mの制限の場合3本，4mの制限の場合4本までOKとなる.

・屋外貯蔵所において危険物を収納した容器を，架台（かだい）で貯蔵する場合の貯蔵高さは，6m以下とする.

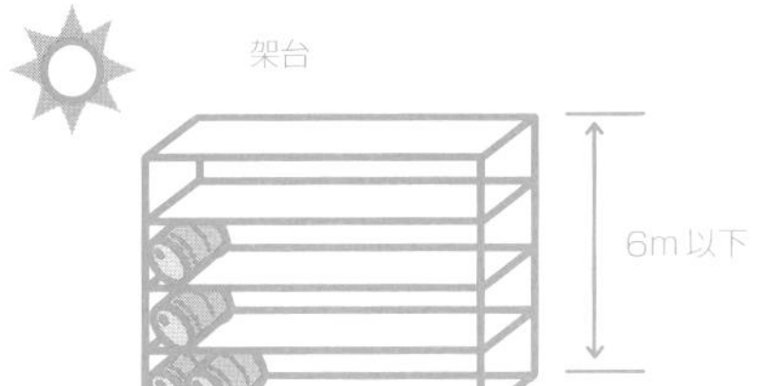

運搬する場合は，収納口は上向きでなければならないが，屋外貯蔵所の貯蔵に関しては，規定されていない.

・屋内貯蔵所において，容器に収納して貯蔵する危険物の温度が，55℃を超えないように必要な措置を講ずる.

・タンクの計量口，元弁，注入口の弁またはふたは，使用するとき以外は，閉鎖しておく.

(3) 廃棄（はいき）の基準

①　焼却する場合は，安全な場所で，他に危害（きがい）を及ぼさない方法で行い，必ず見張人をつける.

② 危険物は，海中や水中に流出または投下しないこと．また埋没（まいぼつ）する場合は，その性質に応じ安全な場所で行う．

16. 運搬の基準

① 運搬容器

- 運搬容器の材質は，鋼板（こうばん），アルミニウム板，ブリキ板，ガラス等と定められている．
- 運搬容器の構造は，堅固（けんご）で容易に破損することがなく，かつ，その口から収納された危険物が漏れるおそれがないもの．

② 積載方法

- 原則として危険物は，運搬容器に収納して積載しなければならない．
- 温度変化等により危険物が漏れないように，密封して収納しなければならない．
- 危険物の性質に適応した材質の運搬容器に，収納しなければならない．
- 固体の危険物は，内容積の95%以下の収納率で収納すること．
- 液体の危険物は，内容積の98%以下の収納率であって，かつ，55℃の液温において漏れないように十分な空間容積を有して収納すること．
- 運搬容器の外部には，次の内容を表示し積載しなければならない．

A. 危険物の品名，危険等級および化学名．水溶性のものは，水溶性と表示する．

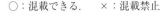

B. 危険物の数量

C. 危険物に応じた注意事項

（例）第４類……火気厳禁　　第５類……火気厳禁，衝撃注意

第６類……可燃物接触注意

③ 混載（こんさい）（同一車両に類の異なる危険物を積載すること）について

指定数量の倍数が1/10を超える危険物を運搬する場合，同一車両に積載できない組合せがある．

一般的な混載表

	第１類	第２類	第３類	第４類	第５類	第６類
第１類		×	×	×	×	○
第２類	×		×	○	○	×
第３類	×	×		○	×	×
第４類	×	○	○		○	×
第５類	×	○	×	○		×
第６類	○	×	×	×	×	

○：混載できる．　×：混載禁止

中野の混載表（線で結ばれたものは，混載 OK である）

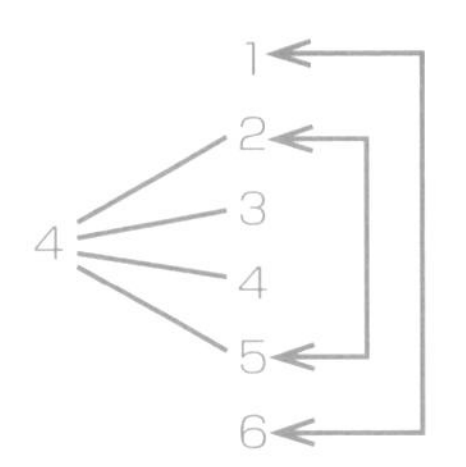

数字は類を表す．

（書き方）① 縦に1から6までの数を書く．
② その横に4を書く．
③ 両側の1と6，2と5を線で結ぶ．
④ 左の4から両側の1，6以外のものに線を引く．

（見　方）1類と6類は右側でつながれているのでOK．
3類と4類は右側の線ではつながっていないが，左側の線でつながっているのでOK．
4類と4類は同じ類なので，当然OK．

④ 運搬方法

・危険物または危険物を収納した運搬容器に著しい摩擦，動揺が起きないように運搬し，また，運搬中に危険物が著しく漏れる等，災害が発生するおそれのある場合は，応急措置を講ずるとともに，もよりの消防機関等へ通報しなければならない．

・指定数量以上の危険物の運搬

A. 車両の前後の見やすい場所に一定の標識を掲げる．

B. 休憩等のため車両を一時停止させるときは，安全な場所を選び，かつ運搬する危険物に適応する消火設備を設ける．

⑤ 移送と運搬の違い（まとめ）

	内容	危険物取扱者の免状	許可	標識・消火設備
移送	移動タンク貯蔵所（タンクローリー）で危険物を運ぶこと．	・移送する危険物を取扱うことができる危険物取扱者免状を所持した危険物取扱者が運転または同乗する． ・危険物取扱者は免状を携帯する義務がある．	必要	指定数量以上を移送→標識・消火設備の設置義務あり．
運搬	運搬容器（ドラム缶，18 ℓ 缶など）を車両に積載して運ぶこと．	免状の有無は問わない．よって，無資格者でも運搬できる．	不要	指定数量以上を運搬→標識・消火設備の設置義務あり．
				指定数量未満を運搬→標識・消火設備の設置義務なし．

17．行政命令等

（1）義務違反と措置命令

製造所等の所有者，管理者または占有者は，次の事項または事案が発生した場合は，市町村長等からそれぞれに該当する措置命令を受けることがある．

措置命令の種類	該当事項
危険物の貯蔵・取扱基準遵守命令	製造所等において，危険物の貯蔵・取扱いが技術上の基準に違反しているとき．
危険物施設の基準適合命令（修理，改造または移転の命令）	製造所等の位置，構造及び設備が技術上の基準に違反しているとき．
危険物保安統括管理者または危険物保安監督者の解任命令	危険物保安統括管理者または危険物保安監督者が消防法に違反したとき，またはこれらの者に，その業務を行わせることが，公共の安全の維持もしくは災害の発生の防止に支障を及ぼすおそれがあると認めるとき．
予防規程変更命令	火災の予防のため，必要があるとき．
危険物施設の応急措置命令	危険物の流出，その他の事故が発生したときに，応急の措置を講じていないとき．
移動タンク貯蔵所の応急措置命令	管轄する区域にある移動タンク貯蔵所について，危険物の流出，その他の事故が発生したとき．

（2）無許可貯蔵等の危険物に対する措置命令

市長村長等は，指定数量以上の危険物について，仮貯蔵・仮取扱いの承認，または製造所等の許可を受けないで貯蔵し，または取扱っている者に対し，危険物の除去，災害防止のための必要な措置について命ずることができる．

（3）許可の取り消しまたは使用停止命令

製造所等の所有者，管理者または占有者は，次の事項に該当する場合は，市町村長等から設置許可の取り消し，または期間を定めて施設の使用停止命令を受けることがある．

［該当事項］

① 位置，構造または設備を無許可で変更したとき．……「無許可変更」

② 完成検査済証の交付前に使用したとき，または仮使用の承認を受けないで使用したとき．……「完成検査前使用」

③ 位置，構造，設備にかかわる措置命令に違反したとき．……「措置命令違反」

④ 政令で定める屋外タンク貯蔵所または移送取扱所の保安の検査を受けないとき．……「保安検査未実施」

⑤ 定期点検の実施，記録の作成，保存がなされないとき．……「定期点検未実施」

（4）使用停止命令

製造所等の所有者，管理者または占有者は，次の事項に該当する場合は，市長村長等から期間を定めて，施設の使用停止命令を受けることがある．

［該当事項］

① 危険物の貯蔵，取扱い基準の遵守命令（じゅんしゅめいれい）に違反したとき．

② 危険物保安統括管理者（ほあんとうかつかんりしゃ）を定めないとき，またはその者に危険物の保安に関する業務を統括管理させていないとき．

③ 危険物保安監督者（ほあんかんとくしゃ）を定めないとき，またはその者に危険物の取扱作業に関して保安の監督をさせていないとき．

④ 危険物保安統括管理者または危険物保安監督者の解任命令に違反したとき．

(5) 立入検査

市町村長等は危険物による火災防止のため，必要があると認めるときは，指定数量以上の危険物を貯蔵し，または取扱っていると認められるすべての場所の所有者，管理者または占有者に対し，資料の提出を命じ，もしくは報告を求め，または消防職員をその場所に立ち入らせ，検査，質問，もしくは危険物を収去（しゅうきょ）させることができる．

(6) 危険物流出等の事故原因調査

市長村長等は，製造所，貯蔵所または取扱所において発生した危険物の流出，その他の事故であって火災が発生するおそれのあったものについて，事故の原因を調査することができる．（H20.5 法追加）

Ⅲ．消火設備・警報設備の基準

1．消火設備の区分

第１種　○○栓設備（屋内消火栓設備（おくないしょうかせんせつび），屋外消火栓設備（おくがいしょうかせんせつび））

第２種　スプリンクラー設備

第３種　○○消火設備（水蒸気消火設備，水噴霧（みずふんむ）消火設備，泡消火設備，二酸化炭素消火設備，ハロゲン化物消火設備，粉末消火設備）

第４種　○○大型消火器（泡を放射する大型消火器，霧状（きりじょう）の強化液（きょうかえき）を放射する大型消火器等）

第５種　○○小型消火器（消火粉末を放射する小型消火器，泡を放射する小型消火

器等)，乾燥砂，水バケツ，水槽，膨張ひる石，膨張真珠岩

※　第5種の消火設備の乾燥砂，膨張ひる石，膨張真珠岩は，第1類から第6類までのすべての危険物の火災に適応する．

2．所要単位と能力単位

消火設備の種類と個数を計算する基本となる単位.

(1) 所要単位……指定数量の10倍を所要単位という.

1所要単位＝指定数量の10倍

(2) 能力単位……30所要単位を能力単位という.

1能力単位＝30所要単位

(3) 電気設備に対する消火設備は，100m^{2}ごとに1個以上設ける.

(4) 警報設備

指定数量の10倍以上の危険物を貯蔵し，または取扱う製造所等は，火災が発生した場合，自動的に作動する火災報知設備，その他の警報設備を設けなければならない.

①　警報設備の例

・自動火災報知設備　　・消防機関に報知ができる電話　　・拡声装置

※　移動タンク貯蔵所には警報設備は必要ない！

補足イラスト　製造所等とは(P41)……次の12の施設のことをいいます.

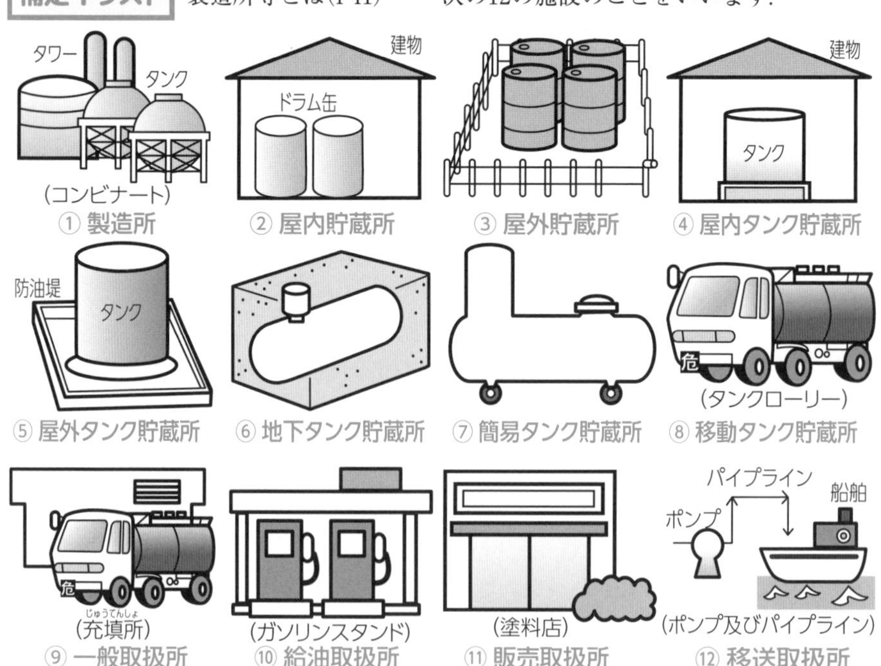

改訂２版
ひと目でわかる危険物乙４問題集

問題解答編

採点基準：物理化学，性質・火災予防・消火方法，法令の３科目について，どの科目も60%以上の正解が，合格点の目安です．学習においては，90%以上，できれば全問正解を目指して，繰り返し学習してください．

基本問題
Set1
物理化学の解答

問1　熱の移動の仕方で，放射によるものは次のうちどれか．ただし熱の移動には，放射，対流および伝導がある．

(1) ステンレス製の手すりにつかまったら，手が冷たくなった．→伝導
(2) 冬場，太陽に当たって体があたたかくなった．→放射
(3) 鉄の棒の先端を火の中に入れたら，手元の方まで熱くなった．→伝導
(4) アイロンがけをしたら，衣類が熱くなった．→伝導
(5) 冬場，ストーブをたいたら，床面より，天井近くの温度が上がった．→対流

(1)，(3)，(4) の 3 つは伝導であり，(5) は対流である．
(2) が放射である．

問 2　物質の変化の形態についての説明として，次のうち誤っているものはどれか．

(1) 凝縮とは，液体から固体になる変化をいう．→凝固
(2) 昇華とは，固体から直接気体になる変化をいう．
(3) 潮解とは，固体が空気中の水分を吸収して，湿ってくる現象である．
(4) 蒸発とは，液体が気体になる変化をいう．
(5) 化合とは，2 種類以上の物質から，それらとは異なる物質を生じる化学変化をいう．

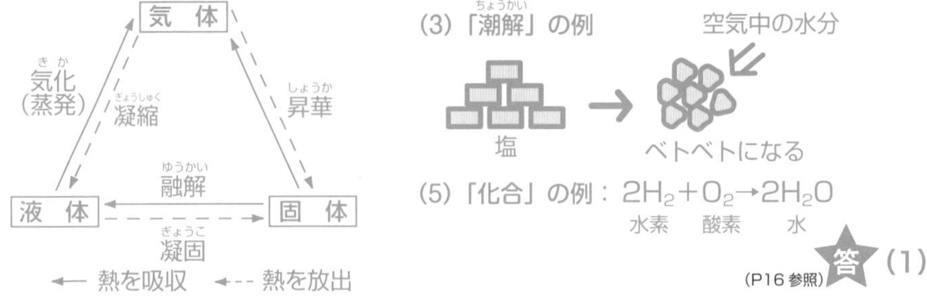

物理化学の解答

問 3　物理変化と化学変化の説明で，次のうち誤っているものを選べ．

(1) 鉄がさびてぼろぼろになるのは，化学変化である．
(2) ニクロム線に電気を流すと発熱するのは，物理変化である．
(3) 氷が融けて水になるのは，物理変化である．
(4) はんだ付けで鉛を加熱して溶けるのは，物理変化である．
(5) ドライアイスが二酸化炭素になるのは，化学変化である．　物理変化

そのまま覚えよう

化学変化とは，物質がまったく違った性質を持った物質に変わること．

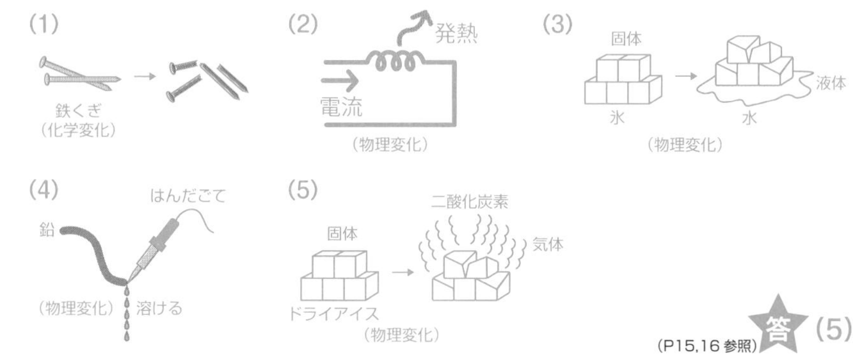

(P15,16 参照) 答 (5)

問4　金属が水溶液中で陽イオンになろうとする性質をイオン化傾向という．次のうち鉄よりもイオン化傾向が大きいものはいくつあるか．

銀　　亜鉛　　金　　カリウム　　マグネシウム

(1) 1つ　　(2) 2つ　　(3) 3つ　　(4) 4つ　　(5) 5つ

イオン化列は次のようになっている．

Li (K) Ca Na (Mg) Al (Zn) Fe Ni Sn Pb H_2 Cu Hg Ag Pt Au

鉄（Fe）より左の物質を探せばよい．すると亜鉛（Zn），カリウム（K），マグネシウム（Mg）の3つとなる．

※206 ページを参照し，イオン化列が書けるようにしておくことが必要である．

(P206 参照) 答 (3)

問5 次の用語のうち化学変化でないものはどれか.

(1) 中 和 →化……塩酸と水酸化ナトリウムで塩と水ができる. $HCl + NaOH \rightarrow NaCl + H_2O$

~~(2)~~ 風 解 →**物**

(3) 酸 化 →化……鉄がさびる.

(4) 分 解 →化……水の電気分解など.

(5) 燃 焼 →化……酸化反応の激しいもの.

化：化学変化 **物**：物理変化
物理変化に × をつける.

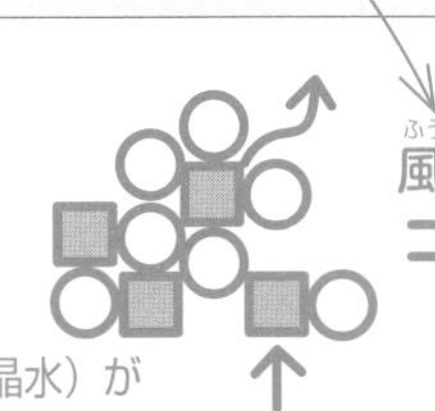

結晶を形づくっている水（結晶水）がなくなり，粉状になってしまうこと.

(P16 参照)

問6 次のAからEのうち，燃焼の三要素がそろっているものはいくつあるか.

A	窒素 不	一酸化炭素 可	放射線 ×
(B)	鉄粉 可	酸素 酸	ライターの炎 点 →そろっている.
C	エタノール 可	水素 可	電気火花 点
D	水素 可	二酸化炭素 不	赤外線 ×
E	酸素 酸	空気 酸	静電気の火花 点

(1) 1つ（○）
(2) 2つ
(3) 3つ
(4) 4つ
(5) 5つ

可：可燃物
酸：酸素供給源
点：点火源
（以上 燃焼の三要素）
不：不燃物
×：関係ないもの

(注) 一酸化炭素は，まだ燃えることができる.
燃えて二酸化炭素になる.
$CO + O_2 \rightarrow CO_2$（係数省略）
一酸化炭素 酸素 二酸化炭素

燃焼の三要素とは
・可燃物
・酸素供給源
・点火源

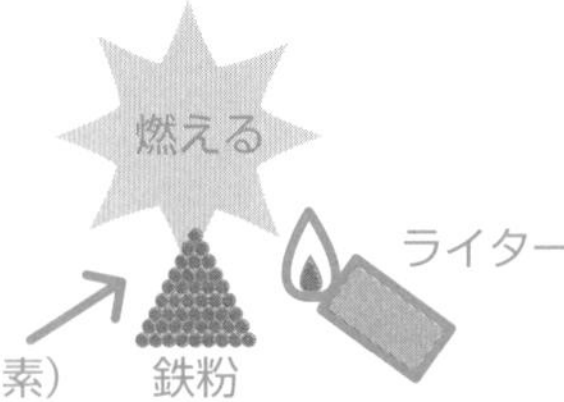

(P18 参照)

物理化学の解答

問7　静電気に関する説明として，次のうち誤っているものはどれか．

(1) 二つ以上の物質が摩擦等の接触分離をすることで静電気が発生する．
(2) 帯電した物体の電荷が移動しない場合の電気を静電気という．
(3) 静電気は人体にも帯電する．
(4) 静電気がたまった物質を接地すると大地に逃がすことができる．
(5) 電荷には，それぞれ正電荷と負電荷があり、同じ電荷には引力が働く．→反発力

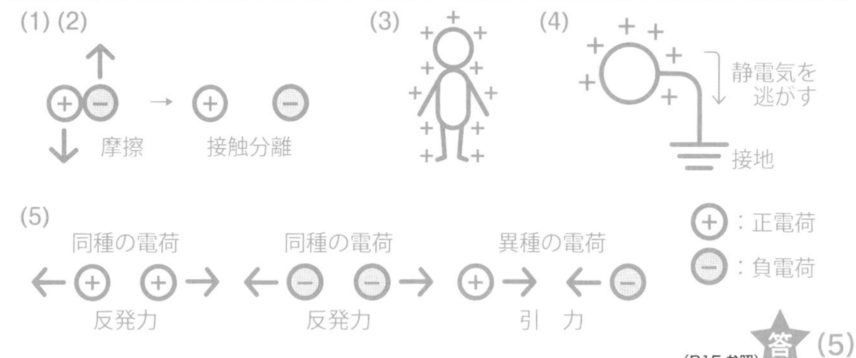

(P15 参照) 答 (5)

問8　引火点の説明として，次のうち正しいものはどれか．

(1) 可燃物を空気中で加熱した場合，他から点火されなくても自ら発火する最低の液温をいう．→これは発火点の説明である．

(2) 可燃物が気体または液体の場合に引火点といい，固体の場合には発火点という．→発火点と引火点とは別である．

(3) 可燃性液体が，爆発（燃焼）下限値の蒸気を発生するときの最低の液温をいう．

(4) 可燃性液体を燃焼させるのに必要な熱源の温度をいう．→熱源の温度ではない

(5) 可燃性液体の蒸気が発生し始めるときの液温をいう．→どんな液温でも，蒸気は少しは発生している．

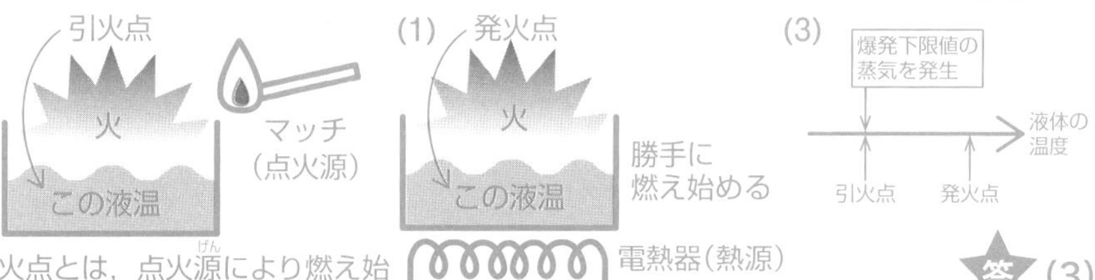

(P20, 21 参照) 答 (3)

問9　次の消火理論で誤っているものを選べ.

(1) 引火性液体が燃焼している場合，その液体の温度を引火点未満にすれば消火することができる.

(2) 二酸化炭素を放射して，燃焼物の周囲酸素濃度を約 14 ～ 15vol%以下にすると窒息消火することができる（vol とは体積という意味である.）.

(3) 燃焼の３要素のうち，１つの要素を取り去っただけでは，消火することはできない.　→できる　→で

(4) 水は気化熱および比熱が大きいため冷却効果が大きい.

(5) 燃焼物への注水により発生した水蒸気は，窒息効果もある.

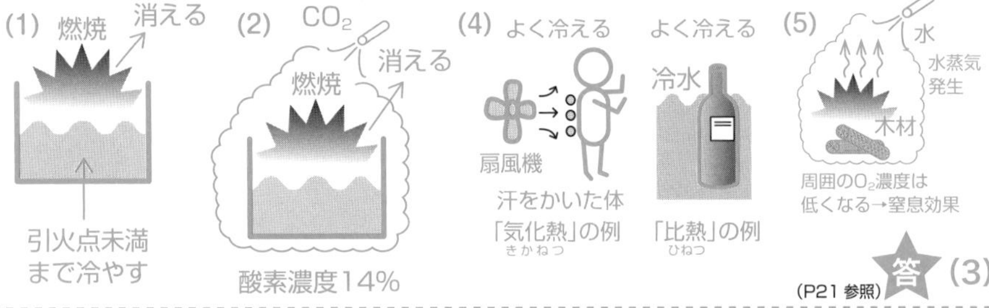

(P21 参照) 答 (3)

問10　火災とそれに適応した消火剤の組合せとして，次のうち誤っているものを選べ.

(1) 石油類の火災 ……… 二酸化炭素消火剤

(2) 石油類の火災 ……… 粉末（リン酸塩類）消火剤

(3) 電気設備の火災 …… ハロゲン化物消火剤

(4) 電気設備の火災 …… 泡消火剤

(5) 木材火災 …………… 強化液消火剤

(1)，(2) 石油類の火災には，CO_2，粉末，泡，霧状の強化液が使用される.

(3) 一般にはハロゲン化物は毒性ガスを発生を発生するため，使用しないが，設備を汚すことがないので，いざというときには使用する.

(4) 泡消火剤は水系であるため感電・漏電の危険があり，電気火災には使用しない.

(5) 木材火災には一般に水が使用されるが、強化液なら、なお冷却効果が高い.

(P21～23 参照) (4)

性質・火災予防・消火方法の解答

問11 危険物の類ごとの共通性状について，次のうち正しいものを選べ．

(1) 第１類の危険物は，還元性の強い固体である． → 酸化性
(2) 第２類の危険物は，燃えやすい固体である．
(3) 第３類の危険物は，水と反応しない不燃性の液体である．
(4) 第５類の危険物は，酸化性の強い固体である． → 自己反応性の固体または液体
(5) 第６類の危険物は，可燃性の固体である． → 不燃性の液体

(1) 第１類の危険物は，酸化性の強い固体である．
(3) 第３類の危険物は水と反応して可燃性ガスを発生し，それが燃えるものや，空気中で自然発火するものである．可燃性の液体または固体である．
(4) 第５類の危険物は自己反応性の固体または液体である．酸化性の強いもの（過酸化ベンゾイルや過酢酸など）もあるが，これは，ごく一部のものである．共通性状ではない．
(5) 第６類の危険物は，不燃性の液体である．

（P24～26 参照） 答 (2)

問12 第４類の危険物の共通する性質について，次のうち誤っているものはどれか．

(1) 蒸気は空気より重い．
(2) 沸点が低いものは，引火しやすい傾向がある．
(3) 熱伝導率が小さい．
(4) 電気伝導度が小さいものが多く，静電気は蓄積しやすい．
(5) 水溶性のものは，水で薄めると引火点は低くなる． → 高く

(1)～(4) そのままオボエル．

(1) ガソリン

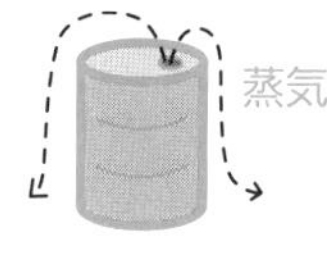

(2) 例：ベンゼン

ベンゼンを例にとってみると，沸点より下に引火点がある．一般に，沸点が低ければ，引火点は，それより更に低い．

高く「引火点が高い」ということは，火がつく温度が高い→「燃えにくい」ということ．

(5) 例：エチルアルコール

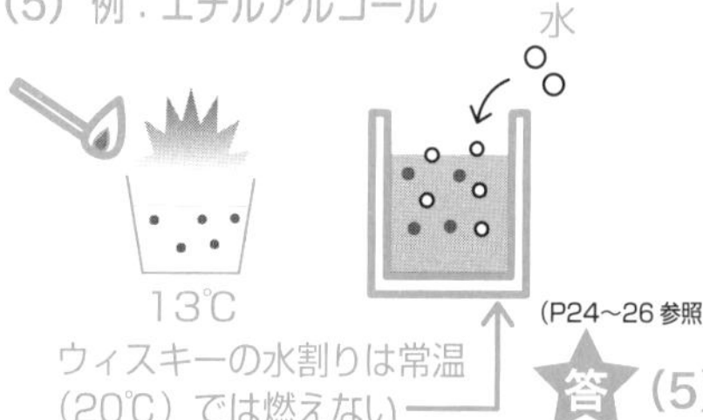

ウィスキーの水割りは常温（20℃）では燃えない

（P24～26 参照） 答 (5)

問13　第４類の危険物の火災に対する消火方法について，次のうち誤っているものを選べ．

(1) 乾燥砂は，小規模火災には効果的である．
(2) 非水溶性液体には，一般の泡消火剤は効果的である．
(3) 二酸化炭素消火剤は効果的である．
(4) ハロゲン化物消火剤は効果的である．
(5) 棒状に放射する強化液消火剤は効果的である．→霧状

霧状強化液ならOKであるが，棒状では危険物を飛散させてしまうので不適．

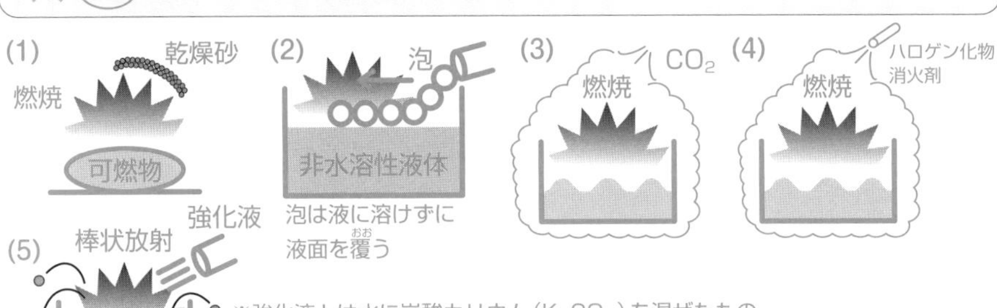

※強化液とは水に炭酸カリウム（K_2CO_3）を混ぜたもの．霧状強化液は第４類の油火災のみでなく，普通火災・電気火災にも有効．

(P22, 23参照) 答 (5)

問14　メチルアルコールやエチレングリコールなどの水溶性液体の危険物には，水溶性である一般の泡消火剤は効果的ではない．その理由として，次のうち適当なものはどれか．

(1) 泡は軽いので，飛んでしまうため．
(2) 泡が溶けて，消えてしまうため．→そのとおり
(3) 泡がすぐはじけるため．
(4) 泡が燃え，消失するため．
(5) 泡が固まるため．

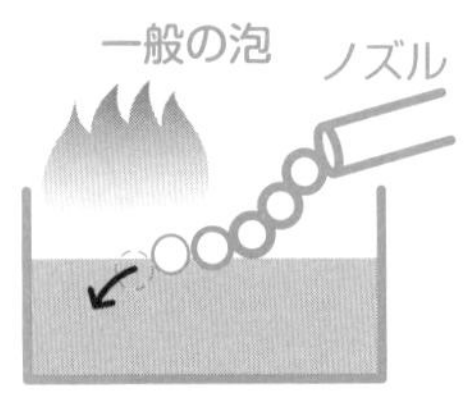

泡が溶けてなくなる

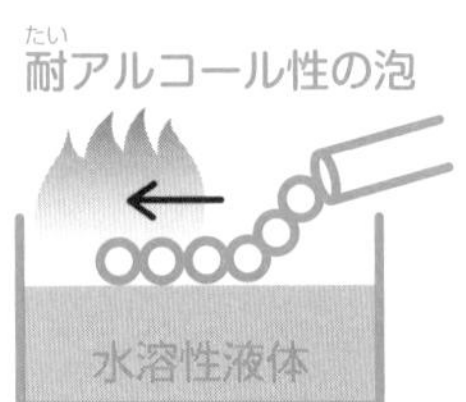

泡は溶けずに液面を覆って火を消す．

(P22参照) 答 (2)

問15　次の文の（　　）内に当てはまる語句として，次のうち正しいものはどれか．「第２石油類とは，灯油，軽油その他のもので，１気圧において，引火点が（　　　）のものをいう．」

(1) −20℃以下
(2) 21℃未満
(3) 21℃以上 70℃未満
(4) 70℃以上 200℃未満
(5) 200℃以上 250℃未満

この図は１分以内に描けるようにしておくとよい．具体的品名は書かなくてもよい．
① 縦棒を引いて，上から 250，200，70，21，−20 と書く．
② その間に４石，３石，２石，１石，特引と書く．
③ 右に，○250 と書き，動植と書く．

左表の見方（略式）

引火点 200℃以上 250℃未満なら第４石油類
引火点 70℃以上 200℃未満なら第３石油類
引火点 21℃未満なら第１石油類
引火点 −20℃以下でかつ沸点 40℃以下，発火点 100℃以下なら特殊引火物
未満と以下を注目して覚えるとよい．
略称　１石：第１石油類
　　　特引：特殊引火物
　　　○未満，●以下を表す．

（P31 参照）

答 (3)

問16　自動車ガソリンの性状について，次のうち誤っているものを選べ．

(1) 燃焼範囲はおおむね１～８vol%である．→ 細かくいうと 1.4～7.6vol%
(2) 発火点は 100℃以下である．→ 約 300℃以上
(3) 引火点は−40℃以下である．
(4) オレンジ色に着色してある．
(5) 蒸気は空気より重く，低所に滞留しやすい．

プロポーズは
「一緒になろう」
　1 4 　7 6

（参考）

ガソリンの物性

沸点（ふってん）	30℃～220℃（幅がある）
比重（ひじゅう）	0.65～0.75（幅がある）
引火点（いんかてん）	−40℃以下
発火点（はっかてん）（着火温度）	約 300℃
蒸気比重	約 3～4
燃焼範囲	1.4～7.6vol%

ガソリンは混合物であるので，その成分によりバラツキがある．

（P28 参照）

答 (2)

問17　ベンゼンとトルエンに関する説明として，次のうち誤っているものはどれか.

(1) どちらも無色透明の液体で芳香性の臭気がある.
(2) どちらも水より軽く，蒸気は空気より重い.　→そのとおり.
(3) どちらも引火点は20℃より低い.
(4) どちらも蒸気は有毒であるが，その毒性はトルエンの方が強い.　→ベンゼン
(5) どちらも水より軽く，水には溶けない. →そのとおり.

	ベンゼン	トルエン
沸　点	80℃	111℃
比　重	0.88	0.87
引火点	−10℃	5℃
発火点	498℃	480℃
蒸気比重	2.77	3.1
燃焼範囲	1.3〜7.1%	1.2〜7.1%
構造式	(ベンゼン環)	(ベンゼン環-CH_3)

《ベンゼンとトルエンの比較》

（ポイント）　ベンゼンもトルエンもガソリンと同じ第 1 石油類に分類され，かつ構造･性質がよく似ている. 引火点−10℃，5℃で，発火点はともに約 500℃と高いことに注意！ トルエンとは，市販されている「シンナー」のことである.

(P26, 29 参照)

問18　灯油と軽油に関する説明として，次のうち誤っているものはどれか.

(1) どちらも発火点は20℃より高い.→発火点はどちらとも約220℃である.
(2) どちらも蒸気は空気より重い.
(3) どちらも引火点は20℃より高い. →灯油40℃，軽油45℃
(4) どちらも水に溶けない.
(5) 灯油は水より重いが，軽油は水より軽い.　→軽い

(5) 第４類の中で水より重いもの

- **二硫化炭素**（にりゅうか）（特引・非水）
- **酢酸**（さくさん）（2石・水溶）
- アニリン（3石・非水）
- **エチレングリコール**（3石・水溶）
- クロロベンゼン（2石・非水）
- クレオソート油（3石・非水）
- ニトロベンゼン（3石・非水）
- **グリセリン**（3石・水溶）

などで，数は限られている.

黒色のものは確実に覚えたい.

非水：非水溶性（水に溶けない），水溶：水溶性（水に溶ける）

(P31 参照)

問19　メタノールの性状について，誤っているものはどれか．

(1) ナトリウムと反応して酸素を発生する．→水素　（参考まで）→ $2Na + 2CH_3OH \rightarrow 2CH_3ONa + H_2$（水素）
(2) エタノールより毒性が高い．
(3) 燃焼範囲はガソリンより広い．
(4) 燃焼しても火炎の色が淡く，気づきにくい．
(5) 酸化剤と混合すると，発火爆発することがある．

メタノールはメチルアルコールの略称，エタノールはエチルアルコールの略称である．

(2) エタノールは毒性はないが，メタノールは毒性が強い．
メタノールを飲むと失明することがある．

(3) メタノールの燃焼範囲は6～36%（差30%）
ガソリンの燃焼範囲は1.4～7.6%（差6.2%）

(P26, 31参照)　答 (1)

問20　液温15℃の液体がある．そこにライターの炎を近づけたところ，すぐに引火した．この危険物は次のうちどれか．　―引火点が15℃以下のものをさがせばよい．

(1) アセトアルデヒド　→引火点－39℃
(2) 重油　→引火点60℃
(3) クレオソート油　→引火点74℃
(4) なたね油　→引火点250℃
(5) ギヤー油　→引火点200℃

状況から，引火点は15℃以下であることがわかる．(1)のアセトアルデヒドが該当する．右の表を参照のこと．

第４類の主な危険物の引火点と発火点

	品名	引火点	発火点
特引	二硫化炭素	−30℃	90℃
特引	エーテル	−45℃	160℃
特引	アセトアルデヒド	−39℃	175℃
1石	ガソリン	−40℃	300℃
1石	アセトン	−20℃	465℃
1石	ベンゼン	−10℃	498℃
1石	トルエン	5℃	480℃
アルコール類	エチルアルコール	13℃	363℃
アルコール類	メチルアルコール	11℃	385℃
2石	灯　油	40℃	220℃
2石	軽　油	45℃	220℃
3石	重　油	60℃	250℃
3石	グリセリン	177℃	370℃
3石	クレオソート油	74℃	336℃
4石	ギヤー油	200℃	高い
	動植物油類	250℃	高い

特引：特殊引火物
1石：第1石油類
□枠の数値は，必ず覚えておくこと．
この表で，かなりの問題は解ける．

(P26参照)

(1)

問 21　法で定める危険物の定義に関する説明として，次のうち誤っているものはどれか．

(1)　第 1 石油類とは，引火点が 0℃未満のものをいう．（→ 21℃）
(2)　第 2 石油類とは，引火点が 21℃以上，70℃未満のものをいう．
(3)　第 3 石油類とは，引火点が 70℃以上，200℃未満のものをいう．
(4)　第 4 石油類とは，引火点が 200℃以上，250℃未満のものをいう．
(5)　特殊引火物とは，発火点が 100℃以下のもの，又は引火点が−20℃以下で沸点が 40℃以下のものをいう．

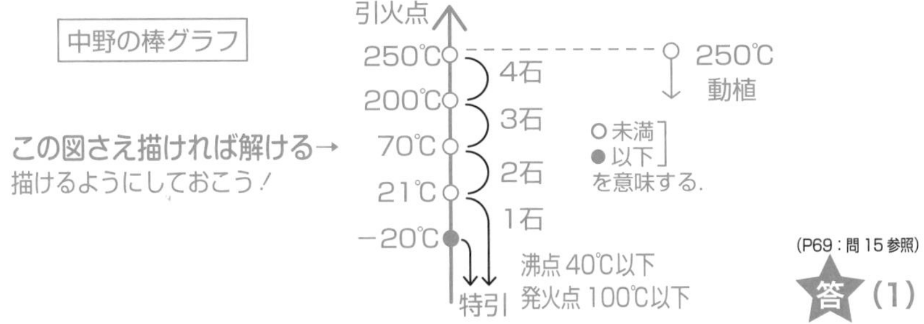

(P69：問 15 参照)

答 (1)

問 22　次の危険物を同一場所に貯蔵している場合，指定数量の倍数はいくつか．

ガソリン 400 ℓ　軽油 3000 ℓ　重油 8000 ℓ

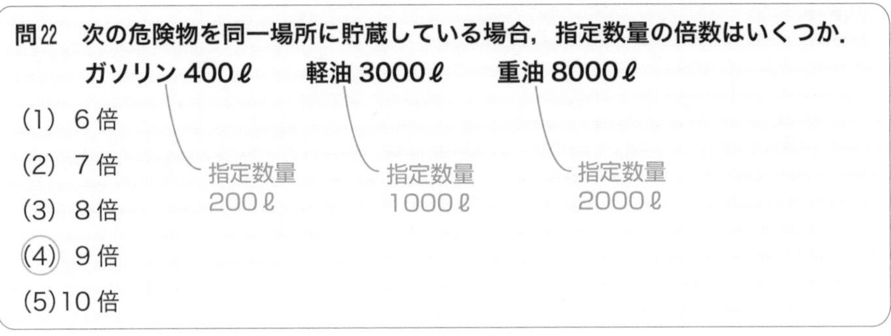

(1)　6 倍
(2)　7 倍
(3)　8 倍
(4)　9 倍
(5) 10 倍

［公式］

$$倍数 = \frac{Aの貯蔵量}{Aの指定数量} + \frac{Bの貯蔵量}{Bの指定数量} + \cdots$$

$$= \frac{400\,ℓ}{200\,ℓ} + \frac{3000\,ℓ}{1000\,ℓ} + \frac{8000\,ℓ}{2000\,ℓ}$$

$$= 2 + 3 + 4 = 9\ 倍$$

［指定数量の覚え方］…（一例）

・ガソリン→ガ→点が 2 つ→200 ℓ
・灯油・軽油→とうゆ→10→1000 ℓ
・重油→重なるには 2 つのものがいる→2000 ℓ

(P36, 37 参照)

答 (4)

法令の解答

問23　製造所等の定期点検について，次のうち誤っているものはどれか．

(1) 原則として，1年に1回以上行う．

(2) 点検記録は3年間保存する．

(3) 点検実施者は危険物取扱者と危険物施設保安員のみである．

大きな製造所では，選任が必要である．

(4) 点検事項は製造所等の位置，構造及び設備が，技術上の基準に適合しているか否かについて点検する．

(5) 屋内タンク貯蔵所，簡易タンク貯蔵所，第1種・第2種販売取扱所は，定期点検をする必要がない．

○印の説明文は，そのままおぼえよう！

(3) 甲種，乙種，丙種危険物取扱者の立会いのもとでは，無資格者も定期点検を行うことができる．ただし丙種は「取扱い」の立会いはできない．

まとめ 定期点検ができる者

- 甲
- 乙
- 丙
（危険物取扱者）
- 危険物施設保安員
- 無資格者（甲乙丙の立会い）

(5) 屋内タンク貯蔵所　簡易タンク貯蔵所　販売取扱所

塗料店

答 (3)

(P40参照)

問24　予防規程について，次のうち誤っているものはどれか．

(1) 予防規程は，製造所等の火災を予防するため，危険物の保安に関し必要な事項を定めたものである．

(2) 予防規程を定めたときには，市町村長等の認可を受けなければならない．

(3) 予防規程を変更したときには，市町村長等に届出ればよい．

→の認可を受けなければならない．

(4) 給油取扱所と移送取扱所は，すべて予防規程を定めなければならない．

(5) 給油取扱所と移送取扱所以外の製造所等は，指定数量の倍数により，定める義務が生ずる．

○印の説明文は，そのままおぼえよう！

予防規程（よぼうきてい）を定めなければならない製造所等

- 製造所…指定数量10倍以上
- 屋内貯蔵所…指定数量150倍以上
- 屋外タンク貯蔵所…指定数量200倍以上
- 屋外貯蔵所…指定数量100倍以上
- 給油取扱所…すべて
- 移送取扱所…すべて
- 一般取扱所…指定数量10倍以上

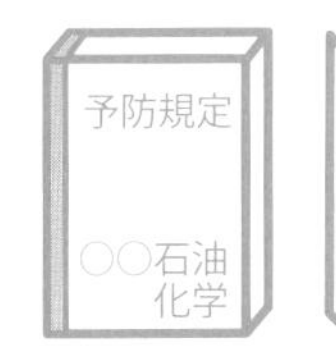

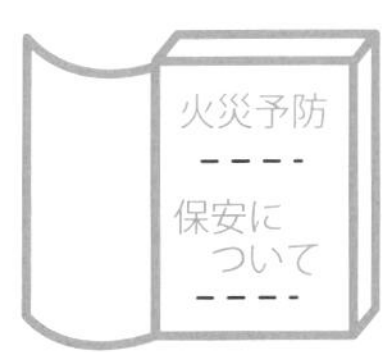

（参考）屋内タンク貯蔵所は予防規程は不要

答 (3)

(P37, 40参照)

問25　保安講習について，次のうち誤っているものはどれか．

(1) 保安講習は，都道府県知事が行う．　○印の説明文は，そのままおぼえよう！

(2) 危険物の取扱作業に従事していない危険物取扱者は，受講する義務はない．

(3) 甲種，乙種，丙種すべての危険物取扱者は，受講しなければならない．

(4) 免状の交付を受けているものは，原則として，危険物の取扱作業に従事することになった日から 1 年以内に受講，その後講習を受けた日以後における最初の 4 月 1 日から 3 年以内ごとに 1 回受講する．

(5) 危険物の取扱作業に従事することになった日から，過去 2 年以内に免状の交付を受けているものは，交付日以後における最初の 4 月 1 日から 3 年以内ごとに受講すればよい．

→ 危険物取扱者（甲乙丙種）で取扱作業に従事している者

(4)　●印は受講時期を示す

交付　従事　1年　4/1　3年　3/31

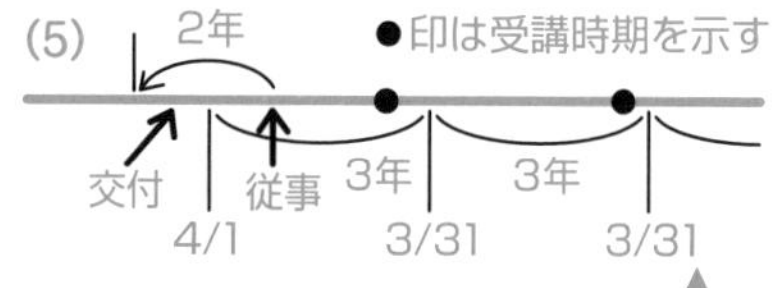

(P39, 40 参照) 答 (3)

問26　危険物取扱者について，次のうち誤っているものはどれか．

(1) 危険物取扱者には，甲種，乙種，丙種の 3 種類ある．

(2) 危険物取扱者とは，免状の交付を受けた者をいう．

(3) 甲種，乙種の危険物取扱者は，危険物保安監督者になることができる．

(4) 丙種危険物取扱者は, 第4類危険物のうち, 一部のものについて取扱うことができる．

（(1)〜(4)：そのとおり．）

(5) 乙種各類の危険物取扱者は，丙種取扱者が取扱うことができる危険物を自ら取扱うことができる．→ できない．

(3) ただし，6 ヶ月間の実務経験は必要である．

(4) 第4類のうちの一部だけに限定される．
（ガソリン，灯油，軽油，重油，ギヤー油，動植物油など）

(5) 乙1, 2, 3, 5, 6 類免状では丙種は取り扱えない．なぜなら，丙種は，第 4 類の一部であるから．

(P38 参照)

(5)

法令の解答

問 27 危険物施設保安員が行うことができる業務として，次のうち誤っているものはどれか.

(1) 定期点検や臨時点検の実施.　○印の説明文は，そのままおぼえよう！

(2) 危険物保安監督者が旅行等で職務を行うことができない場合には，代行して監督業務ができる.→監督業務はできない.

(3) 点検場所や実施した措置の，記録及び保存.

(4) 火災が発生したとき，又は火災発生の危険が著しい場合の応急措置.

(5) 計測装置，制御装置，安全装置等の機能保持のための保安管理.

製造所の保安管理体制
（石油化学コンビナートの一例）

危険物保安統括管理者（とうかつかんりしゃ）	工場長（所長）
↓	
危険物保安監督者（ほあんかんとくしゃ）	部長・課長 係長
↓	
危険物施設保安員（しせつほあんいん）	一般の社員

(2) 下の位の者が上の者の代行はできない.
危険物保安監督者は複数いるので，その者が代行すればよい.

（P40 参照） 答 (2)

問 28 製造所等が建築物との間に保つべき保安距離として，次のうち正しいものはどれか.

(1) 幼稚園	20m	→30m
(2) 中学校	30m	→正しい
(3) 病院	40m	→30m
(4) 住宅	50m	→10m
(5) 重要文化財	60m	→50m

ヒント

住宅→じゅうたく→10m

学校→ッ(点が３つ)→30m

ガス設備→ッ(点が２つ)→20m

重要文化財→5 重の塔→50 の塔→50m

特別高圧架空（かくう）電線

35000Vを覚える！

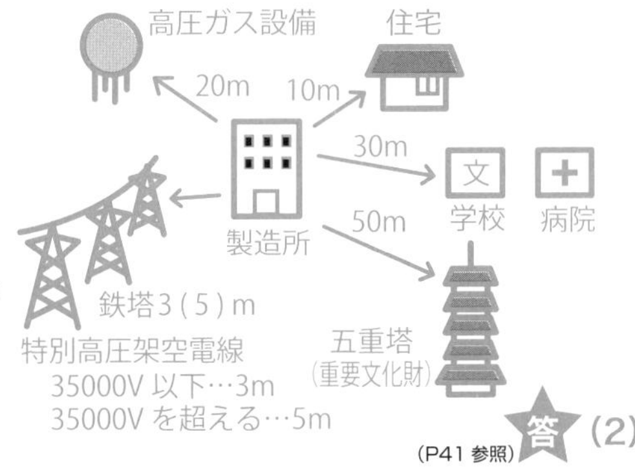

（P41 参照） 答 (2)

問 29　屋内貯蔵所の位置，構造及び設備の技術上の基準について，次のうち誤っているものはどれか．

(1) 独立した専用の建築物とすること．　○印の説明文は，そのままおぼえよう！

(2) 軒高（のきだか）が 6m未満の平屋建（ひらやだ）てとすること．

(3) 危険物が浸透しない構造とするとともに，適当な傾斜をつけ，かつ，貯留設備を設けること．

(4) 1 の貯蔵倉庫の床面積は 3000m² 以下とすること．→1000m²

(5) 採光及び換気設備を設けること．

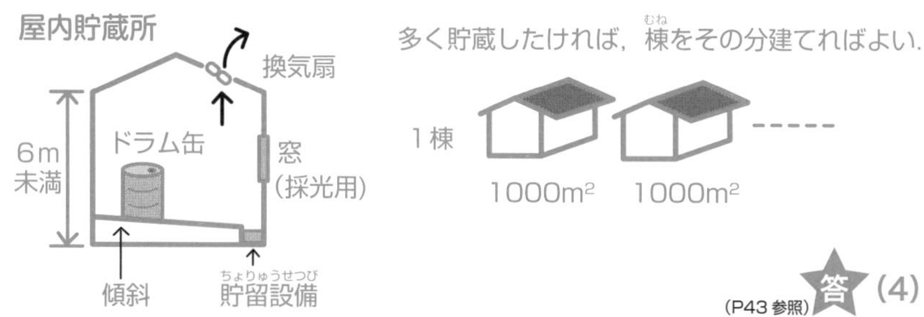

(P43 参照) 答 (4)

問 30　移動タンク貯蔵所による移送及び取扱いについて，次のうち誤っているものはどれか．

(1) 完成検査済証は，移動タンク貯蔵所内に備え付けておく．

(2) ガソリンを移送する場合は，乙種 4 類の危険物取扱者が乗車する．

(3) アルコール類を移送する場合は，丙種の危険物取扱者が乗車する．→丙はダメ

(4) 重油などの引火点 40℃以上の第 4 類危険物を，容器に詰め替えた．

(5) ガソリンなどの引火点 40℃未満の危険物を荷おろしするときは，移動タンク貯蔵所の原動機を停止すること．

（参考）引火点－40℃以下
エンジンのこと

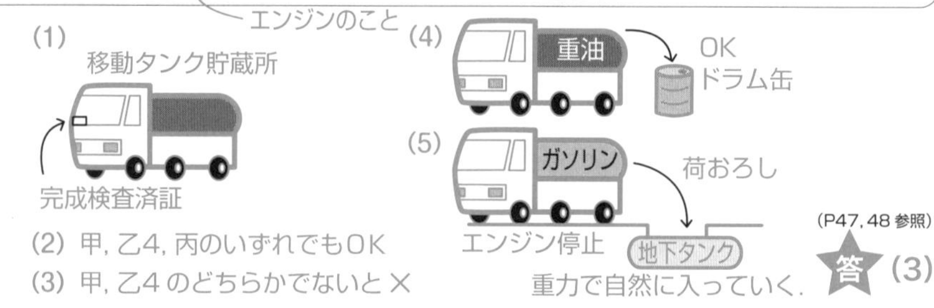

(2) 甲，乙4，丙のいずれでもOK

(3) 甲，乙4 のどちらかでないと×

(P47，48 参照) 答 (3)

基本問題 Set1 法令の解答

問31 危険等級Ⅰの危険物は次のうちどれか.

(1) 二硫化炭素 →特殊引火物→危険等級Ⅰ
(2) エチルアルコール →アルコール類→危険等級Ⅱ
(3) ガソリン →第1石油類→危険等級Ⅱ
(4) 灯　油 →第2石油類→危険等級Ⅲ
(5) 重　油 →第3石油類→危険等級Ⅲ

危険等級とは，危険性の高い順に分類したもので，Ⅰ，Ⅱ，Ⅲがある．Ⅰが一番危険である．

第4類危険物の危険等級

危険等級Ⅰ	特殊引火物（二硫化炭素，エーテル，アセトアルデヒド等）
危険等級Ⅱ	第1石油類（ガソリン，アセトン，ベンゼン等）アルコール類
危険等級Ⅲ	危険等級Ⅰ，Ⅱ以外のもの

(P35参照)

(1)

問32 製造所等に共通する危険物の貯蔵・取扱いに関する基準について，次のうち誤っているものはどれか.

(1)～(5) 全部そのままオボエル．（法の条文そのままである）

(1) みだりに火気を使用しないこと.
(2) 係員以外の者をみだりに出入りさせないこと.
(3) 常に整理清掃を行うとともに，みだりに空箱等その他の不必要な物件を置かないこと.
(4) 貯留設備又は油分離装置にたまった危険物は，あふれないように随時（ずいじ）くみ上げること.
(5) 危険物のくず，かす等は1日に3回以上その危険物の性質に応じて安全な場所で，廃棄その他適当な処理を行うこと. →1回

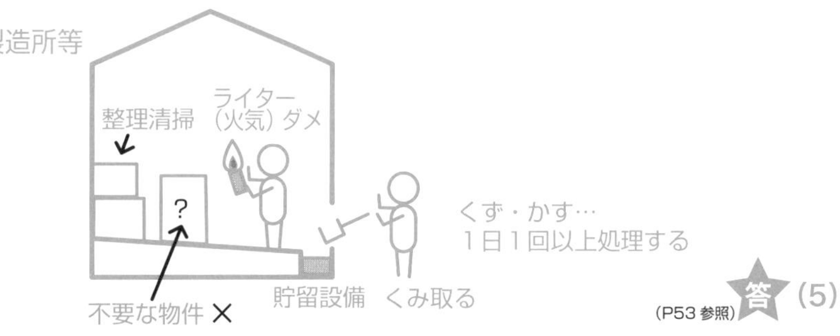

(P53参照)
答 (5)

問 33 危険物の運搬方法に関する基準について，次のうち誤っているものはどれか．

(1) 運搬容器が著しく摩擦又は動揺を起こさないように運搬する．
(2) 指定数量以上の危険物を運搬する場合には，標識を掲げること．
(3) 指定数量以上の場合，車両を一時停止させるときは，安全な場所を選ぶこと．
(4) 指定数量以上の場合，運搬する危険物に適応する第５種消火設備を備え付けること．
(5) 液体の危険物の収納は，内容積の 95% 以下にする．

(1)〜(4) そのとおり．

(5) 98%．固体なら 95%以下である．

(2)（4）

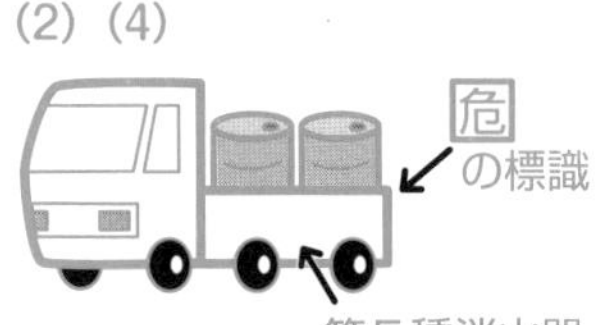

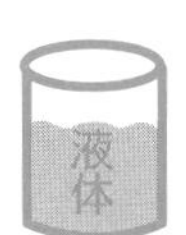

(5)

液体 98%以下　固体 95%以下

(P56, 57 参照)

問 34 危険物を車両等で運搬する際，指定数量の倍数が 1/10 を超える場合，次のうち混載できない組合せはどれか．

(1) 第１類と第６類
(2) 第２類と第５類
(3) 第３類と第４類
(4) 第４類と第６類
(5) 第４類と第５類

(1)(2)(3)(5)「中野の表」に組合せがある．ＯＫ

(4) 組合せがない．→ ✕

混載とは，類の違うものを１台の車に積むこと．

「中野の表」で判定する．（書けるようにしておくこと！）

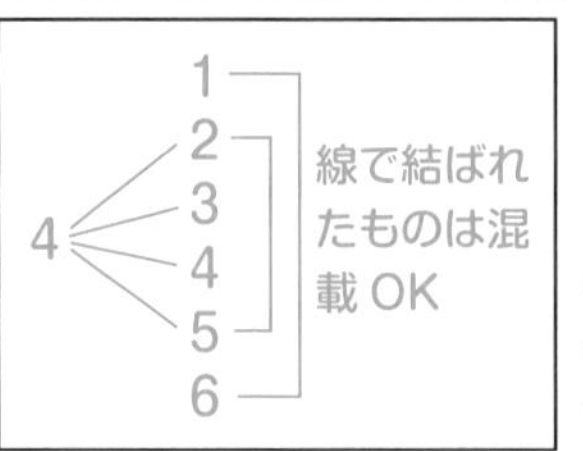

・両端どうし
・その内側どうし
・4 から 2〜5
は OK

混載のイメージ図

(P57 参照)

法令の解答

問 35　消火設備の分類とその設備名の組合せとして，次のうち誤っているものはどれか.

(1) 第 1 種消火設備　屋内(おくない)消火栓設備
(2) 第 2 種消火設備　~~泡消火設備~~ →スプリンクラー設備
(3) 第 3 種消火設備　粉末消火設備
(4) 第 4 種消火設備　二酸化炭素を放射する大型消火器
(5) 第 5 種消火設備　水バケツ

よく出題されますョ

第 1 種	○○消火**栓**設備
第 2 種	**ス**プリンクラー設備
第 3 種	○○消火**設**備
第 4 種	○○**大**型消火器
第 5 種	○○**小**型消火器 乾燥砂，水バケツ

「栓(せん)」の有無で判断する.
「栓」があるのが第 1 種.

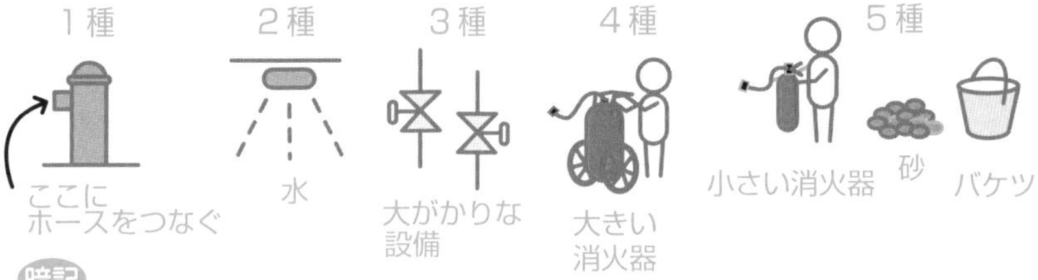

1 種　2 種　3 種　4 種　5 種

ここに
ホースをつなぐ

水

大がかりな
設備

大きい
消火器

小さい消火器　砂　バケツ

暗記

1 栓 せん…消火**栓**
2 ス …**ス**プリンクラー
3 設 せつ…消火**設**備
4 大 …**大**型
5 小 …**小**型

この文字を見つける！

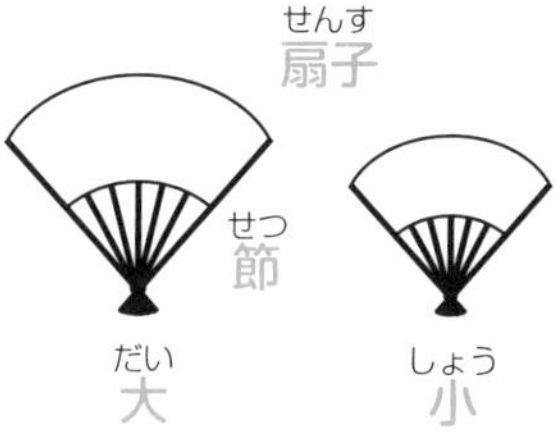

扇子(せんす)
節(せつ)
大(だい)　小(しょう)

「扇子　節　大　小」と覚える.

(P59 参照) 答 (2)

基本問題

Set2

物理化学の解答

問1　次の記述のうち，誤っているものはどれか．

(1) 空気は，主に酸素と窒素の混合物である．
(2) 水は，酸素と水素の化合物である．
(3) メタノールは，炭素と水素と酸素の化合物である．
(1)〜(3) → そのとおり．
(4) ガソリンは，いろいろな炭化水素の化合物である．→ 混合物
(5) オゾンは，単体である．→そのとおり．

(1)

(4)

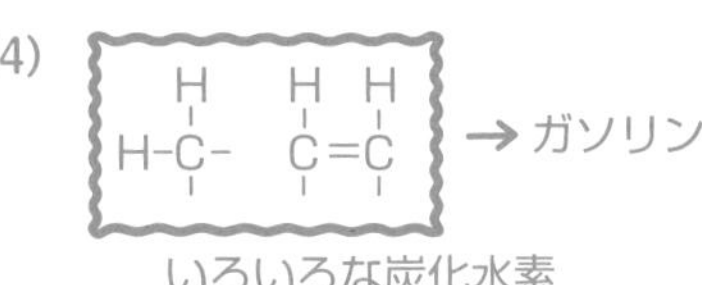

(2) 水 H_2O

（アルゴン ヘリウム等）

H（水素）とO（酸素）が堅く結びついている．

(5) オゾン O_3

1つの元素からできているので単体

(3) メタノール（メチルアルコール）

CH_3OH　H−C−OH（Cの上下にH）

(P17参照) 答 (4)

問2　物理変化は，次のうちどれか．　物理変化…○　化学変化…×

(1) 紙が燃えた後に灰が残った．…紙の成分は主に炭素（C）である．
(2) カリウムを水の中に入れたら水酸化カリウムの水溶液ができた．
(3) 空気を液化して，沸点差により酸素と窒素に分離した．
(4) 鉄がさびて，ぼろぼろになった．
(5) 塩酸に水酸化ナトリウムを混ぜたら，塩と水ができた．

(1) $C+O_2 \rightarrow CO_2$ の反応で燃え切らないものが灰となって残る．

(2) $2K+2H_2O \rightarrow 2KOH+H_2$
カリウム　水　水酸化カリウム　水素

(3) 酸素の沸点は−183℃
窒素の沸点は−196℃

−183℃まで空気を冷やすと，まず酸素が液化する．その液体酸素を取り除けば酸素と窒素に分けることができる．

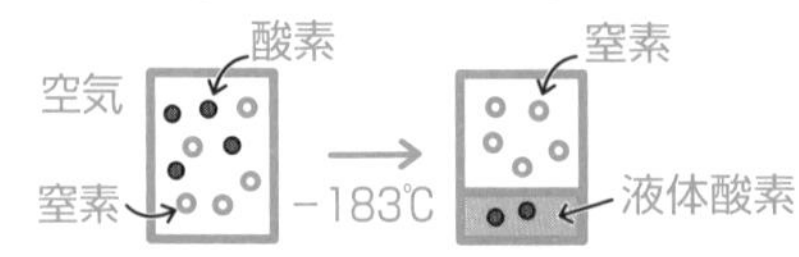

(4) $2Fe+O_2 \rightarrow 2FeO$（酸化）
鉄　酸素　酸化鉄

(5) $HCl+NaOH \rightarrow NaCl+H_2O$
塩酸　水酸化ナトリウム　塩　水（中和）

(3) は冷やしただけなので物理変化．
(1) (2) (4) (5) は，別のものに変わってしまっており，元には簡単には戻らないので化学変化．

(P15, 16参照) 答 (3)

問3　沸点の説明について，次のうち誤っているものはどれか．

(1) 沸点は，加圧すると低くなる．→高く

(2) 水の沸点は，1気圧では100℃である．

(3) 一定圧における純粋な物質の沸点は，その物質で決まっている．

(4) 液体の蒸気圧が外圧に等しくなるときの液温を沸点という．

(5) 水に塩を溶かすと，水の沸点は上昇する．→そのままおぼえる．

「沸騰（ふっとう）」とは，外圧と蒸気圧が等しくなった状態で，液体の内部からも蒸発が起こる現象である．そのときの温度を「沸点（ふってん）」という．

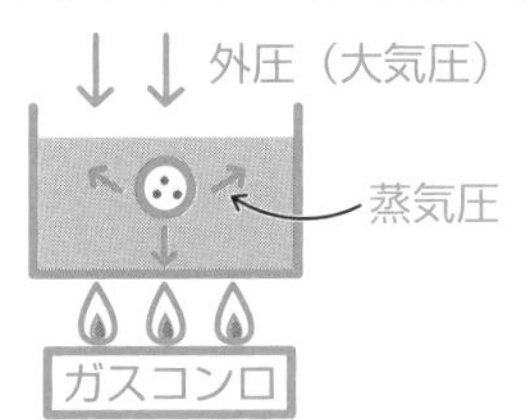

(1)(2) 気圧の低い（圧力が小さい）富士山頂では，沸点は86℃と低くなる．

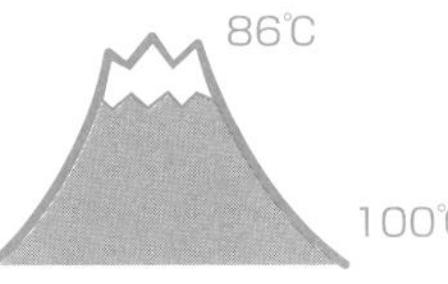

(1)

問4　熱の移動には，伝導，対流，ふく射の三つがあるが，次の説明のうち，ふく射によるものはどれか．

(1) コップにお湯を入れると，外側も次第に熱くなる．→伝導

(2) 太陽熱により風呂水をつくる．→ふく射（放射）

(3) 火災が起きると，その周囲で風が吹く．→対流

(4) なべでお湯を沸かすとき，水の表面から熱くなる．→対流

(5) 金属の火ばしを火の中で使うと，手元が次第に熱くなる．→伝導

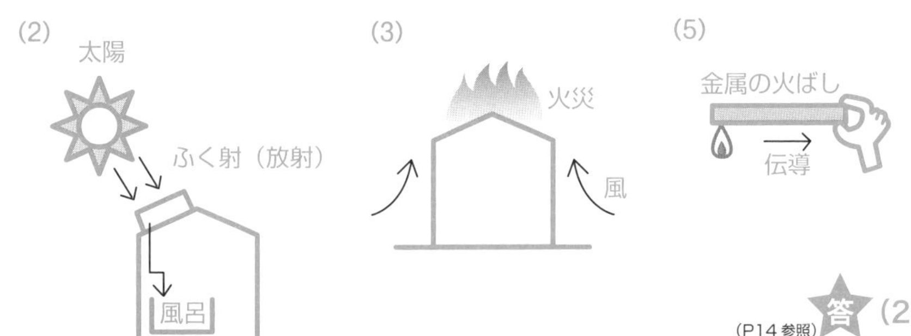

答 (2)

(P14参照)

問5　酸，塩基，塩に関する説明として，次のうち正しいものはどれか．

(1) 塩化ナトリウムが水に溶け，イオンに分かれることを分解という．→電離

(2) 塩基は，水溶液中で電離して水素イオン(H^+)を生ずる．→水酸化物イオン(OH^-)

(3) 酸は電解質であるが，塩基は非電解質である．→り，塩基も電解質

(4) pH が 7 より大きい水溶液は，酸性である．→塩基性

(5) 酸と塩基を反応させると塩と水ができる反応を，中和という．

(1) $NaCl \rightarrow Na^+ + Cl^-$
塩化ナトリウム　ナトリウムイオン　塩素イオン

(2) 塩基とはアルカリのことである．
(例) $NaOH \rightarrow Na^+ + OH^-$
水酸化ナトリウム　ナトリウムイオン　水酸化物イオン

(3) 電解質(でんかいしつ)とは，水に溶けるとイオンに分かれる性質

(4) 酸性　塩基性
pH=0　pH=7　pH=14
中性

(5) 代表例（中和）
$HCl + NaOH \rightarrow NaCl + H_2O$
塩酸　水酸化ナトリウム　塩　水

答 (5)

有機化合物について，ここでしっかり覚えよう！ (P17, 18 参照)

問6　有機化合物の説明について，次の記述のうち誤っているものはどれか．

(1) プロパンやベンゼンなどを炭化水素という．

(2) エステルとは，アルコールと酸から水がとれた物質である．

(3) アルコールとエーテルは，炭素と水素の化合物である．→炭素と水素と酸素

(4) ぎ酸やさく酸は，有機物の酸であり，脂肪酸といわれる．

(5) メタンは飽和化合物であるが，アセチレンやエチレンは不飽和化合物である．

(1) プロパン (C_3H_8) ベンゼン (C_6H_6)

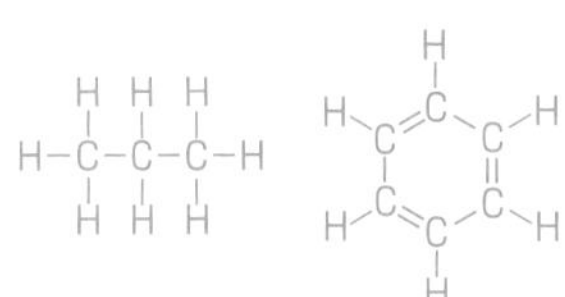

(2) エステル

H−C(H)(H)−OH　H−CH_3COO
H_2O が取れてくっつく
メチルアルコール　酢酸

(3) アルコールやエーテルには，炭素，水素の他に酸素も含まれている．

(5) アセチレン (C_2H_2)　エチレン (C_2H_4)　メタン (CH_4)

H−C≡C−H
3 重結合

$H_2C{=}CH_2$
2 重結合

CH_4
1 重結合
飽和化合物

2 重結合，3 重結合が残っているものを不飽和化合物という．

(3)

物理化学の解答

問7　物質の酸化反応を熱化学方程式で表したとき燃焼反応に該当しないものを選べ.

(1) $Al + \frac{3}{4}O_2 = \frac{1}{2}Al_2O_3 + 837kJ$

(2) $H_2 + \frac{1}{2}O_2 = H_2O + 242.8kJ$

(3) $C_3H_8 + 5O_2 = 3CO_2 + 4H_2O + 2219kJ$

(4) $N_2 + \frac{1}{2}O_2 = N_2O - 74kJ$

(5) $C_2H_5OH + 3O_2 = 2CO_2 + 3H_2O + 1368kJ$

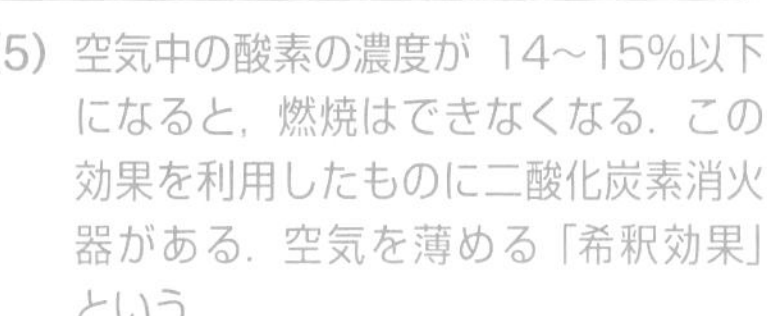

反応式の右辺（＝の右側）の熱量がマイナス（－）のものは吸熱反応である（反応が進むと温度が下がる. つまり発熱反応ではない.）. 発熱反応（燃焼反応）は右辺の熱量がプラス（＋）である. よって，(4)が燃焼反応ではない。

答 (4)

問8　次の説明で，正しいものはどれか.

(1) 鉄などの金属を粉末状にすると燃えやすくなるのは，空気との接触面積が小さくなるからである. → 大きく

(2) 炭酸ガスや窒素ガスが不燃性ガスといわれるのは，どちらも酸素と化合しないからである. →そのとおり

(3) ガソリンや灯油の燃焼のように，その蒸気が液表面で燃えるものを表面燃焼という. (表面 → 蒸発)

(4) ガスコンロの元栓を閉めて消火した. これは窒息効果である. (窒息 → 除去)

(5) 空気中での燃焼では，酸素の濃度が10%以下になると，火は消える. (10% → 約14%)

(1) 鉄粉は，第２類危険物（可燃性固体）である.

(3)

燃える｝蒸発燃焼
蒸気
油

(4)

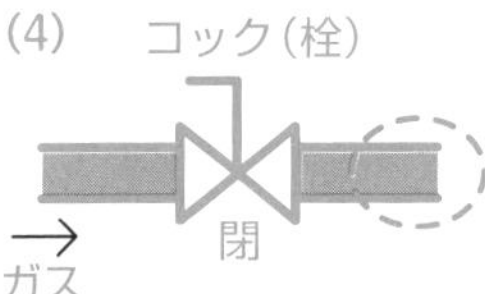

栓を閉めると，この部分にガスが来なくなり，いわば「除去」された状態となる.

(5) 空気中の酸素の濃度が 14～15%以下になると，燃焼はできなくなる. この効果を利用したものに二酸化炭素消火器がある. 空気を薄める「希釈効果」という.

答 (2)

問９　ある可燃性液体の引火点は 40℃，発火点は 220℃である．気温 20℃の室内でこの液体を 50℃に加熱した場合についての説明として，次のうち正しいものはどれか．

気温と引火点は関係ない！

(1) この液体は，ガソリンである可能性がある． → ない．
(2) 液温が引火点より高いので，自然発火のおそれがある． → はない．
(3) 気温より引火点が高いので，火源があれば引火のおそれがある．
(4) 液温が引火点より高いので，火源があれば引火のおそれがある．→そのとおり．
(5) 液温が発火点より低いので，火源があっても，引火のおそれはない．

（状況）
液温
220℃ 発火点
50℃ 現在
40℃ 引火点

・液温が引火点以上であるので火源があれば引火する．
・液温が発火点以下であるので自然発火することはない．
・引火点 40℃，発火点 220℃から，この液体は「灯油」の可能性が強い．

(1) ガソリンの引火点は，−40℃以下である．
(5) 火源があって引火するのは，液温が引火点以上のときである．

（P20，21 参照） 答 (4)

問 10　ベンゼンの性質は，引火点−10℃，着火温度 498℃，蒸気比重 2.8，燃焼範囲は 1.7～7.1％である．次のうち誤っているものはどれか．

(1) ベンゼンの蒸気は，空気の 2.8 倍の重さである．
(2) −10℃の液温で液表面に濃度 1.7％の混合気を発生する．
(3) ベンゼンを常温で扱う場合，火気があれば引火する．
(4) ベンゼンを 500℃に熱せられた鉄板に流すと発火する．
(5) ベンゼンの蒸気と空気が，容積比で 1：100 に混合している気体に点火すれば燃焼する． → しない．

(1)～(4) そのとおり．

(1) 蒸気比重 2.8 ということは，空気に比べて 2.8 倍の重さということである．
(2) 引火点が−10℃ということは，−10℃の液温のとき，燃焼範囲の下限値の蒸気を発生していることを意味している．

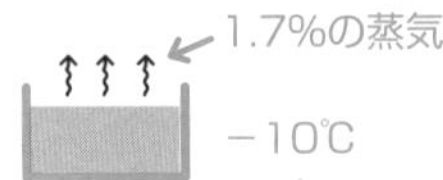

(3) 常温とは，20℃のことである．引火点(−10℃）以上の温度であるので，当然，火気があれば引火する．
(4) 発火点が 498℃であるので，それよりも温度の高い 500℃の鉄板に流せば，発火する．

(5) 蒸気濃度は，次式のとおり求められる．

$$\text{蒸気濃度}=\frac{\text{蒸　気}}{\text{蒸気}+\text{空気}}=\frac{1}{1+100}=\frac{1}{101}$$

$$\fallingdotseq\frac{1}{100}=0.01\to 1\%$$

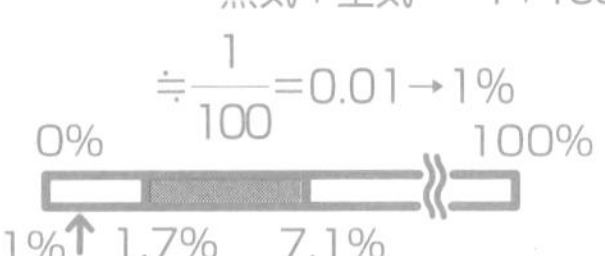

1％は燃焼範囲の下限値より低いので，点火しても燃えない．

答 (5)

問11　危険物の類ごとの一般的性質として，次のうち誤っているものはどれか．

(1) 第１類……酸化性
(2) 第２類……可燃性
(3) 第３類……禁水性・自然発火性
(4) 第５類……自己反応性
　　} 正しい．そのままオボエル．
(5) 第６類……可燃性 →酸化性

固体か液体かがわかる表で表すと，次のようになる．
第３類と第５類には「物質」と書かれており,「固体」も「液体」も存在することを表している．

第1類	酸化性固体
第2類	可燃性固体
第3類	禁水性・自然発火性物質
第4類	引火性液体
第5類	自己反応性物質
第6類	酸化性液体

(重要！)

(P35, 139 の問 11 参照) 答 (5)

問12　アセトンの性状として，次のうち正しいものはどれか．

(1) 水に溶けない． → 溶ける．
(2) 水より軽い．
(3) 無色無臭の液体である． → 特異臭
(4) 引火点はガソリンより低い． → 高い．
(5) 燃焼範囲は，二硫化炭素よりも広い． → 狭い．

(1) 水に溶ける（水溶性）
(2) 正しい．比重 0.79
(3) 特異臭がある．
(4) アセトンの引火点－20℃，
　　ガソリンは－40℃以下
(5) アセトンの燃焼範囲 2.15～13％
　　広さ＝13－2.15＝10.85％
　二硫化炭素の燃焼範囲 1～50％
　　広さ＝50－1＝49％

アセトンからわかること
・ブタの汗は人間と同じ→水溶性
・ブタの足は４本
　→指定数量 400ℓ
・ブタは特異臭

(P29 参照) 答 (2)

問13　第４類危険物に共通する火災予防上の注意事項として，次のうち誤っているものはどれか．

○印の説明文は，そのままおぼえよう！

(1) 容器は密栓し，冷暗所に貯蔵する．
(2) 貯蔵する場合は，その液温を引火点以上に保つことが必要である．（→以下）
(3) 導電性の悪いものについては，静電気が蓄積するため，静電気除去のため接地等の措置をする．
(4) 詰め替え等の作業においては，液体の漏えいを防ぐとともに，換気を十分に行い蒸気を屋外の高所に排出する．
(5) 火気又は加熱を避けるとともに，可燃性蒸気を発生させないようにする．

(1) 容器はしっかり栓をして（密栓（みっせん）），直射日光が当たらない涼しいところに貯蔵する．
(2) 引火点以上であれば，蒸気が漏れていた場合，火気により引火する危険性がある．

答 (2)

問14　第４類の危険物とそれに適応する消火剤の組合せとして，次のうち適当でないものはどれか．

(1) 重油……二酸化炭素
(2) 灯油……消火粉末
(3) 軽油……強化液（棒状）（→(霧状)）
(4) トルエン……泡
(5) ガソリン……強化液（霧状）

霧状の強化液ならよいが，棒状では，油面を広げるだけで効果がない．

(1)～(5) は，いずれも非水溶性（水に溶けない）の危険物である．
これらの火災に適する消火剤は，
①泡消火剤　②二酸化炭素　③ハロゲン化物
④粉末消火剤　⑤霧状の強化液
水や棒状の強化液は不適である（適さない）．

① 泡

② CO_2

③ ハロゲン

④ 粉末

⑤ 霧状強化液

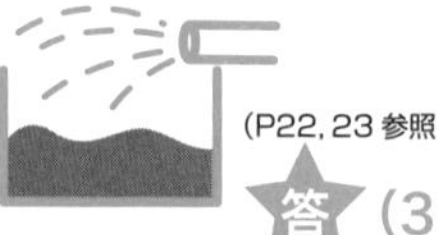

(P22, 23 参照)

答 (3)

性質・火災予防・消火方法の解答

問15　次の第４類の危険物の消火剤として泡消火剤を用いる場合，耐アルコール泡でなくてもよいものはどれか．

(1) ガソリン →非水．よって普通のタンパク泡でよい．
(2) アセトン →水溶
(3) 酢　酸 →水溶
(4) エチレングリコール →水溶
(5) ジエチルエーテル →水溶

(2)〜(5)：耐アルコール泡でないといけない．

非水：非水溶性（水に溶けない）
水溶：水溶性（水に溶ける）

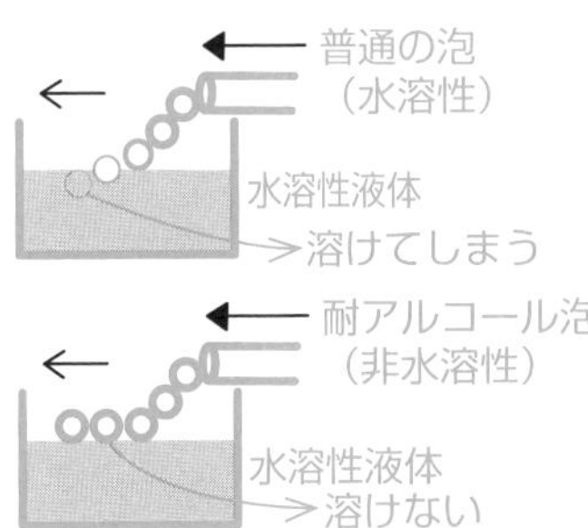

「耐アルコール泡」とは

水溶性であるアルコールの火災に適用できる泡という意味である．他の水溶性の第４類危険物の消火にも用いることができる．

(P22参照) 
答 (1)

問16　二硫化炭素（にりゅうかたんそ）の性質についての説明で，次のうち誤っているものはどれか．

(1) 純粋なものは，無色透明である．
(2) 引火点は非常に低く，−10℃以下である． → −30℃以下
(3) 燃焼範囲（爆発範囲）は，アセトアルデヒドよりも狭い．
(4) 蒸気は有毒で，吸入すると危険である．
(5) 燃焼すると有害な亜硫酸（ありゅうさん）ガス（二酸化硫黄）を発生する．

(2) 引火点は，−30℃以下である．

(3) 二硫化炭素の燃焼範囲

1〜50%（50−1＝49%）

アセトアルデヒドの燃焼範囲

4〜60%（60−4＝56%）

アセトアルデヒドの方が広い．

水 / CS_2　水中保存

（水より重く　水に溶けない）

ヒント

四六時中，汗をかく．
4〜60　アセト…

(5)

$$CS_2 + 3O_2 \rightarrow 2SO_2 + CO_2$$

二硫化炭素　酸素　二酸化硫黄　二酸化炭素

(P28参照) 
答 (2)

問17 ガソリン火災のとき，水が不適である理由を２つ選べ．

Ⓐ：ガソリンが水に浮いて，燃焼面が広がるから．
Ⓑ：水が側溝へガソリンを押し流し，遠方まで流れてしまうから．
C：水滴により，ガソリンがかく乱され，燃焼が激しくなるため．
D：水滴でガソリンが飛び散る．
E：水が沸騰して，ガソリンが蒸発する．

（C，D，E）ウソ

⑴ A，B
(2) A，C
(3) B，D
(4) C，E
(5) D，E

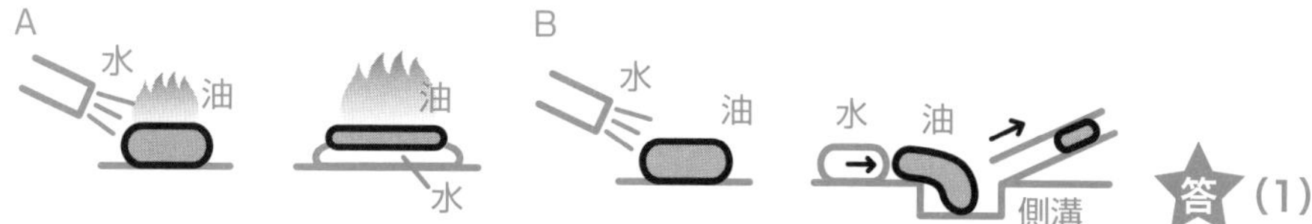

答 (1)

問18 エチルアルコールの性質として，次のうち誤っているものはどれか．

⑴ 揮発性の無色透明の液体である．
⑵ 水とはあらゆる割合で混合する．
⑶ 沸点はメチルアルコールより高い．
⑷ メチルアルコールは強い毒性があるが，エチルアルコールは毒性がない．
(5) 液温が常温（20℃）では引火しない．→する．

	沸点
メチルアルコール	65℃
◎エチルアルコール	78℃

	引火点
メチルアルコール	11℃
◎エチルアルコール	13℃

引火点が 20℃以下であるので，どちらも常温で引火する．

参考

エチルアルコールの特徴

- エタノールともいう．
- 化学式 C_2H_5OH
- お酒の成分
  ビール……約 5%
  日本酒……約 15%
- 無色，透明
- 水溶性

ヒント 引火点の記憶の一例

いい酒はエチル
(1 1) (1 3)
メチル エチル

(P31 参照) 答 (5)

問19　灯油について，次のうち誤っているものはどれか．

(1) 無色又は淡紫黄色（たんしおうしょく）の液体である．→そのとおり
(2) ぼろ布などに，しみ込んだものは自然発火する危険性がある．
(3) 蒸気比重は空気より重い．
(4) 水より軽く，かつ，水に溶けない．
(5) ガソリンが混合された灯油は，引火の危険性が高くなる．
（(3)〜(5)）そのとおり

(2) ぼろ布などに，しみ込んだものが自然発火するものは，「乾性油」である．

(5)
・ガソリンの引火点　−40℃以下
・灯油の引火点　40℃
→ガソリンの性質が加わるため，引火点は 40℃より低くなり，引火の危険性が高くなる．

「灯油」は，石油ストーブの燃料である．

(P31 参照)
答
(2)

問20　アマニ油などの乾性油が最も自然発火を起こしやすい条件は，次のうちどれか．

(1) <u>布片等にしみ込んだものが通風の悪い状態でたい積されていたとき．</u>
(2) 空気中の水分を吸って加水分解を起こしたとき．
(3) 長い間貯蔵したため変質したとき．
(4) 直射日光に長時間さらされたとき．
(5) 高温で密閉された容器の内圧が高くなったとき．
（(2)〜(5)）ほとんど関係ない説明文である．

(1) の説明文をそのまま覚えること！

あまの花
この種子をしぼって
とれるのが
「アマニ油」

・ぼろ布などに，しみ込んだものが空気中の酸素で酸化され，その酸化熱で自然発火することがある．
・<u>ヨウ素価</u>の大きなものほど，自然発火の危険性大

(P34 参照)
答
(1)

問21 消防法に定める危険物の説明として，次のうち正しいものはどれか．

(1) 政令で定める数量以上のものを危険物という．
(2) 危険物には，常温で気体のものもある．
(3) 第１類から第６類までの６つに分類されている．
(4) すべての危険物には，不燃性のものはない．
(5) 硫酸は，危険物である．

(1) 数量には関係ない．「政令で定めるものを危険物という．」
(2) 常温で気体のものは含まれない．
(3) そのとおり．
(4) 第１類と第６類は，不燃性である．その他の類（2, 3, 4, 5）は，可燃性である．
(5) 硫酸は危険であるが，危険物には分類されていない．

(3)

問22 物品①～⑤はいずれも動植物油類を除く非水溶性液体の第４類の石油類である．これらの物品 2,000ℓずつを同一場所で取り扱う場合，指定数量の倍数はいくつになるか．一番近いものを選べ．

物　品	①	②	③	④	⑤
引火点	15℃	25℃	80℃	220℃	240℃
	1石	2石	3石	4石	4石
指	200ℓ	1000ℓ	2000ℓ	6000ℓ	6000ℓ

1石：第１石油類
指：指定数量

(1) 10倍
(2) 14倍
(3) 18倍
(4) 25倍
(5) 40倍

引火点から指定数量を求める．
①は１石，②は２石，③は３石，④⑤は４石である．

$$倍数=\frac{2000}{200}+\frac{2000}{1000}+\frac{2000}{2000}+\frac{2000}{6000}+\frac{2000}{6000}$$

$$=10+2+1+0.33+0.33=13.66$$

よって(2)の14倍が一番近い．

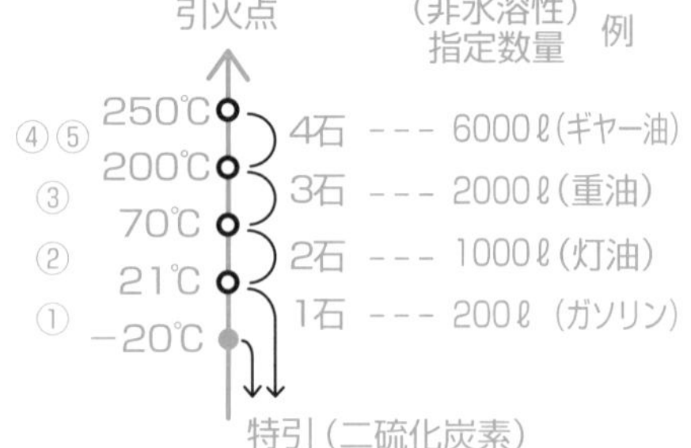

(P36, P69：問15参照)

答 (2)

法令の解答

問23　製造所等の区分について，次のうち正しいものはどれか．

(1) 地下タンク貯蔵所……地盤面下に埋没されているタンクにおいて危険物を貯蔵し又は取り扱う貯蔵所

カットする．(この部分が要らない)

(2) 移動タンク貯蔵所……鉄道の車両に固定されたタンクにおいて危険物を貯蔵し又は取り扱う貯蔵所

カットする．

(3) 給油取扱所……自動車の燃料タンク又は鋼製ドラム等の運搬容器にガソリンを給油する取扱所

屋内にあるタンク

(4) 屋内タンク貯蔵所……屋内において危険物を貯蔵し又は取り扱う貯蔵所

(5) 屋外貯蔵所……屋外にあるタンクにおいて危険物を貯蔵し又は取り扱う貯蔵所

カットする．

(1) 正しい．
(2) 鉄道車両は含まない．車（自動車）である．
(3) 鋼製ドラム（ドラム缶）に給油するのは，一般取扱所である．
(4) 屋内にもドラム缶（容器）に収納するものとタンクに収納するものがある．「屋内タンク」とあればタンクである．
(5) 「屋外にあるタンク」とあれば「屋外タンク貯蔵所」である．屋外貯蔵所はドラム缶を考えればよい．

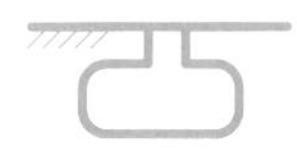

問24　製造所を設置し使用開始するまでの法令上必要な手続きの順序として，次のうち正しいものはどれか．

(1) 設置許可申請→承認→着工→仮使用申請→許可→完成→仮使用→完成検査→完成検査済証交付→使用開始
(2) 設置許可申請→認可→着工→完成→完成検査→完成検査申請→完成検査済証交付→使用開始
(3) 設置許可申請→許可→着工→仮使用→完成検査申請→完成→完成検査→完成検査済証交付→使用開始
(4) 設置許可申請→許可→着工→完成→完成検査申請→完成検査→完成検査済証交付→使用開始
(5) 仮使用申請→着工→許可→仮使用→完成検査申請→完成→完成検査→完成検査済証交付→使用開始

製造所を新しく設置する場合，仮使用申請は関係ない．
仮使用は，変更工事をする際に必要な場合がある．
正しい（4）を覚えておくこと．

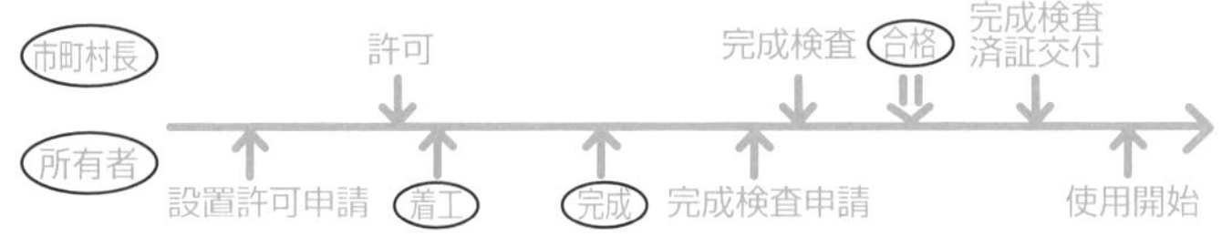

(P38 参照)

法令の解答

市町村長等（具体的には消防本部）の立入の際に見せればよい．普段は，所有者等が保管する．

問 25 定期点検記録の記載事項として，次のうち誤っているものはどれか．

(1) 点検をした製造所等の名称
(2) 点検を行った危険物取扱者等の氏名
(3) 点検年月日
(4) 点検の方法及び結果
(5) その施設の危険物保安監督者の氏名

(5) 危険物保安監督者の氏名は不要である．
「何を」「だれが」「いつ」「どのようにやったか」が必要である．

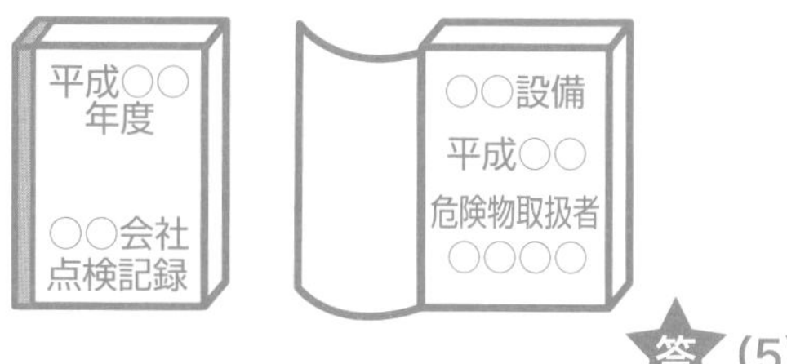

(P40 参照) 答 (5)

問 26 危険物保安統括（とうかつ）管理者，危険物保安監督者及び危険物施設保安員の関係について，次のうち誤っているものはどれか．

(1) 危険物保安統括管理者は，事業所全体における危険物の保安に関する業務を統括管理する．
(2) 危険物保安監督者は，火災等の災害が発生した場合に作業者を指揮して応急措置（そち）を講じるとともに消防機関等に連絡する．
(3) 危険物保安監督者は，その製造所等において選任された危険物施設保安員に必要な指示を行う．
(4) 危険物施設保安員は，その製造所等において扱う危険物の危険物取扱者免状を所持する者でなければならない．
(5) 危険物施設保安員は，製造所等の構造及び設備に係る保安のための業務を行う．

○印の説明文は，そのままおぼえよう！

(4) していない者でもよい．（免状を持っている者のほうがもちろんよいが）

危険物保安統括管理者が必要な製造所等は，コンビナート等のかなり大きな施設である．

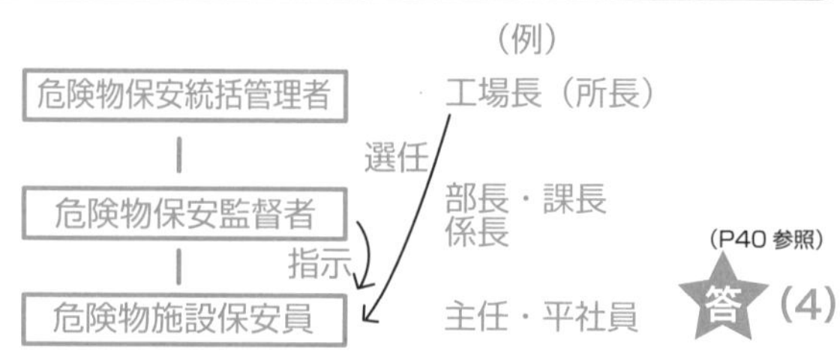

(P40 参照) 答 (4)

法令の解答

問27　危険物保安監督者について，次のうち誤っているものはどれか．

(1) 製造所には，必ず危険物保安監督者を置かなければならない．
(2) 屋外タンク貯蔵所には，必ず危険物保安監督者を置かなければならない．
(3) 危険物保安監督者を決める場合は市町村長の許可が必要である．→への届出
(4) 危険物保安監督者は，危険物施設保安員に保安に関する指示を与える．
(5) 危険物保安監督者は，甲種又は乙種危険物取扱者の中から選任しなければならない．

(1) (2) 指定数量の倍数に関係なく，危険物保安監督者の選任が必要なのは，次のもの．
①製造所
②屋外タンク貯蔵所
③移送取扱所
④給油取扱所
(5) さらに6ヶ月以上の実務経験が必要である．

危険物保安監督者

甲種　乙種

6ヶ月以上の実務経験

(P40参照)

問28　危険物の保安講習の受講時期について，次のうち正しいものはどれか．

(1) 原則として，製造所等において危険物の取扱作業に従事(じゅうじ)することとなった日から1年以内に，また，講習を受けた日以後における最初の4月1日から3年以内ごとに受講しなければならない．→これが基本である！
(2) 危険物保安監督者に選任された危険物取扱者は，直ちに受講しなければならない．
(3) 危険物保安統括管理者は，選任された日より2年以内ごとに受講しなければならない．
(4) 丙種危険物取扱者は，乙種に比べ知識が浅いため，毎年受講しなければならない．
(5) 法令に違反した危険物取扱者は，この講習を受講しなければならない．

(1) そのとおり．
(2) 定期的に受講しておればよい．
(3) 受講不要
(4) 関係ない．
(5) 罰則の講習ではない．

保安講習
(ある県の例)

消防本部会議室
・法改正
・最近の事故例などの話を聞く

・前回の受講後の4月1日から3年が近づいた社員
・新しく危険物取扱の業務についた社員

(P39参照)

問29 右図に示す屋外タンク貯蔵所の保安距離について，次のうち正しいものはどれか.

防油堤
屋外タンク
病院
住居
A B C D E F
敷地境界線

(1) A を 30m 以上，F を 10m 以上確保すること.
(2) A を 30m 以上，D を 10m 以上確保すること.
(3) C を 30m 以上，D を 10m 以上確保すること.
(4) B を 30m 以上，E を 10m 以上確保すること.
(5) C を 30m 以上，F を 10m 以上確保すること.

保安距離は，危険物施設の端から保安対象物までの距離である．防油堤（ぼうゆてい），敷地境界線（しきちきょうかいせん）からの距離ではない．

(例)
・住居 10m 以上 ← 今回ここが該当する.
・高圧ガス施設 20m 以上
・学校，病院，劇場 30m 以上 ←
・重要文化財 50m 以上
・特別高圧架空電線
7000～35000V 以下 3m 以上
35000V を超える 5m 以上

(P41 参照)

答 (3)

問30 灯油を貯蔵する屋内貯蔵所の位置，構造及び設備の技術上の基準について，次のうち誤っているものはどれか. ○印の説明文は，そのままおぼえよう！

(1) 指定数量の 10 倍以上の貯蔵倉庫には避雷設備を設けること.
(2) 貯蔵倉庫の建築面積は，500m² 以下とすること. → 1000
(3) 壁，柱及び床を耐火構造（たいかこうぞう）とし，はりを不燃材料でつくること.
(4) 貯蔵倉庫の床は危険物が浸透（しんとう）しない構造とするとともに適当な傾斜（けいしゃ）をつけ，かつ，貯留設備（ちょりゅうせつび）を設けること.
(5) 貯蔵倉庫は，地盤面から軒（のき）までの高さが 6m 未満の平屋建（ひらやだて）とし，かつ，その床を地盤面以上に設けること. ← 2 階建てはダメ

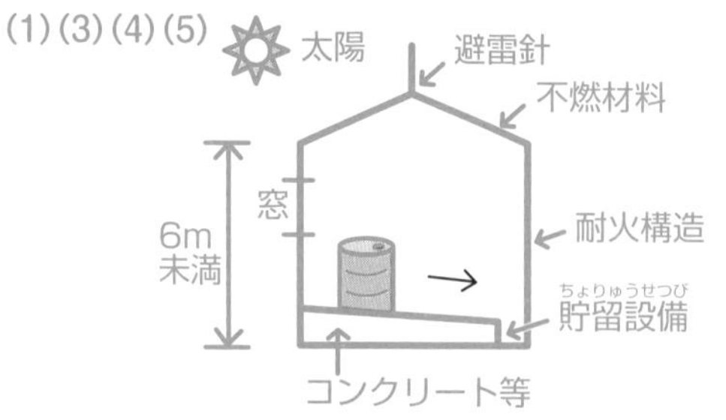

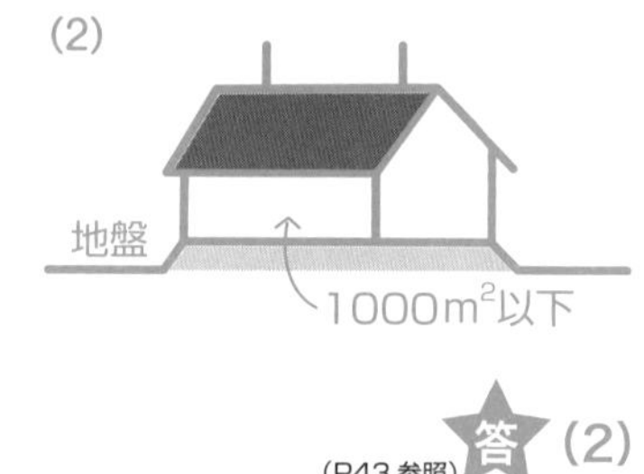

(P43 参照)

答 (2)

法令の解答

問 31　屋内タンク貯蔵所についての説明として，次のうち誤っているものはどれか．

(1) 屋内貯蔵タンクの容量は，指定数量の 50 倍以下とすること．（→ 40 倍）
(2) 同一のタンク専用室内に貯蔵タンクを 2 以上設置する場合は，タンク容量を合算（がっさん）した量とする．
(3) 貯蔵タンクとタンク専用室の壁との間は，0.5m 以上の間隔を保つこと．
(4) 貯蔵タンクには危険物の量を自動的に表示する装置を設けること．
(5) 屋内貯蔵タンクは，原則として平屋建（ひらやだ）ての建築物に設けられたタンク専用室に設置すること．

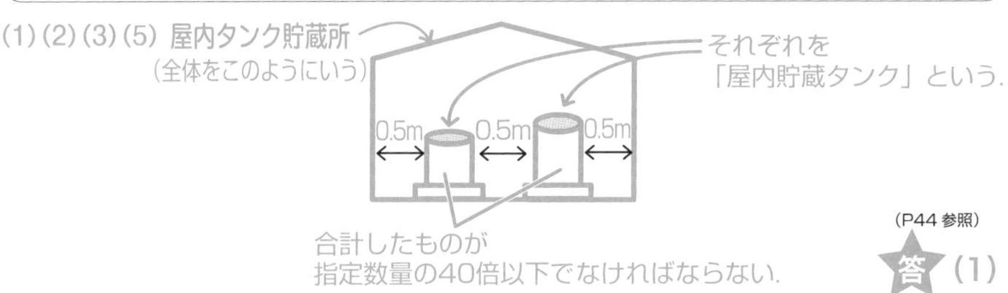

（P44 参照）

答 (1)

問 32　第 4 類危険物の地下貯蔵タンクのうち，圧力タンク以外のタンクに設ける通気管の構造として，誤っているものはどれか．

(1) 先端は水平より下に 45 度以上曲げ，雨水の侵入を防ぐ構造としなければならない．
(2) 細目（さいもく）の銅網（どうあみ）等による引火防止装置を設けなければならない．
(3) 先端は敷地境界線より 1.5m 以上離さなければならない．
(4) 先端は地上 2m 以上の高さとしなければならない．（→ 4m）
(5) 通気管は，地下貯蔵タンクの頂部に付けること．

通気管（つうきかん）とは，タンクが真空や加圧状態になることを防ぐために，大気と通じることができるようにした管．直径は 30mm 以上の太さを必要とする．

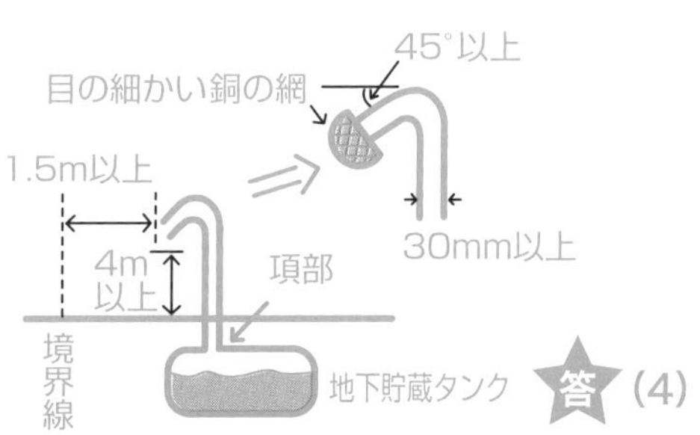

答 (4)

問 33　消火設備について，次のうち誤っているものはどれか.

(1) 霧状の強化液を放射する大型消火器は，第 4 種の消火設備である.

(2) 消火粉末を放射する小型消火器及び乾燥砂は，第 5 種の消火設備である.

(3) 所要単位の計算方法として, 危険物は指定数量の 10 倍を 1 所要単位とする.

(4) 地下タンク貯蔵所には，第 5 種の消火設備を 2 個以上設ける.

(5) 電気設備に対する消火設備は，電気設備のある場所の面積 200m² ごとに 1 個以上設ける.（200 → 100）

○印の説明文は，法の条文そのものである.

放射するものが何であろうと

(1) 大型消火器……第 4 種

(2) 小型消火器……第 5 種

(3) 1 所要単位＝指定数量の 10 倍

(4)

(5)

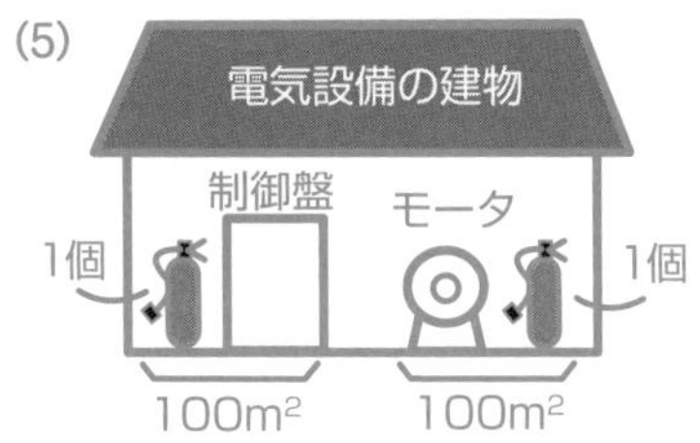

(P59, 60 参照)

問 34　貯蔵所における危険物の貯蔵の技術上の基準について，次のうち誤っているものはどれか.

○印の説明文は，法の条文そのものである.

(1) 屋内貯蔵所では，危険物は容器に収納して貯蔵すること.

(2) 類の異なる危険物は，原則として同一の貯蔵所において貯蔵しないこと.

(3) 屋外貯蔵タンクの防油堤は，滞水（たいすい）しやすいから，水抜口（みずぬきぐち）は通常開放しておくこと.（開放 → 閉鎖）

(4) 屋内貯蔵タンクの元弁（もとべん）は, 危険物を出し入れするとき以外は閉鎖しておくこと.

(5) 地下貯蔵タンクの計量口（けいりょうぐち）は，計量するとき以外は閉鎖しておくこと.

(1)

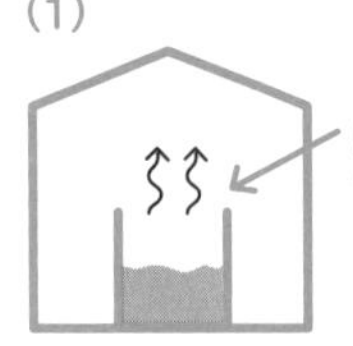

(2) 一部，同時貯蔵できるものもある（P55 参照）.

(3)

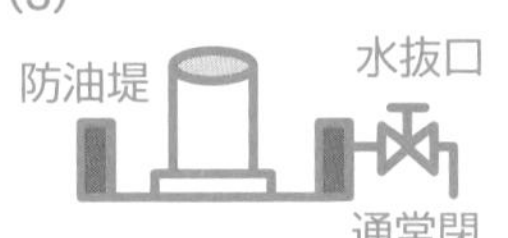

もし通常開であればいざ油が漏れたとき外部へ流れ出してしまう.

(4)

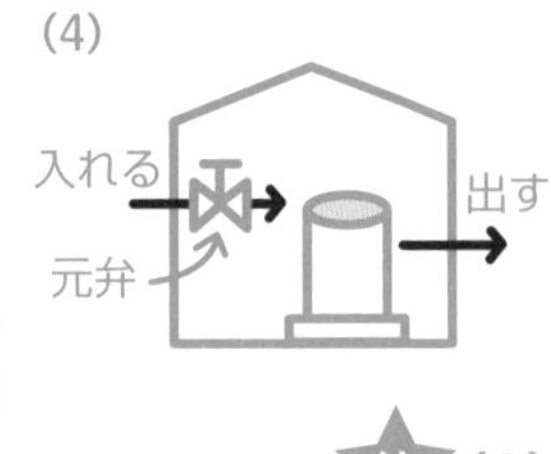

答 (3)

問 35　給油取扱所における危険物の取扱いの基準に適合しないものは，次のうちどれか．

○印の説明文は，そのままおぼえよう！

(1) 一部又は全部が給油空地(きゅうゆくうち)から，はみ出た状態で自動車に給油するときは，細心の注意を払うこと．

(2) 自動車等に給油するときは，固定給油設備を使用して直接給油すること．

(3) 自動車等に給油するときは，自動車等の原動機(げんどうき)を停止させること．

(4) 自動車等の洗浄を行う場合は，引火点を有する液体の洗剤を使用しないこと．

(5) 油分離(あぶらぶんり)装置にたまった危険物は，あふれないように随時(ずいじ)くみ上げること．

(1) はみ出た状態で，給油してはいけない．

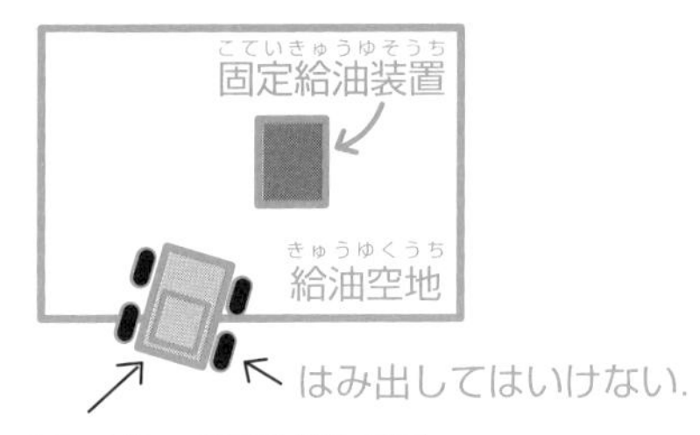

(5) 油分離装置

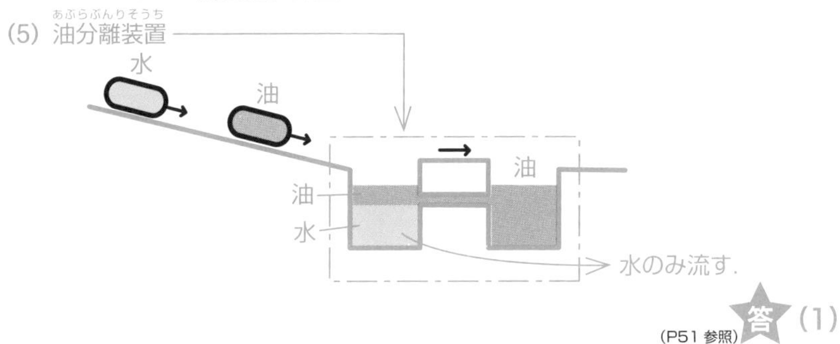

答 (1)

(P51 参照)

基本問題

Set3

物理化学の解答

問1　次の記述のうち，誤っているものはどれか．

(1) 砂糖水は，混合物である．
(2) 二酸化炭素は，化合物である．
(3) 水素は，単体である．
(4) 酸素とオゾンは，同素体である．
（(1)〜(4) → 正しい．）
(5) メタノールとエタノールは，同位体である．→ 別の物質である．（分子式が違う）

(1) 正しい．砂糖＋水
(2) 正しい．CO_2．CとOの化合物
(3) 正しい．H_2．同じH（水素原子）が２つくっついたもの．
(4) O_2（酸素）と O_3（オゾン）は，Oの数が違うだけ．

(5)

メタノール	エタノール
（メチルアルコール）	（エチルアルコール）
CH_3OH	C_2H_5OH

```
    H              H  H
    |              |  |
 H－C－OH       H－C－C－OH
    |              |  |
    H              H  H
```

（P17参照） 答 (5)

問２　物質が状態変化する際の熱の出入りについて，次のうち正しいものはどれか．

(1) 気体が固体に変わるとき，熱の吸収が起こる．→ 放出
(2) 気体が液体に変わるとき，熱の吸収が起こる．→ 放出
(3) 液体が気体に変わるとき，熱の放出が起こる．→ 吸収
(4) 液体が固体に変わるとき，熱の吸収が起こる．→ 放出
(5) 固体が直接気体に変わるとき，熱の吸収が起こる．

エネルギーレベル

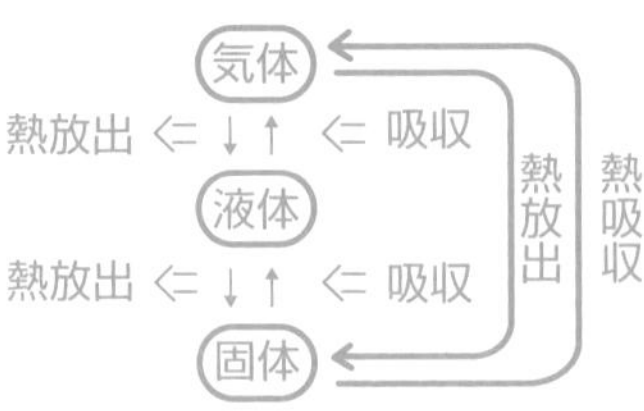

下向きのとき「放出」　上向きのとき「吸収」

(5)

問3　熱に関する説明について，次のうち誤っているものはどれか．

(1) 対流による熱の移動は，液体と気体に限って行われる．
(2) 熱伝導率は，気体より固体のほうが大きい．
(3) 比熱の大きい物質は，温まりやすく冷えやすい．→温まりにくく，冷めにくい．
(4) 液体が蒸発するとき必要な熱を，蒸発熱という．
(5) 一般に液体と固体では，液体のほうが比熱が大きい．

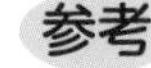
○印の説明文は，そのままおぼえよう！

(1) そのとおり．固体には，対流は起こらない．
(2) 固体である金属は，熱をよく伝える．
(3) 比熱とは，「1g の物質を 1℃上げるのに必要な熱量である．」
(4) そのとおり．
(5) 水と金属では，水のほうが冷えにくい．

参考
水の比熱は 1 で，地球上の物質の中で一番大きい．地球の温度が比較的安定しているのは，水（海水）のおかげである．

すぐ熱くなる！

(P13, 14 参照)

問4　液温 25℃のガソリン 10,000ℓ を 45℃まで温めた．このときの体積は次のうちどれか．
ただし，ガソリンの体膨張率を 0.00135 とする．

(1) 10,270ℓ
(2) 10,300ℓ
(3) 10,350ℓ
(4) 10,500ℓ
(5) 10,680ℓ

（公式）
$V=V_0\times(1+B\times T)$

V_0：もとの体積
B：体膨張率
T：変化した温度
$T=45-25=20$℃

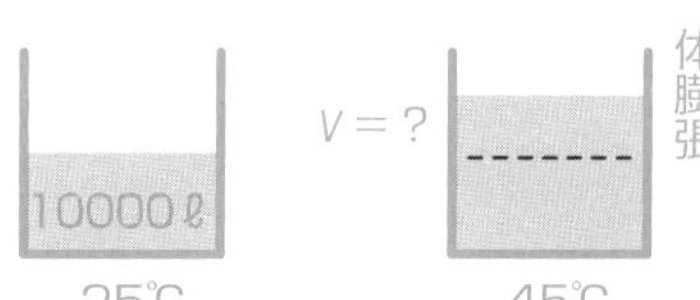

$V=10000\times(1+0.00135\times20)=10000\times(1+0.027)$
$=10000\times1+10000\times0.027=10000+270$
$=10270$〔ℓ〕

(P15 参照)

基本問題3

問5　次の酸化と還元の説明のうち，正しいものはどれか．

(1) 物質から酸素を奪うことを酸化という．　→還元

(2) ガソリンが空気中で燃焼しているのは，酸化反応である．

(3) 鉄が空気中で錆びるのは還元反応である．　→酸化

(4) 物質が水素を失うことを還元という．　→酸化

(5) 物質が電子を得ることを酸化という．　→還元

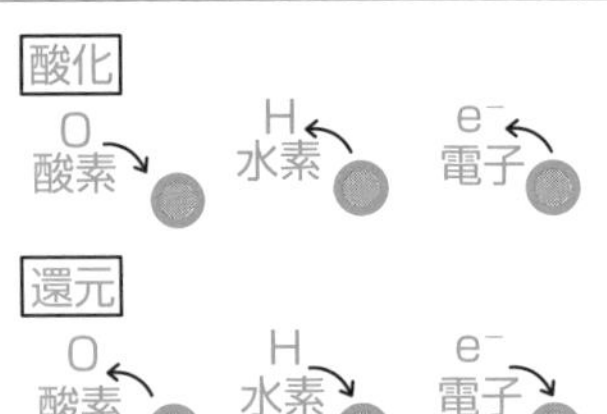

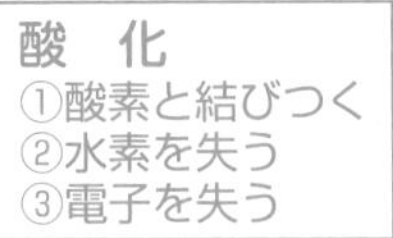

この逆が還元である！

この表さえ覚えればなんとかなる！

(2)

問6　燃焼に関する説明として，次のうち誤っているものはどれか．

(1) 燃焼とは，物質が光と熱を発生しながら，酸素と化合することである．

(2) 物質が燃焼するには，可燃物，酸素供給源，点火源の３要素が必要である．

(3) 可燃性液体の燃焼は，発生する蒸気が空気と混合して燃える．これを蒸発燃焼という．

そのとおり

(4) 可燃物は粉状（ふんじょう）になると，空気との接触面積が大きくなり，そのため塊状（かいじょう）のときより熱が伝導しやすくなるので，燃焼しやすくなる．　→にくく

(5) 木材の燃焼は，熱分解により発生した可燃性の気体が最初に燃焼する．　→そのとおり

(1)

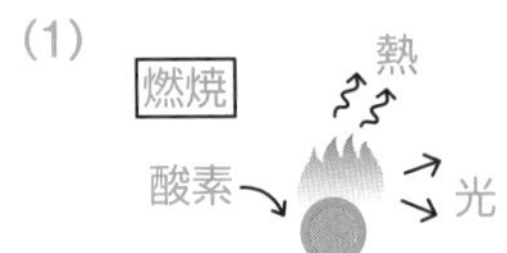

(2) そのとおり．

(3)

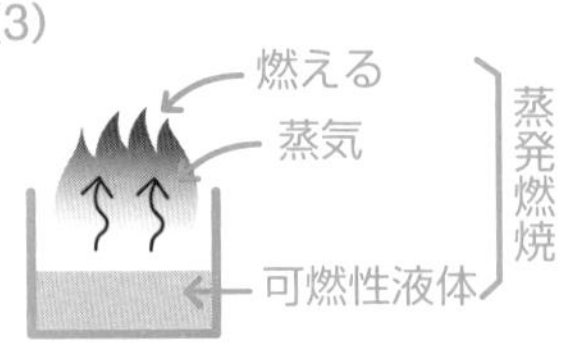

(4) 空気

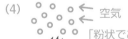

「粉状であると熱は伝わりにくくなる」→そこだけ熱くなり，燃焼しやすくなる．

火

(5)

(P18～20 参照)

答 (4)

問7　静電気に関する説明として，次のうち正しいものはどれか.

(1) 湿度の低いときは，静電気が蓄積しにくい. → やすい.

(2) 静電気は，二種の電気の不良導体の摩擦により発生するが，これは固体と液体に限ってみられる現象である. →気体もある.

(3) 静電気による火災では，燃焼物に対応した消火方法をとればよい.

(4) 石油類を扱うとき静電気に注意する必要があるのは，静電気が蓄積すると液温が高くなるからである. → 高くならない.

(5) 石油類をホースで送る場合に発生する静電気の量は，流速に反比例する. → が大きくなると多くなる.

(1) 冬場，衣服を脱ぐとき，パチパチと静電気が発生する．冬場は，湿度が低い.

(2) 冬場，車に乗るときにキイを差し込むとビリッとすることがある．これは風（空気）と車がこすれ合い，車に静電気が発生したことを示している.

(3) 点火源が何であろうと，一旦火災になったら，その燃焼物にあった消火方法をとる.

(4) 静電気が蓄積しても液温は，高くならない.

(5) 静電気の量は，流速が大きくなると，多くなる.

(P15 参照)

答 (3)

問8　可燃物の燃焼の難易について，次のうち誤っているものはどれか.

(1) 熱伝導率の大きい物質ほど燃焼しやすい. → にくい.

(2) 空気との接触面積が広いほど燃焼しやすい.

(3) 周囲の温度が高いほど燃焼しやすい.

(4) 可燃性ガスが多く発生する物質ほど燃焼しやすい.

(5) 発熱量の大きいものほど燃焼しやすい.

(2)～(5) そのとおり

(1)

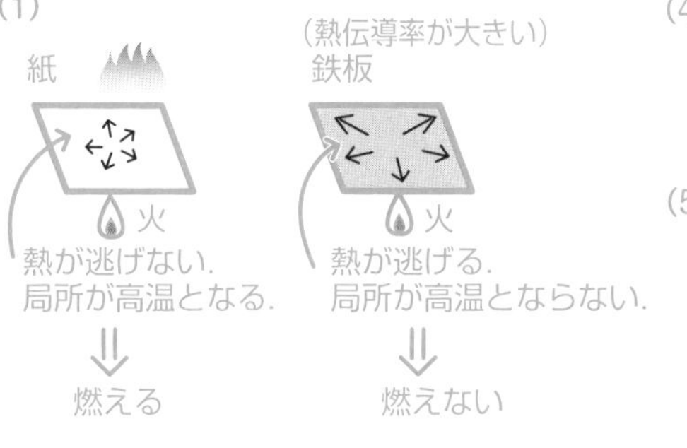

(4)

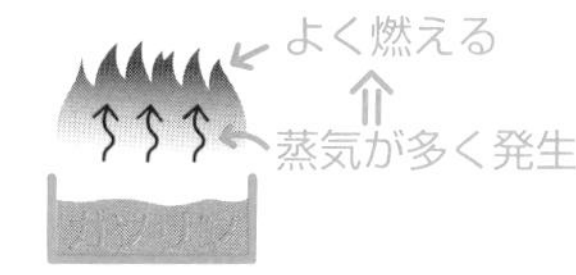

(5) 発熱量が大きいと，それが次への大きな点火源となる.

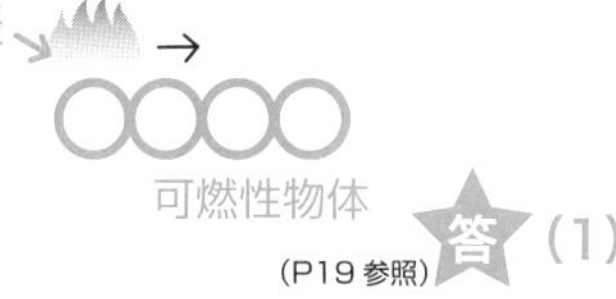

(P19 参照)

答 (1)

問 9　エチルアルコールを次の状態にした場合，燃焼する可能性のあるものはどれか．ただし，エチルアルコールの性状は，沸点 79℃，引火点 13℃，発火点 363℃及び燃焼範囲 4.3～19%である．

(1) エチルアルコールの蒸気 10ℓ と空気 90ℓ の混合気に点火した場合．
(2) 温度 40℃のエチルアルコールの液中で，電気火花を飛ばした場合．
(3) 300℃に加熱した鉄板上に，エチルアルコールを流した場合．
(4) 液温 10℃のエチルアルコールにマッチの炎を接近させた場合．
(5) エチルアルコールを直接，炎に接触しないようにして，200℃まで加熱した場合．

(1)

$$\frac{蒸気}{空気+蒸気}=\frac{10}{90+10}=0.1\rightarrow 10\%$$

なので，燃焼範囲に入る．

(2) 引火点以上であるが，液中であるため，空気がないので引火しない．

(3) 363℃以上の鉄板上であれば発火するが，300℃では発火しない．

(4) 引火点（13℃）以下であるので引火しない．

(5) 363℃以上なら発火するが 200℃では発火しない．

答 (1)

問 10　二酸化炭素消火剤の説明として，次のうち誤っているものはどれか．

(1) 毒性はほとんどないが，密閉室で大量に使用すると酸素欠乏状態となることがある．
(2) 初期の火災では，冷却効果も期待できる．
(3) 高温の炭素に触れると一酸化炭素を生成する．このガスは有毒である．
(4) 不燃性で比重が空気の約 1.5 倍と大きく，窒息効果が大きい．
(5) 電気を通しやすいので，電気設備の火災には使用できない．

（(1)～(4)）正しい．下の解説で理解しよう！

（(5) やすい → にくい，使用できない → 使用できる．）

(1)

酸素が少なくなる→酸欠状態

(2) CO_2 はドライアイスと同じ成分

(3) $CO_2 + C \rightarrow 2CO$
二酸化炭素　炭素　一酸化炭素

(4) 空気の分子量＝29
CO_2 の分子量＝12+16×2
＝44

$$蒸気比重=\frac{44}{29}\fallingdotseq 1.5$$

(P23 参照)

答 (5)

性質・火災予防・消火方法の解答

問11　第４類の危険物の性質について，次のうち誤っているものはどれか．

(1) 燃焼は可燃性液体から発生した蒸気と空気が混合して燃える．
(2) 引火点の低いものほど危険性は大きい．
(3) 発生した蒸気は，燃焼範囲外の濃度であれば燃焼しない．
(4) 燃焼範囲の下限値（かげんち）の低いものほど危険性は高い．
(5) 水に溶けるものは，可燃性蒸気が発生しにくいため危険性は低い．

（(1)～(4)）そのとおり　（にくい→）やすい　（低い→）高い．

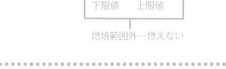

(5) エチルアルコールについていえば，水によく溶け，また，可燃性蒸気が発生しやすく，危険である．

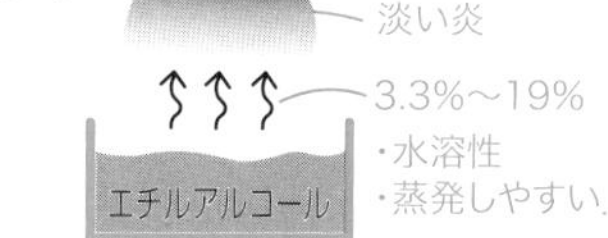

一般に可燃性蒸気の発生のしやすさは，水に溶けるか溶けないかには関係しない．

(P24, 25 参照)　答 (5)

問12　第４類の危険物は火災を予防するため通風，換気に心掛けなければならないが，その一番の理由は次のうちどれか．

(1) 発生する蒸気が悪臭を放つため．
(2) 発生する蒸気が毒性をもつため．
(3) 発生する蒸気が容器を腐食するため．
(4) 発生する蒸気が低所に滞留（たいりゅう）し，燃焼範囲内の濃度になると危険であるため．
(5) 発生する蒸気が静電気を発生するため．

（(4)→）これが一番の理由である．

(1) (2) 一番の理由ではない．
(3) 腐食しない容器に入れればよい．
(4) 換気は高所に行う．
(5) 蒸気が静電気を発生するということはない．

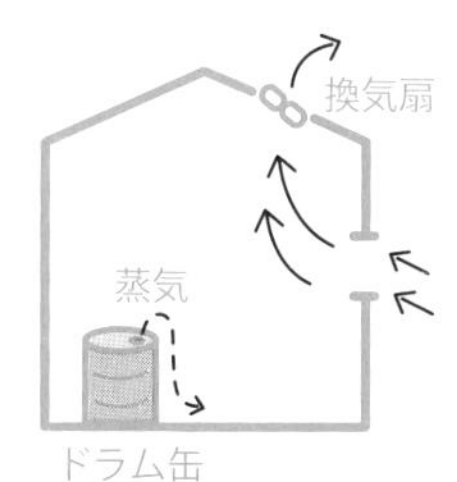

答 (4)

基本問題 **Set3** 性質・火災予防・消火方法の解答

問 13 火災の区分と火災の内容及び使用する消火器の標識の組合せとして，次のうち正しいものはどれか．

	区分	内容	標識
(1)	A 級火災	○普通火災	×赤　丸
(2)	A 級火災	×油火災	×黄　丸
(3)	B 級火災	○油火災	○黄　丸
(4)	B 級火災	×電気火災	×青　丸
(5)	C 級火災	○電気火災	×赤　丸

正しい A，B，C 級火災の内容を示す．

区分	内容	標識
A 級火災	普通火災	白丸
B 級火災	油火災	黄丸
C 級火災	電気火災	青丸

すべての火災に対応したものが ABC 消火器である．

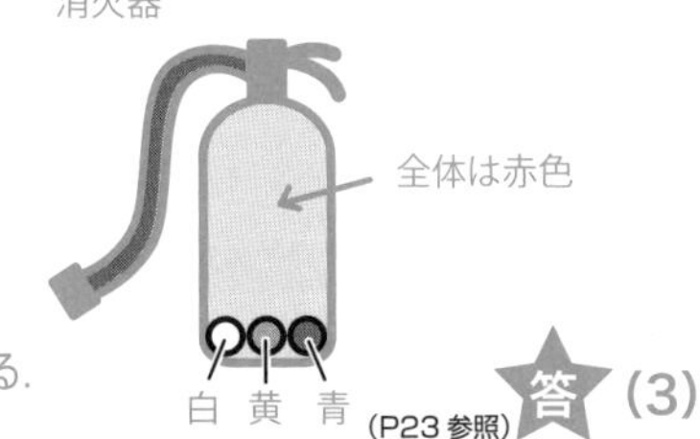

(P23 参照) 答 (3)

問 14 特殊引火物の説明として，次のうち誤っているものはどれか．

(1) アセトアルデヒド，酸化プロピレンは特殊引火物である．→そのとおり
(2) 引火点が－20℃以下のものはすべて該当する．
(3) 発火点が 100℃以下のものはすべて該当する．
(4) 引火点が－20℃以下で沸点が 40℃以下のものが該当する．
(5) 一般に，第４類の危険物のうち発火点が最も低いもの又は最も引火点や沸点が低いものが該当する．

（(3)～(5) → そのとおり）

特殊引火物の定義

・発火点 100℃以下
・引火点－20℃以下で沸点が 40℃以下
2 とおりの定義であることに注意！
(例)
・沸点が 50℃でも発火点が 90℃なら「特引」となる．
・引火点が－30℃でも沸点が 60℃なら「特引」ではない．
特引：特殊引火物

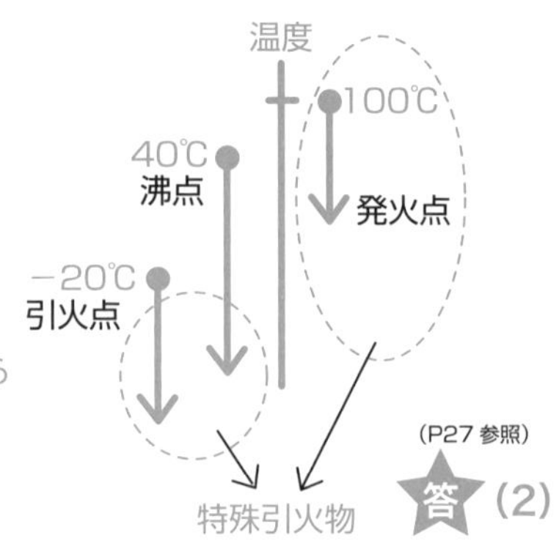

(P27 参照) 答 (2)

性質・火災予防・消火方法の解答

問15　第1石油類のみの組合せとして，次のうち正しいものはどれか．

(1) ベンゼン，トルエン，メチルエチルケトン ―― 1石　1石　1石
(2) ガソリン，酢酸(さくさん)エステル類，酢酸 ―― 1石　1石　2石
(3) エーテル，キシレン，クロロベンゼン ―― 特引　2石　2石
(4) ピリジン，ギ酸エステル，グリセリン ―― 1石　1石　3石
(5) クレオソート油，エチレングリコール，アニリン ―― 3石　3石　3石

1石：第1石油類の略
特引：特殊引火物の略

参考　第1石油類には，次のようなものがある．

①ガソリン（非）　②アセトン（水）
③ベンゼン（非）　④トルエン（非）
⑤ピリジン（水）　⑥酢酸エステル類（水）
⑦ぎ酸エステル類（水）　⑧ メチルエチルケトン（非）

非：非水溶性，水：水溶性

(P28～33参照) 答 (1)

問16　ガソリンの説明として，次のうち適切でないものはどれか．

(1) オレンジ系の色に着色されているものは自動車用である．
(2) 水より軽く水に溶けない．
(3) 蒸気比重は1より大きい．
(4) 電気の不良導体であるため，流体が配管を流れるとき静電気が発生する．
(5) 軽油と混合して使用すると，燃焼範囲が広くなる．→ 狭く

（(1)～(4)）正しい．そのままアンキ！

(5) 軽油の燃焼範囲は，
　1.1～6%
ガソリンの燃焼範囲は，
　1.4～7.6%
混合割合によって，燃焼範囲は変わる．軽油の性質に近づくため狭くなる．
(2)～(4) は，油の一般的な共通性質である．

(P28参照)

性質・火災予防・消火方法の解答

問17 灯油の説明として，次のうち誤っているものはどれか．

(1) 引火点は40℃以上で，常温（20℃）では通常引火しない．
(2) 比重は1より小さく，水に溶けない．
} そのとおり

(3) ガソリンに注いでも混合せず，次第に分離してくる． → 注ぐと混合し，分離しない．

(4) 蒸気比重は，空気より重い．
(5) 布などの繊維製品などにしみ込んだ状態では，40℃以下でも引火する．
} そのとおり

(3) 灯油とガソリンはよく混ざり合う．
(5) この性質を利用したものに，石油ストーブがある．

石油ストーブ
液温0℃でも点火できる（北海道）

(P31 参照)

(3)

問18 重油について，次のうち誤っているものはどれか．

(1) 水より重い．
(2) 水に溶けない．
(3) 沸点は300℃以上である．
(4) 引火点は一般に60℃以上である．
(5) 粘度（ねんど）によって，A重油，B重油，C重油に分類されている．
} そのとおり

(1) 重油は，「重い油」と書くが，水より軽い．
油の中では重い方である．

重油
水

A，B，Cの３つの分類があるが，A重油が一番良質である．

(P32 参照)

(1)

問19 ある物質の性状は次のとおりである.
「非水溶性，その蒸気は毒性が強い，引火点−10℃，着火温度 498℃，蒸気比重 2.77，融点 5.4℃及び沸点 80℃である.」
この物質は，次のうちどれか.

(1) 酢酸
(2) ベンゼン
(3) トルエン
(4) アセトアルデヒド
(5) 二硫化炭素

引火点と着火温度（発火点）から判断できる.

(参考)
・酢酸，アセトアルデヒドは，水溶性
・ベンゼン，トルエン，二硫化炭素は，非水溶性

分類	品名	引火点	発火点
特引	二硫化炭素	−30℃	90℃
特引	エーテル	−45℃	160℃
特引	アセトアルデヒド	−39℃	175℃
1石	ガソリン	−40℃	300℃
1石	アセトン	−20℃	465℃
1石	ベンゼン	−10℃	498℃
1石	トルエン	5℃	480℃
アルコール類	エチルアルコール	13℃	363℃
アルコール類	メチルアルコール	11℃	385℃
2石	灯 油	40℃	220℃
2石	軽 油	45℃	220℃
3石	重 油	60℃	250℃
3石	グリセリン	177℃	370℃
3石	クレオソート油	74℃	336℃
4石	ギヤー油	200℃	高い
4石	動植物油類	250℃	高い

□枠の数値は，必ず覚えておくこと.

(P26, 27 参照)

答 (2)

問20 危険物の特性について，次のうち誤っているものはどれか.

(1) ベンゼンは水に溶けにくく，蒸気は毒性がある.
(2) エチルアルコールは毒性がない．また水によく溶ける.
(3) アセトアルデヒドは水によく溶け，その蒸気は空気より重い.
(4) 二硫化炭素は，燃焼すると有毒な硫化水素を発生する. → 亜硫酸ガス（二酸化イオウ：SO_2）
(5) メチルエチルケトンは水より軽く，また水にわずかに溶ける.

(1) そのとおり.
(2) そのとおり．毒性はないがお酒の飲み過ぎは，体によくない!
(3) アセトアルデヒドは，日本酒にごくわずか含まれており，精神攪乱物質である．日本酒を飲んで，よく暴れるのは，そのためである.
(4)

$$CS_2 + 3O_2 \rightarrow CO_2 + 2SO_2$$

二硫化炭素　酸素　二酸化炭素　二酸化イオウ

(5) そのとおり.（参考）メチルエチルケトン（MEK）は，第1石油類（非水溶性）に分類されている.

(P26～34 参照)

答 (4)

法令の解答

問 21　品名・〔物品〕と指定数量の組合せとして，次のうち誤っているものはどれか．

(1) 特殊引火物 ……… 〔二硫化炭素〕 ……………… 50ℓ
(2) 第１石油類 ……… 〔ガソリン〕 ………………… 200ℓ
(3) 第３石油類 ……… 〔重　油〕 …………………… 2,000ℓ
(4) アルコール類 …… 〔メチルアルコール〕 …… 3,000ℓ → 400ℓ
(5) 第４石油類 ……… 〔ギヤー油〕 ………………… 6,000ℓ

第４類危険物の品名と指定数量

品 名	性 質	指定数量
特殊引火物		50ℓ
第１石油類	非水溶性	200ℓ
	水溶性	400ℓ
アルコール類	水溶性	400ℓ
第２石油類	非水溶性	1,000ℓ
	水溶性	2,000ℓ
第３石油類	非水溶性	2,000ℓ
	水溶性	4,000ℓ
第４石油類		6,000ℓ
動植物油類		10,000ℓ

（非水溶性→水溶性：2倍）

・同じ石油類でも水溶性のものは非水溶性のものに比べ，指定数量は２倍になる．
・水溶性のものは非水溶性のものに比べ，危険度が低いため．

問 22　法令では指定数量以上の危険物の取扱いについて規制しているが，指定数量未満の危険物についての貯蔵や取扱いについては，どのように規制されているか．正しいものを次のうちから選べ．

(1) 指定数量以上の危険物と同等に規制されている．
(2) 消防法施行令で準危険物として規制されている．
(3) 危険物の規制に関する規則で規制されている．
（(1)〜(3)→ウソ）
(4) 市町村条例で規制されている．→そのとおり
(5) 全く規制されておらず自由である．→ウソ

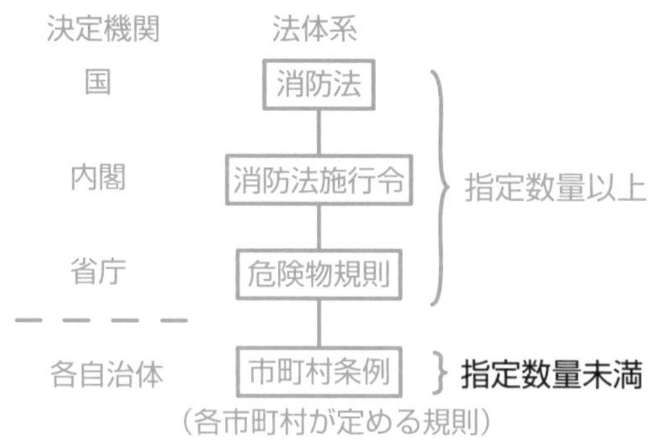

法令の解答

問 23　貯蔵所において，危険物の品名，数量又は指定数量の倍数を変更するときの手続きとして，次のうち正しいものはどれか.

(1) 変更しようとする日の 10 日前までに，市町村長等の許可を得る.
(2) 変更しようとする日の 20 日前までに，所轄（しょかつ）消防長に届け出る.
(3) 変更しようとする日の 10 日前までに，市町村長等に届け出る.
(4) 変更しようとする日の 20 日前までに，所轄消防長の承認を得る.
(5) 変更した後に，所轄消防長に届け出る.

届出の内容をまとめる
（届出先は市町村長等である）

・品名・数量・指定数量の倍数の変更……10日前までに
・譲渡または引渡し
・用途廃止
・危険物保安監督者の選任と解任
・危険物保安統括管理者の選任と解任

（譲渡～統括管理者）これらは，事後すみやかに届出すればよい.

(P37 参照)

問 24　予防規程の制定が必要な製造所等は，次のうちどれか.

(1) 指定数量の 30 倍の危険物を取り扱う給油取扱所　必要
(2) 指定数量の 50 倍の危険物を取り扱う販売取扱所　不要
(3) 20,000 ℓ のガソリンを貯蔵する移動タンク貯蔵所　不要
(4) 指定数量の 120 倍の危険物を貯蔵する屋外タンク貯蔵所　→200 倍以上
(5) 指定数量の 80 倍の危険物を貯蔵する屋内貯蔵所　→150 倍以上

予防規程制定が必要な製造所等

製造所：指 10 倍以上
屋内貯蔵所：指 150 倍以上
屋外タンク貯蔵所：指 200 倍以上
屋外貯蔵所：指 100 倍以上
一般取扱所：指 10 倍以上
給油取扱所：すべて必要
移送取扱所：すべて必要

指：指定数量の倍数

（参考）屋内タンク貯蔵所は指の倍数に関わらず不要

(1) 給油取扱所は，指定数量の倍数にかかわらずすべて必要.
(2) (3) 指定数量の倍数にかかわらず不要.
(4) 指定数量の 200 倍以上は必要.
(5) 指定数量の 150 倍以上は必要.

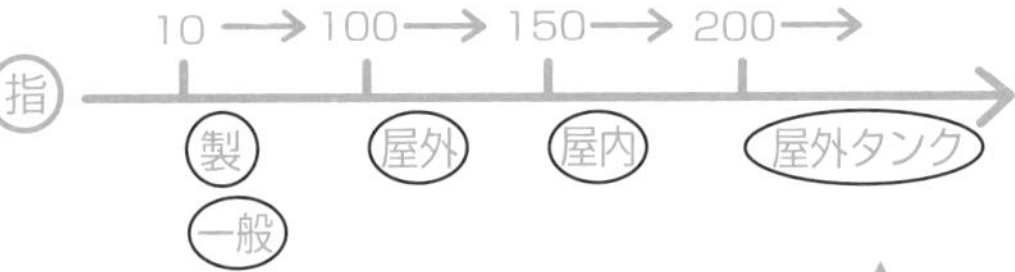

(P40 参照)

法令の解答

問25 製造所等の定期点検の説明として，次のうち誤っているものはどれか．

(1) 点検は原則として1年に1回以上実施しなければならない．
(2) 点検記録は，原則として3年間保存しなければならない．
(3) 危険物取扱者の立会いを受けた場合は，危険物取扱者以外の者も点検を行うことができる．
→そのとおり
(4) 移動タンク貯蔵所は，点検を行う必要はない．→がある．
(5) 危険物保安監督者は，点検を行うことができる．→そのとおり

(1)～(3) 記述のとおり正しい．
(4) 移動タンク貯蔵所（タンクローリーのこと．）は，道を走る危険なものなので必ず，1年に1回以上，点検をしなければならない．
(5) 危険物保安監督者は，危険物取扱者から選任された人であるので当然できる．

移動タンク貯蔵所

(P40 参照)

答 (4)

問26 危険物取扱者に関する記述として，次のうち誤っているものはどれか．

(1) 製造所等で，乙種危険物取扱者が立ち会えば，危険物取扱者以外の者（無資格者のこと）が，その乙種危険物を取り扱うことができる．
(2) 乙種危険物取扱者は，指定された類の危険物の取扱い又は立会いができる．
(3) 丙種危険物取扱者は，第4類の危険物のうちのすべての（→一部の）石油類を取り扱うことができる．
(4) 6か月以上の実務経験を有する甲種又は乙種危険物取扱者は，危険物保安監督者になることができる．
(5) 甲種危険物取扱者は，すべての危険物の取扱い又は立会いができる．
→(4)(5) そのとおり

(1)
乙4類資格
無資格者
乙4類危険物
バルブ
ガソリン
立合い
作業OK

(3) 丙種危険物取扱者が取り扱うことのできるのは，第4類危険物のうちガソリン，灯油，軽油，重油等である．アルコール類や特殊引火物などは取り扱うことはできない．

(P38 参照)

答 (3)

法令の解答

問27　免状の説明として，次のうち誤っているものはどれか．

(1) 免状の交付を受けている者は，当該免状の記載事項に変更が生じたときには，居住地又は勤務地を管轄する都道府県知事に書換えを申請しなければならない．

氏名と本籍

○印の説明文は，そのままおぼえよう！

(2) 免状は，交付を受けた都道府県の範囲内だけでなく，全国どこでも有効である．

(3) 免状の交付を受けている者が免状を亡失又は破損した場合は，免状を交付又は書換えをした都道府県知事に再交付を申請することができる．

(4) 免状を亡失してその再交付を受けた者が亡失した免状を発見した場合は，これを10日以内に免状の再交付を受けた都道府県知事に提出しなければならない．

(5) 免状の返納を命じられた者は，その日から起算して3年を経過しないと免状の交付を受けられない．

→1年

免　状

◎書換え←記載事項の変更
　　　　写真10年以上の経過
・交付知事
・居住地知事　のどこでもOK
・勤務地知事

◎再交付←亡失，滅失，汚損，破損
・交付知事
・書換え知事（書換えを行った知事）
（例）愛知県で交付を受け，勤務地の三重県で書換えを行った場合，再交付は愛知県，三重県のどちらでもOK．

（P39参照）

(5)

問28　次の貯蔵所のうち，ガソリンを貯蔵することができない施設はどれか．

(1) 屋外タンク貯蔵所

(2) 屋外貯蔵所 →できない．

(3) 移動タンク貯蔵所

(4) 地下タンク貯蔵所

(5) 簡易タンク貯蔵所

(2) 屋外貯蔵所に貯蔵できない第4類危険物
・特殊引火物すべて
（ジエチルエーテル，二硫化炭素，アセトアルデヒド等）
・第1石油類…このうち引火点0℃未満のもの
（ガソリン，ベンゼン，アセトンなど）

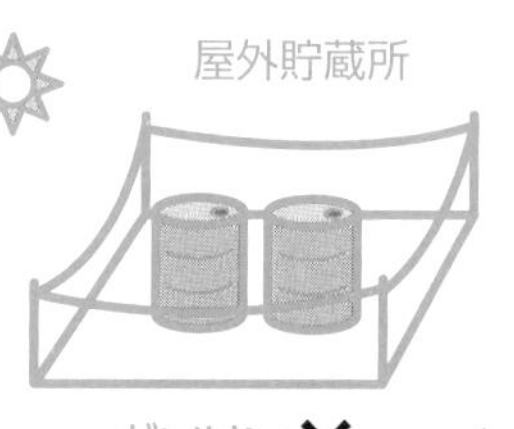

(2)

（P43, 44参照）

問 29　右図は屋外タンク貯蔵所の配置図である．保有空地の幅，敷地内距離及び保安距離のそれぞれに該当する A～H の組合せとして，次のうち正しいものはどれか．

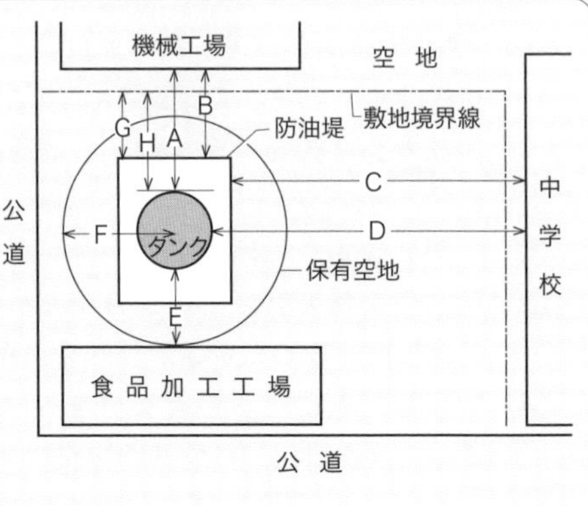

	保有空地の幅	敷地内距離	保安距離
(1)	E	H	D
(2)	E	H	A
(3)	E	G	B
(4)	F	G	C
(5)	F	G	A

1 保有空地
　タンクの外側の空地（距離で表す．）
2 敷地内距離
　タンクと敷地境界線の距離

3 保安距離
　タンクと保安対象物との距離
　機械工場と食品工場は，保安対象物ではない．中学校は，保安対象物である．

(P41, 42 参照)

(1)

問 30　ガソリンを貯蔵する屋外タンク貯蔵所の技術上の基準として，次のうち誤っているものはどれか．

(1) 屋外貯蔵タンクの周囲には，危険物が漏れた場合に，その流出を防止するため防油堤を設けなければならない．
(2) 屋外貯蔵タンクの注入口には，その旨の掲示板を設けなければならない．
(3) 屋外貯蔵タンクのポンプ設備の周囲には，一定の空地が必要である．
(4) 指定数量の 5 倍以上の危険物を貯蔵する場合は，避雷設備を設けなければならない．→10倍
(5) タンクの側板と当該タンクが存する敷地の境界線との間で，一定の距離を確保する必要がある．→敷地内距離のこと．

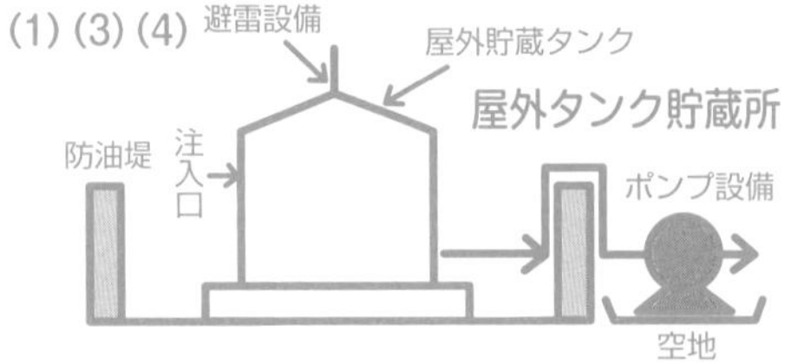

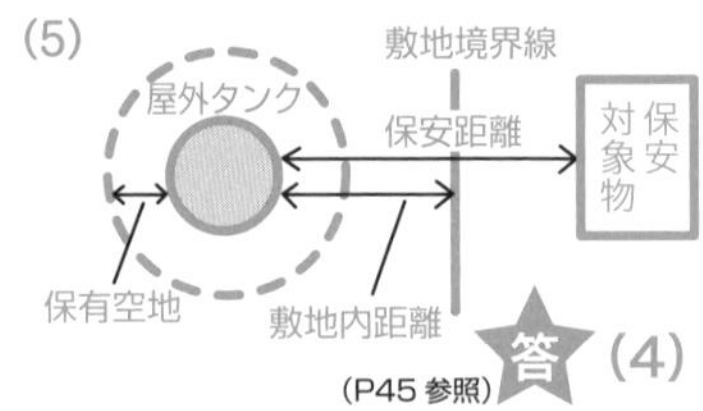

答 (4)

(P45 参照)

法令の解答

問31 ある製造所で次の危険物を保有している．指定数量の倍数はいくつか．

- **アセトアルデヒド 200ℓ** ……… 特殊引火物 ㊗：50ℓ
- **ガソリン 1,000ℓ** ……… 第1石油類（非水） ㊗：200ℓ
- **エチルアルコール 1,200ℓ** ……… アルコール類 ㊗：400ℓ
- **メチルエチルケトン 2,000ℓ** ……… 第1石油類（非水） ㊗：200ℓ
- **ピリジン 4,000ℓ** ……… 第1石油類（水溶） ㊗：400ℓ

(1) 32
(2) 40
(3) 55
(4) 60
(5) 72

㊗：指定数量
非水：非水溶性
水溶：水溶性

指定数量の倍数の計算

$$倍数=\frac{\text{Aの貯蔵量}}{\text{Aの指定数量}}+\frac{\text{Bの貯蔵量}}{\text{Bの指定数量}}+\cdots\cdots$$

$$=\frac{200}{50}+\frac{1000}{200}+\frac{1200}{400}+\frac{2000}{200}+\frac{4000}{400}$$

$=4+5+3+10+10=32$ 倍

(P36, 37参照) 答 (1)

問32 消火設備に関する説明として，次のうち正しいものはどれか．

(1) 粉を放射する小型消火器は，第4種の消火設備である．→第5種

(2) 二酸化炭素を放射する大型消火器は，第3種の消火設備である．→第4種

(3) 消火設備は，第1種から第5種まで区分されている．→正しい

(4) 第3種消火設備は，第3類の危険物火災に適応するものである．

(5) 第4種消火設備は，第4類の危険物火災に適応するものである．

(4)(5) 消火設備の「種」と危険物の「類」とは，関係ない．

		（特徴）
第1種	○○消火**栓**設備	…栓
第2種	**ス**プリンクラー設備	…ス
第3種	○○消火**設**備	…設（栓がない）
第4種	○○**大**型消火器	…大
第5種	○○**小**型消火器 乾燥砂，水バケツ	…小

(P59, P79の問35参照) 答 (3)

法令の解答

問 33　製造所等における危険物の貯蔵，取扱いについて，次のうち誤っているものはどれか.

○印の説明文は，そのままおぼえよう！

(1) 製造所等においては，みだりに火気を使用しないこと.
(2) 製造所等においては，常に整理及び清掃を行うこと.
(3) 危険物のくず，かす等は 1 日に 1 回以上廃棄その他適当な処置をすること.
(4) 危険物を詰め替える場合は，原則として運搬容器を使用すること.
(5) 危険物が残存しているおそれがある設備等を修理する場合は，少量であれば火災の危険性はないので，そのまま行ってよい.

(5) 蒸気が充満していて爆発の危険性がある！

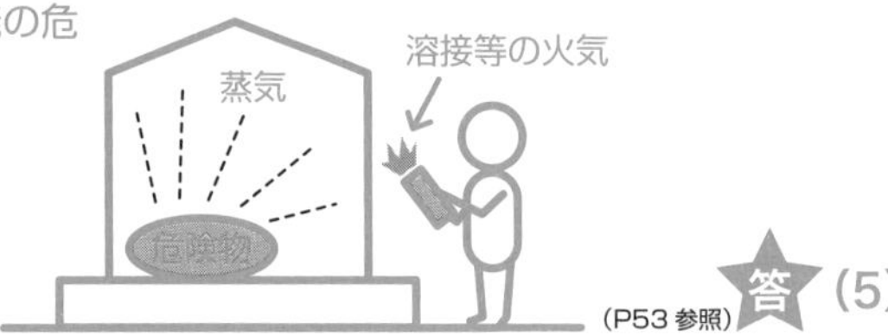

(P53 参照) 答 (5)

問 34　製造所等における危険物の取扱いについて，次のうち正しいものはどれか.

(1) 危険物を焼却（しょうきゃく）の方法で廃棄する場合は，周囲に住宅がある場合にかぎり，見張人を付けなければならない.
(2) 指定数量の 40 倍以上の危険物を取り扱う場合は，危険物取扱者ではなく危険物保安監督者が立ち会わなければならない.
(3) 地下貯蔵タンクの計量口は，危険物を注入するときには，逆流を防止するため開放しておかなければならない.
(4) 移動貯蔵タンクから危険物を貯蔵し，又は取り扱うタンクに，引火点が 40℃未満の危険物を注入するときは，移動タンク貯蔵所の原動機を停止させなければならない.
(5) 給油取扱所で引火点が 40℃未満の危険物を自動車等に給油するときは，自動車等の原動機を停止しなければならない.

(1) 周囲に住宅があるなしにかかわらず，見張り人を付けなければならない.
(2) 指定数量の倍数に関係なく甲種又は乙 4 類の危険物取扱者が立ち会わなければならない.
(3) 計量口は，あくまで量を測るときのみ開放する.

(4) 引火点40℃未満

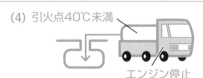

エンジン停止

(5) 40℃未満でなくてもガソリンスタンドでは，エンジン停止は当たり前！

(4)

法令の解答

問 35　移動タンク貯蔵所による危険物の移送（いそう）について，次のうち誤っているものはどれか.

(1) 灯油を移送する移動タンク貯蔵所には，丙種危険物取扱者が乗車していればよい.

(2) 市町村長等の認可（にんか）を受けていれば，危険物取扱者が乗車しなくても危険物を移送（いそう）することができる.

(3) 移動タンク貯蔵所には，完成検査済証（すみしょう），点検記録表等の書類を備え付けなければならない.

(4) 危険物取扱者は，危険物を移送する移動タンク貯蔵所に乗車する際は，免状を携帯していなければならない.

(5) 甲種危険物取扱者は，移動タンク貯蔵所で移送する危険物がどの類であっても，これに乗車して移送に当たることができる.

(1) 灯油は乙４類に分類され，その中でも丙種に該当する. よって OK.

(2) 市町村長等の認可などはない. 必ず危険物取扱者が乗車していなければならない.

(3) そのとおり.

(4) 免状携帯あたり前.

(5) 甲種は, すべての危険物を取扱う（今回は移送）ことができる.

参考 移送（いそう）と運搬（うんぱん）の違い

(P48 参照)

基本問題

Set4

物理化学の解答

問1　次の用語の説明のうち，誤っているものはどれか．

(1) 化合（かごう）……2種以上の純物質が混ざり合う現象. →これは「混合」である.

(2) 中和（ちゅうわ）……酸と塩基が反応して塩と水ができる現象.

(3) 凝縮（ぎょうしゅく）……気体が液体になる現象.

(4) 昇華（しょうか）……固体が直接気体になる現象，又はその逆の現象.

(5) 融解（ゆうかい）……固体が液体になる現象.

(2)〜(5) そのとおり

(1) 化合は，2種類以上の物質から，それらとは異なる性質を生じる化学変化をいう．2種類以上の物質が混ざり合う現象は，混合である．

※学習のため問題にフリガナをつけてみた．実際にはついていない！

(3) (4) (5)

物質の三態と変化（一部）

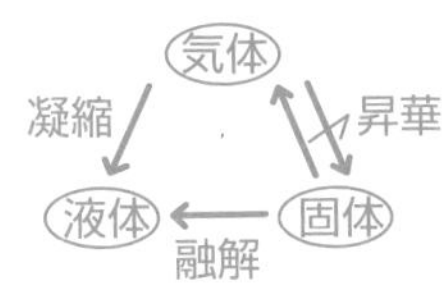

問2　次のうち混合物はどれか．

(1) 塩化ナトリウム

(2) 硫酸マグネシウム

(3) 海水

(4) 塩化マグネシウム

(5) 蒸留水

各化学式は，

(1) 塩化ナトリウム　NaCl　(2) 硝酸マグネシウム　$MgSO_4$

(4) 塩化マグネシウム　$MgCl_2$　(5) 蒸留水　H_2O

これらはすべて単体である．

(3)の海水は上記の塩化ナトリウム，硫酸マグネシウム，塩化マグネシウム，蒸留水（純水）などの混合物である．1つの化学式で表わすことはできない．

問3　熱膨張と体膨張について，次のうち誤っているものはどれか.

(1) 一般に液体の体膨張率は，固体より大きい.

(2) 固体の体膨張率は，線膨張率の約 1/3 である. → 3倍

(3) 体膨張率が 0.009 である液体の線膨張率は，約 0.003 である.

(4) 線膨張率とは，固体の温度を 1℃上昇させた場合に伸びた長さと，もとの長さとの比率をいう.

(5) 気体の体積は，圧力が一定の場合には，温度が 1℃上がるごとに，その気体の 0℃のときの体積に対し約 1/273 ずつ膨張する.

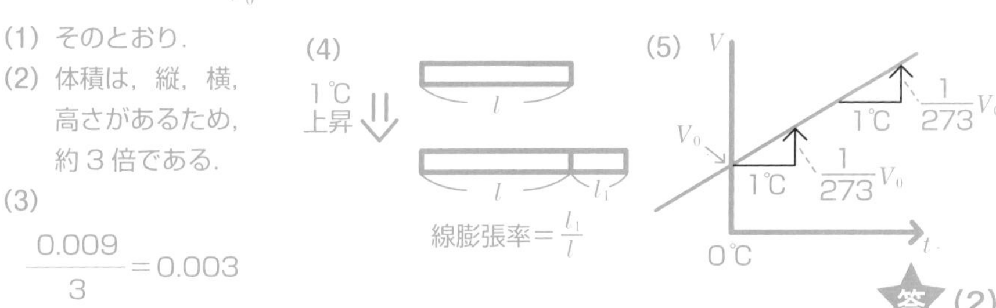

答 (2)

問4　酸化と還元についての説明として，次のうち誤っているものはどれか.

(1) ある物質から水素を奪い去る反応も酸化という.

(2) 炭素が燃えて二酸化炭素になるような反応を, 酸化の中でも特に燃焼という.

(3) 還元とは，例えば金属の酸化物から酸素が奪われて金属に戻るような反応である.

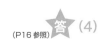

(4) 一般に酸化と還元は同時には起こらない. → 同時に起こる.

(5) ある物質の元素が電子を失う反応が酸化といわれる.

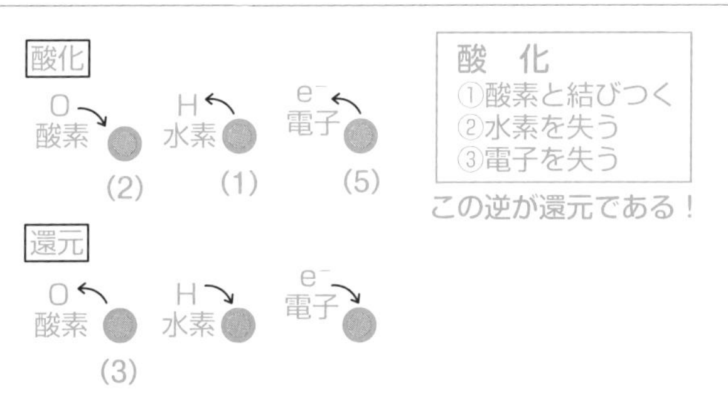

(P16 参照) 答 (4)

問5　金属の性質について，次のうち正しいものはどれか．

(1) 比重はすべて１より大きいから，水に浮くものはない．
(2) 金属は，一般に陰イオンになりやすい．→陽イオン
(3) 一般に，粉状にすれば燃焼しやすくなる．→そのとおり．
(4) すべて常温で固体である．
(5) 金属は危険物ではない．→金属は，粉にすれば危険物となる．

(1) Li（リチウム）は，水より軽い唯一の金属である．水に浮く．
(2) 鉄の場合 Fe^{2+}のように＋（陽イオン）になりやすい．
(4) 水銀（Hg）は液体の金属である．
(5) 金属粉は第２類の危険物である．

(3)

問6　燃焼の三要素に関する説明として，次のうち誤っているものはどれか．

(1) 燃焼の三要素は，可燃物，酸素供給源，点火源である．
(2) 窒素は，酸素と化合しても熱を発生しないので，可燃物ではない．
(3) 銅粉，酸素，電気火花という組合せは，燃焼の三要素がそろっている．
(4) 二酸化炭素はこれ以上酸素と化合できないので，可燃物ではない．
（(1)～(4) そのとおり）
(5) 蒸発熱や融解熱も，点火源になり得る．→は，点火源にはならない．

燃焼の三要素

点火源［電気火花］
酸素供給源［O_2］
可燃物［銅粉］

(5) 蒸発熱（じょうはつねつ）や融解熱（ゆうかいねつ）は，状態変化を起こさせるための熱で，点火源にはならない．

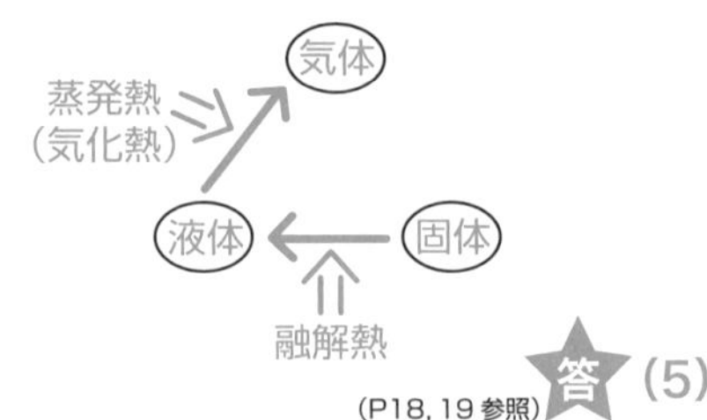

(5)

(P18, 19 参照)

問7　エチルアルコールの燃焼反応式で，次のうち正しいものはどれか.

(1) $C_2H_5OH + O_2 \rightarrow 2CO_2 + H_2O$

(2) $C_2H_5OH + 2O_2 \rightarrow 3CO_2 + 2H_2O$

(3) $2C_2H_5OH + O_2 \rightarrow CO_2 + H_2O$

(4) $C_2H_5OH + 3O_2 \rightarrow 2CO_2 + 3H_2O$

(5) $3C_2H_5OH + 2O_2 \rightarrow CO_2 + H_2O$

反応前と反応後の各原子の数を計算し，一致しているものが正解となる.

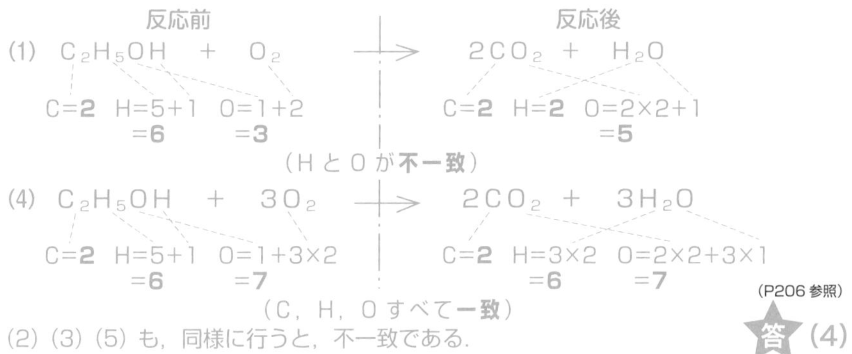

(P206 参照)

(2) (3) (5) も，同様に行うと，不一致である.

答 (4)

問8　燃焼に関する次の説明のうち，誤っているものはどれか.

(1) 引火点とは，火気を近づけると燃えはじめる最低の液温である.

(2) 引火点とは，可燃性液体が液表面に燃焼に必要な蒸気を生ずるときの最低の温度のことである. →引火点の別の表現

(3) 発火点（着火温度）とは，可燃物が空気中で加熱されて燃えはじめるときの最高の温度である. → 最低

(4) 一般に，固体には発火点はあるが，引火点はない.

(5) 燃焼範囲とは，空気中で可燃性蒸気の燃焼が可能な，蒸気の濃度範囲のことである.

(1) (3)

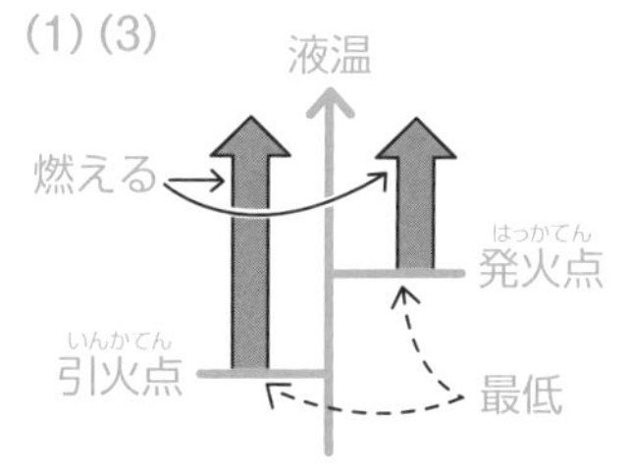

(4) 木材などの固体は，可燃性蒸気を発生しないため，引火点はない. 木材の発火点は 400℃以上である.

参考 第 2 類の固形アルコールは引火点をもつ.（特別）

(P20 参照)

問 9　次の液体の「引火点」及び「燃焼範囲の下限値」として考えられる組合せはどれか.
「ある引火性液体は 50℃で液面付近で濃度 7%（vol）の可燃性蒸気を発生した. この状態でライターの火を近づけたところ引火した.」

	引火点	燃焼範囲の下限値
(1)	20℃	9%（vol）
(2)	30℃	4%（vol）
(3)	40℃	8%（vol）
(4)	50℃	10%（vol）
(5)	60℃	12%（vol）

液温と蒸気濃度は，比例傾向にある. 50℃より低い温度でも引火するかもしれない. よって 50℃以下，濃度 7%以下のものをさがすと 30℃，4%となる.

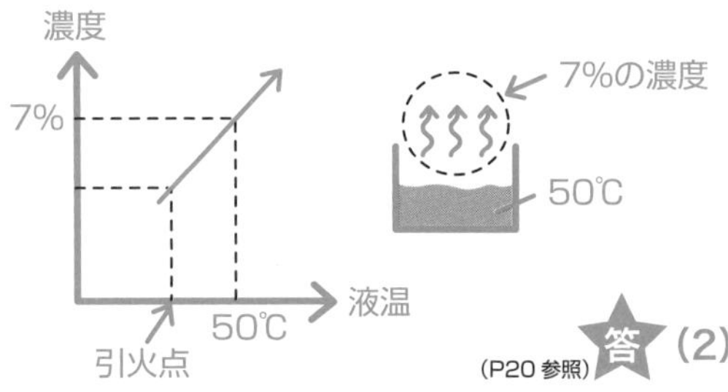

(P20 参照) 答 (2)

問 10　火災と，その火災に適応する消火器の組合せとして，次のうち誤っているものはどれか.

(1) 普通火災……霧状の強化液消火器
(2) 油火災……二酸化炭素消火器
(3) 油火災……泡消火器
(4) 電気火災……泡消火器
(5) 電気火災……リン酸塩類の粉末消火器

火災の種類と使用できる消火剤のまとめ

普通火災	水，強化液，泡，粉末
油 火 災	霧状強化液，泡，粉末，二酸化炭素，ハロゲン化物
電気火災	霧状強化液，粉末，二酸化炭素，ハロゲン化物

粉末はリン酸塩類を考える.
（注）炭酸水素塩類は，普通火災には適さない.

電気火災に泡消火器を使用すると，感電の危険がある.

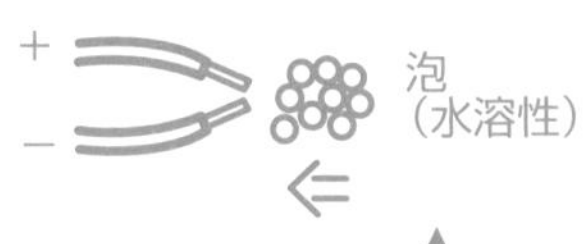

(P22, 23 参照) 答 (4)

基本問題 Set4 性質・火災予防・消火方法の解答

問11 危険物の類別の特性に関する記述として，次のうち誤っているものはどれか．

(1) 第 1 類の危険物は，そのもの自体は燃焼しないが，熱，衝撃，摩擦などによって分解し，極めて激しい燃焼を起こさせる．

(2) 第 2 類の危険物は，比較的低温で引火しやすい固体で，燃焼速度が速く，消火が困難である．　○印の説明文は，そのままおぼえよう！

(3) 第 4 類の危険物は，液状であって，蒸気は空気と混合すると引火又は爆発の危険性がある．

(4) 第 5 類の危険物は，自己反応性物質で，自己反応により多量の熱を発生し，又は爆発的に反応が進行する．

(5) 第 6 類の危険物は，自らは不燃性であるが強酸化剤である．また，水と接触すると発熱し，可燃性ガスを発生する．→は発生しない．

(5) 発熱するものもあるが，可燃性ガスは発生しない．
水と接触して可燃性ガスを発生させるもの．→第 3 類の危険物（自然発火性物質）（禁水性物質）

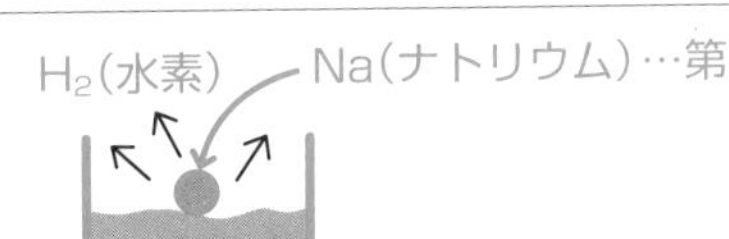

ナトリウムを水の中に入れると，水素を発生して燃える．

(P35 参照)

(5)

問12 次の記述は，第 4 類の危険物の一般的性質を説明したものである．このうち誤っているものはどれか．

(1) 一般に水より軽く，水に溶けにくい．

(2) 一般に蒸気は空気より重い．

(3) 一般に引火しやすい．

（(1)～(3) そのとおり）

(4) 一般に蒸気が空気とわずかに混合していても燃焼する．

(5) 一般に着火温度が低いものほど危険である．→そのとおり

(1)～(3) そのとおり正しい．ガソリンや灯油などを思い出そう．

(4) ある範囲の濃度になると燃焼する．

(5) その他，引火点も低いものほど危険である．着火温度（発火点）が低ければ，引火点はそれよりもさらに低い．

(P24, 25 参照)

(4)

基本問題4

問13　第４類の危険物に共通する一般的な火災予防上の注意事項として，次のうち誤っているものはどれか．　○印は，そのまま読んで理解すればよい．

(1) 加熱する場合は，その液温が引火点以上にならないように注意する．
(2) 引火点が低いものは，引火の危険性が高いので，火気等の点火源に注意する．
(3) 石油類等の電導性の悪いものは，静電気が蓄積しやすいため，アース等の帯電防止設備を実施する．
(4) 空缶でも危険物蒸気が充満していることが多く，火災時の熱で爆発する危険があるので安全な場所に保管する．
(5) 詰め替え等の作業は，蒸気の漏えいを防止するため，密室で行う．

(5)

可燃性蒸気の濃度が燃焼範囲内に入ると，火気で爆発する．　⇨　換気または風通しをよくしなければならない！

問14　第４類の危険物の火災に普通用いられる消火方法として，次のうち適当なものはどれか．

(1) 液温を冷却して引火点以下にする．
(2) 可燃性蒸気の発生を少なくする．
(3) 酸素の供給を遮断する．
(4) 可燃性蒸気を除去する．
(5) 可燃性液体の温度を発火点以下に下げる．

ガソリン，灯油をイメージする．
(1) 一旦火災になれば無理
(2) 無理
(3) 泡消火剤，二酸化炭素消火剤で可能
(4) 無理
(5) 意味がない．

(3)
油火災には泡消火剤は有効である．

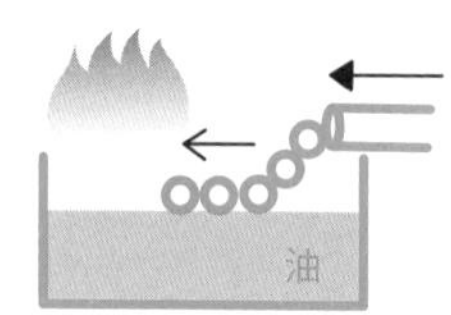

油面を泡でおおって酸素を遮断する．（窒息効果）

性質・火災予防・消火方法の解答

問15　エーテル（ジエチルエーテル）の説明として，誤っているものどれか．

(1) 引火点は，−45℃と非常に低い．
(2) 沸点は，35℃である．
(3) 燃焼範囲は，1.9～36％で広い．
(4) 日光にさらされても変質はしない．
(5) 蒸気には麻酔性がある．→そのとおり

(1)〜(3) そのとおり
(4) →ると変質をする．

エーテルについて

二硫化炭素，アセトアルデヒド，酸化プロピレンと同じ仲間で，「特殊引火物」に分類される．

（化学式）

$C_2H_5-O-C_2H_5$

(1)(2)

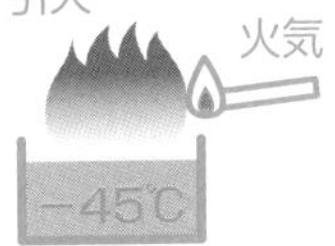

(4) 日光にさらしたり，空気と長く接触すると，爆発性の過酸化物を生じる．

答 (4)

（P26, 28 参照）

問16　ガソリン，灯油及び軽油に関する次の説明のうち，誤っているものはどれか．

(1) 一般に灯油は軽油よりも引火点が低い．
(2) ガソリン，灯油及び軽油は，原油より分留されたもので，種々の炭化水素の混合物である．
(3) ガソリンと灯油は，どちらも液温が常温程度で引火の危険性がある．
(4) 一般に灯油及び軽油のほうが，ガソリンよりも発火点が低い．
(5) 軽油はディーゼル車の燃料となる．

(3) どちらも→ガソリンのみ

(1) 引火点は，灯油 40℃，軽油 45℃である．
(2) 分留とは，沸点の差を利用して各成分に分けることである．
(3) 常温とは，20℃のことをいう．
(4) 発火点は，灯油 220℃，軽油 220℃，ガソリン 300℃である．

	引火点	発火点
ガソリン	−40℃	300℃
灯　油	40℃	220℃
軽　油	45℃	220℃
重　油	60℃	250℃

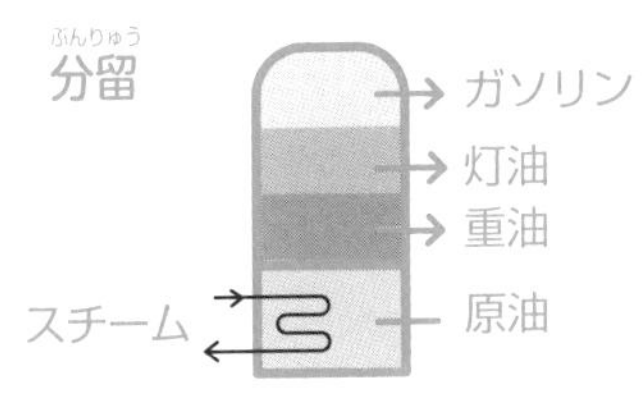

答 (3)

（P26, 28, 31 参照）

問17 ベンゼンの性質について，次のうち誤っているものはどれか．

(1) 引火点は－10℃で，非常に引火しやすい．

(2) 発火点はガソリンより低い． → 高い．

(3) 各種の有機物をよく溶かすが，水には溶けない．

(4) 芳香族炭化水素（ほうこうぞくたんかすいそ）である．

(5) 毒性が強く，蒸気を吸入すると中毒症状を起こす．

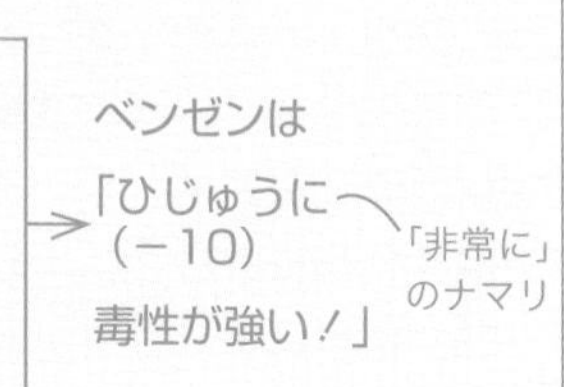

○印の説明文は，そのまま理解しよう！

(4)

〔ベンゼン〕

記号

C_6H_6

この形のものを芳香族という

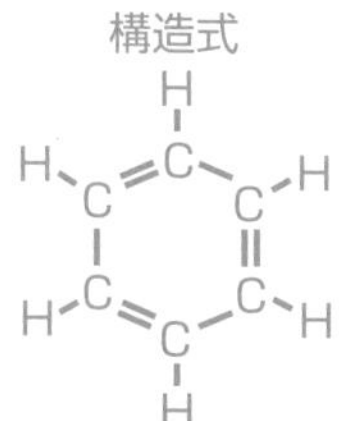

(2) ベンゼンの発火点は，498℃で，ガソリンの発火点300℃より高い．

	引火点	発火点
ベンゼン	－10℃	498℃
ガソリン	－40℃	300℃

(P26, 29 参照)

(2)

問18 軽油の性状について，次のうち誤っているものはどれか．

(1) 蒸気は空気より軽い． → 重い．

(2) 比重は1より小さい．

(3) 引火点は45℃以上である．

(4) 発火点は，エチルアルコールより低い．

(5) 引火点は，ベンゼンよりも高い．

} そのとおり

(2) そのとおり．水より軽い．

(3) そのとおり．

(4) 軽油の発火点220℃

エチルアルコールの発火点363℃

(5) 軽油の引火点45℃

ベンゼンの引火点－10℃

基本問題Set1 問20の表（71ページ）も参照するとよい！

軽油の性状まとめ

沸　点	170～370℃
比　重	0.85
引火点	45℃以上
発火点	220℃
蒸気比重	4.5
燃焼範囲	1～6%

(P26, 31 参照)

(1)

基本問題 Set4 性質・火災予防・消火方法の解答

問19　重油の一般性質として，次のうち誤っているものはどれか．

(1) 水より重い暗褐色の液体である．　→ 軽い

(2) 常温（20℃）において液状である．

(3) 引火点は重油の種類により異なる．

(4) 粘度によりA重油，B重油，C重油に分けられ，A重油が一番良質である．

(5) 引火性の小さい物質であるが，加熱されると危険性が高くなる．

（(2)～(5) そのとおり）

(1) 重油は，「重い油」と書くが，比重0.9～1.0で，やはり水より軽い．

(3) 重油の引火点60℃～150℃，最低の「60℃以上」と覚える．

	引火点
A重油	60℃以上
B重油	60℃以上
C重油	70℃以上

答 (1)

(P27, 32参照)

重要なものは，覚えておこう！

問20　次の危険物のうち，燃焼範囲の最も広いものはどれか．

－燃焼範囲の広さ－

(1)	二硫化炭素	1～50%	50－1＝49%
(2)	アセトアルデヒド	4～60%	60－4＝56%
(3)	メチルアルコール	6～36%	36－6＝30%
(4)	ガソリン	1.4～7.6%	7.6－1.4＝6.2%
(5)	ベンゼン	1.3～7.1%	7.1－1.3＝5.8%

給料？ 2流は1流の50%（2硫　1～50%）

一緒になろう（1.4　7.6%）

アセトアルデヒドが一番燃焼範囲が広い．

ヒント

「汗を四六時中かく」
アセ　4　60
（4～60%）

0%　燃焼範囲　100%

4　60

答 (2)

(P26, 28参照)

法令の解答

問 21　製造所等以外の場所において，軽油 3,000ℓを７日間仮に貯蔵し，又は取り扱う場合必要な手続きはどれか．

(1) 防火上安全な場所であれば，特に手続きは必要でない．
(2) 所轄消防長又は消防署長に届け出る．　→の承認を受ける．
(3) 消防本部，消防署が置かれていない市町村の場合，都道府県知事の認可を受ける．　→承認
(4) 所轄消防長又は消防署長の承認を受ける．
(5) 当該区域を管轄する市町村長に届け出る．

仮貯蔵（かりちょぞう）のことである．

仮貯蔵と仮使用
比較して，覚えよう．

	仮貯蔵	仮使用
期　間	**10日以内**	完成するまで
提出先	**消防長又は消防署長**	市町村長
手　続	**承　認**	承　認

消防本部，消防署が置かれていない市町村の場合は，都道府県知事

(P37 参照) 答 (4)

問 22　危険物製造所等を設置してその使用開始が認められる時期として，次のうち正しいものはどれか．

(1) 設置許可を受けた後ならいつでもよい．
(2) 完成検査申請書を提出した後．
(3) 工事が完了した後．
(4) 工事完了の届出をした後．
(5) 完成検査済証の交付を受けた後．

設置申請の流れ
（タンクは除く）

市町村長：許可 → 完成検査 → **完成検査済証交付**
会社：設置許可申請 → 工事開始 → 工事完成 → 完成検査申請 → 使用開始

(P38 参照) 答 (5)

法令の解答

問23　予防規程に関する記述として，次のうち正しいものはどれか．

(1) 予防規程を制定又は変更するときは，必ず市町村長等の認可を受けなければならない．

(2) 予防規程は，危険物保安統括管理者が制定しなければならない．→その施設の所有者等

(3) 予防規程は，自衛消防組織を置く事業所では，制定する必要はない．→がある．

(4) 予防規程に定めなければならない事項は，市町村条例で定められている．→消防法

(5) 指定数量の10倍以上の危険物を貯蔵し，又は取り扱う製造所等は，必ず予防規程を制定しておかなければならない．

(1) そのとおり．

(3) 予防規程が必要か必要でないかは，施設の区分と指定数量で決められる．自衛消防組織を置くような大きな事業所では，当然予防規程を制定する．

(5) 製造所等というと，製造所のみではなく，いろいろな施設を含む．製造所・一般取扱所は，指定数量10倍以上であるが，給油取扱所や移送取扱所は，指定数量にかかわらず，すべて必要である．問題文が「製造所等」ではなく「製造所」であれば，正しい説明文となる．

(P40参照)

答 (1)

問24　製造所等の定期点検について，次のうち誤っているものはどれか．

(1) 定期点検は，当該製造所等の位置，構造及び設備が技術上の基準に適合しているか否かについて行う．　○印は，そのままおぼえよう！

(2) 危険物取扱者の立会いを受けた場合は，危険物取扱者以外の者でも定期点検を行うことができる．

(3) 定期点検は原則として1年に1回以上行わなければならない．

(4) 危険物施設保安員は，定期点検を行うことができる．

(5) 定期点検を実施した場合は，30日以内にその結果を市町村長等に報告しなければならない．→報告義務はない！

(5) 石油化学コンビナートのような大規模な製造施設では，消防が立入る保安検査（ほあんけんさ）がある．そのとき定期点検結果を提示する必要がある．

(P40, 41参照)

答 (5)

問25 危険物取扱者に関する説明として，次のうち誤っているものはどれか.

(1) 危険物取扱者には，甲種，乙種及び丙種の３種類がある.
(2) 危険物取扱者でなくても危険物保安統括管理者になることができる.
(3) 製造所等において，危険物の取扱作業に従事する危険物取扱者は，一定期間ごとに講習を受けなければならない.
(4) 危険物取扱者は，移動タンク貯蔵所に乗車するときは，危険物取扱者免状を紛失するといけないので，事務所に保管する. → 携帯する.
(5) 危険物取扱者が，消防法令に違反したときは，危険物取扱者免状の返納を命ぜられることがある.

○印の説明文は，そのまま理解しよう！

(3) 定期講習のことである.
(4) 移動タンク貯蔵所は，公道を走るため，警察や消防の提示要求があれば，いつでも免状を見せることができるように携帯していなければならない.

(P38 参照) 答 (4)

問26 危険物取扱者免状の記述として，次のうち正しいものはどれか.

(1) 免状の再交付の事由には，亡失，滅失，破損，汚損又は返納命令の５つがある. → 4
亡失…どこにしまったか忘れてしまう.
(2) 免状を亡失した場合は，10 日以内に「その免状を交付した都道府県知事」に届け出なければならない.
(3) 免状を亡失又は破損し再交付を受けたい場合は，再度試験を受けなければならない. → なくてもよい.
(4) 免状を亡失して，免状の再交付を受けた者が亡失した免状を発見した場合は，これを10日以内に再交付を受けた都道府県知事に提出しなければならない.
(5) 消防法令に違反して免状の返納を命じられた場合でも 60 日を経過すれば改めて免状の交付を受けることができる. → 1 年経過し，受験し合格

(1) 返納命令を受けた場合，再交付の事由には当たらない．よって，「亡失(ぼうしつ)，滅失(めっしつ)，破損(はそん)，汚損(おそん)」の４つである.
(2) 10 日間以内という規定はない.
(3) 再度試験を受ける必要はない.
(4) 正しい

(5) その日から１年経過していない場合，再度受験し合格しても免状の交付は受けられない.

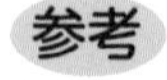
参考 罰金以上の刑の場合，２年以上経過が必要.

(P39 参照)

答 (4)

法令の解答

問27　次のうち，屋外貯蔵所で貯蔵できない危険物はいくつあるか．

◯硫黄，◯エチルアルコール，×二硫化炭素，◯ギヤー油，◯ヤシ油，
×ガソリン，◯灯油，◯重油，◯引火性固体（引火点 0℃以上のもの）

(1) 1つ
(2) 2つ →ガソリンと二硫化炭素はダメである．
(3) 3つ
(4) 4つ
(5) 5つ

貯蔵できる…○
貯蔵できない…×

屋外貯蔵所に貯蔵できる危険物

・第2類の危険物のうち硫黄(いおう)又は硫黄のみを含有するもの，引火性固体（引火点が 0℃以上のもの）
・第4類の危険物のうち第1石油類（引火点が 0℃以上のもの），アルコール類，第2石油類，第3石油類，第4石油類及び動植物油類に限られる．

・二硫化炭素は，「特殊引火物」であるのでダメ！
・ガソリンは，第1石油類であるが引火点が 0℃未満（−40℃）であるのでダメ！

(P43 参照)

(2)

問28　製造所の設置基準として，次のうち誤っているものはどれか．

(1) 床面積は，~~原則として~~3,000m² 以下とすること． → 無制限である．
(2) その製造所外の住宅から，10m 以上の保安距離を確保すること．
(3) 地階(ちかい)は設けないこと．　　○印の説明文は，そのまま読んで理解しよう！
(4) その製造所の建築物や工作物の周囲には，定められた幅の空地を保有すること．→保有空地のこと
(5) 指定数量の倍数が 10 以上の製造所には，避雷設備を設けること．

(1) 屋内貯蔵所(おくないちょぞうしょ)には，1 棟に対して 1000m² 以下という制限があるが，製造所に関しては制限がない．

(3) 換気が難しいので，地階(ちかい)は設けてはならない．

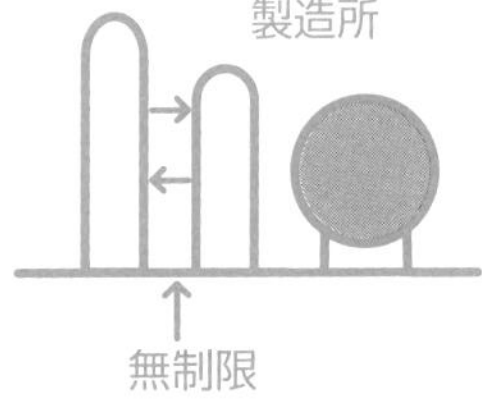

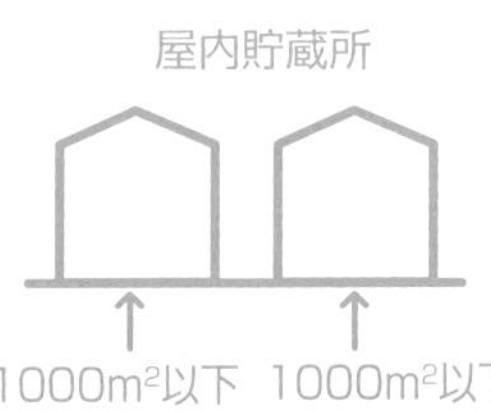

(P42 参照)

(1)

問 29　引火性液体を貯蔵する屋外タンク貯蔵所の防油堤についての記述として，次のうち誤っているものはどれか.

○印は，法の条文そのままである．覚えておこう！

(1) 防油堤の高さは，0.3m 以上であること.（→0.5m）
(2) 防油堤は，鉄筋コンクリート又は土で造ること.
(3) 防油堤には，その内部の滞水を外部に排出するための水抜口を設けること.
(4) 1 の屋外貯蔵タンクの周囲に設ける防油堤の容量は，当該タンクの容量の110%以上とすること.
(5) 防油堤内に設置する屋外貯蔵タンクの数は，10 以下とすること.

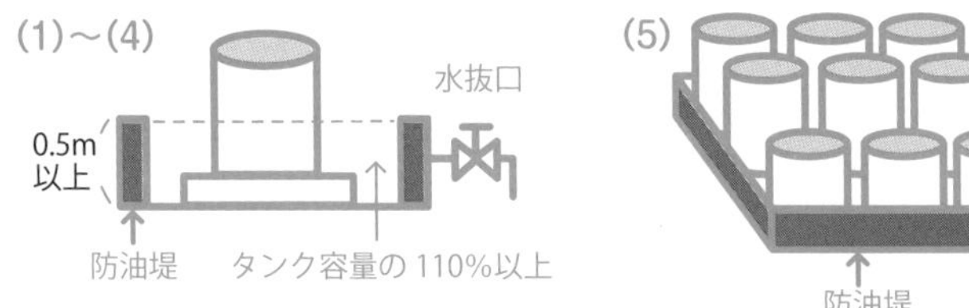

(P45 参照) 答 (1)

問 30　給油取扱所の位置，構造及び設備の技術上の基準として，次のうち正しいものはどれか.

(1) 固定給油設備は，道路境界線より3m以上，敷地境界線及び建築物の壁から3m以上の間隔を保つこと.（3m→4～6m，3m→2m）
(2) 固定給油設備には，先端に弁を設けた全長 5m 以下の給油ホースを設けること.
(3) 固定給油設備の周囲の空地は，給油取扱所の周囲の地盤面より低くするとともに，その表面に適当な傾斜をつけ，かつ，アスファルトなどで舗装すること.（低く→高く）
(4) 間口10m以内，奥行 6m 以内の空地を保有すること.（以内→以上）
(5) 固定給油設備に接続する簡易貯蔵タンクを設ける場合は，取り扱う石油類の品質ごとに2個ずつで，かつ，合計6個以内とすること.（2個→1個，6個→3個）

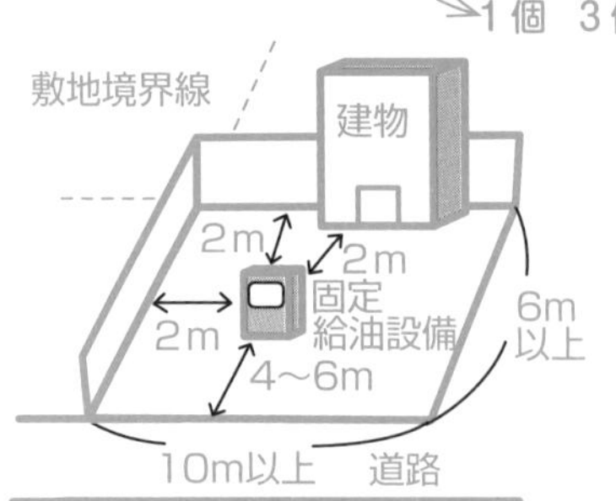

道路から固定給油設備の距離には 4～6m と幅がある．その理由は，ホースの長さに対して 4m，5m，6m と区分されているからである.

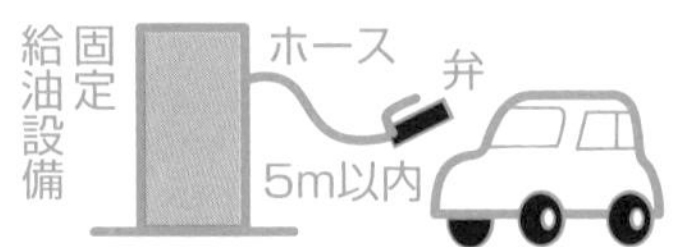

(P46, 49～51 参照)

(2)

法令の解答

小型→(3)(5)のどちらかになる.

問31 第5種の消火設備で電気火災に適応するものは，次のうちどれか.

(1) 強化液を放射する大型消火器
(2) ハロゲン化物を放射する大型消火器
(3) 二酸化炭素を放射する小型消火器
(4) スプリンクラー設備
(5) 泡を放射する小型消火器

水気があるものはダメ

電気火災に適する.

第5種の消火設備は，小型消火器，乾燥砂，水バケツなどで，一番簡易なものである.

よって，(3)または(5)のどちらかになる.(3)の二酸化炭素は，電気火災に適するが，(5)の泡は，水を含み感電する可能性があるので不適.

(1) 強化液は，水，よってダメ.
(2) 電気火災には適するが，大型消火器は第4種の消火設備である.
(4) 第2種，しかも水である.ダメ.
(5) 泡は，水を含むのでダメ.

(P79：問35参照) 答 (3)

問32 製造所等における危険物の貯蔵又は取扱いに共通する技術上の基準について，次のうち誤っているものはどれか.

(1) 危険物を容器に収納して貯蔵し又は取り扱うときは，当該危険物の性質に適応した容器を使用すること.
(2) 製造所等においては，みだりに火気を使用しないこと.
(3) 常に整理及び清掃に努めるとともに，みだりに空箱その他不必要な物件(ぶっけん)を置かないこと.
(4) 可燃性の液体，可燃性の蒸気又は可燃性のガスがもれ，又は滞留するおそれのある場所では，火花を発する工具や履物等を使用しないこと.
(5) 危険物を保護液(ほごえき)中に保存する場合には，当該危険物の品名が確認できるように一部を保護液から露出(ろしゅつ)しておくこと.

○印は，そのまま読んで理解する！

(1)～(4) 法の条文である.そのまま覚えよう.

(5) 条文では，「保護液から露出しないようにすること.」となっている.

→(例) 二硫化炭素(CS_2)

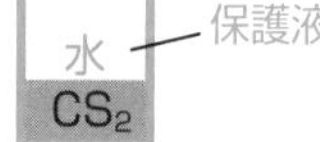

CS_2は，水より重く，水に溶けない.→水中保存

(P53, 54参照)

答 (5)

法令の解答

問 33　危険物の貯蔵及び取扱いの基準として，次のうち誤っているものはどれか．

(1) 第 4 類危険物を廃棄(はいき)する方法のひとつに，地中に埋める方法がある．

(2) 屋内貯蔵所においては，容器に収納して貯蔵する危険物の温度が 55℃を超えないようにすること．○印は，法の条文そのままである．読んで理解しよう！

(3) 屋外貯蔵タンクの元弁及び注入口の弁は，危険物を出し入れするとき以外は，閉鎖(へいさ)しておかなければならない．

(4) 移動貯蔵タンクから，引火点が 40℃未満の危険物を他のタンクへ注入するときは，移動タンク貯蔵所の原動機を停止させなければならない．

(5) 給油取扱所において，自動車等に給油するときは，自動車等の原動機を停止させなければならない．→「給油中エンジン停止」

(1) 地中埋没(ちちゅうまいぼつ)は，土壌汚染を起こし，また，川や海へ流れるので，もっぱら焼却による方法がとられる．

(2)

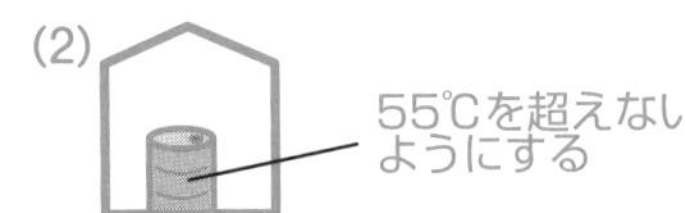

(3)

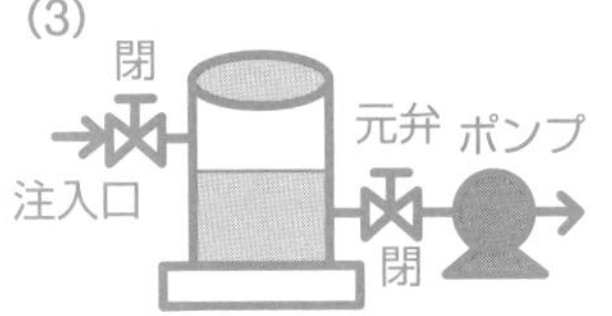

(4) 引火点40℃未満

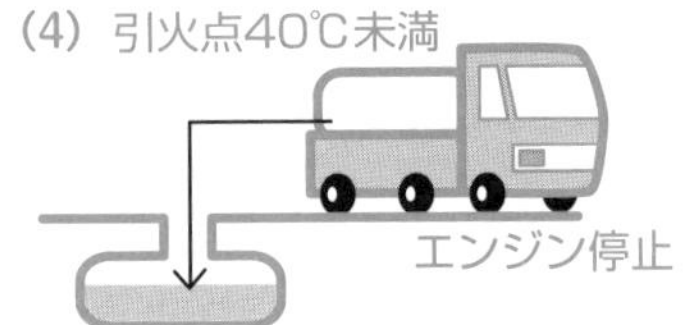

(1)

問 34　危険物保安監督者を危険物の種類や数量に関係なく選任しなくてもよい製造所等は，次のうちどれか．

(1) 屋外タンク貯蔵所

(2) 移動タンク貯蔵所

(3) 給油取扱所

(4) 製造所

(5) ガソリンを貯蔵する屋内貯蔵所

選任必要
- ・製造所
- ・屋外タンク貯蔵所
- ・移送取扱所
- ・給油取扱所
- ・一般取扱所（ボイラー関係を除く．）

選任不要　・移動タンク貯蔵所

(2)

法令の解答

問 35　運搬に関する次の記述のうち，誤っているものはどれか.

(1) 危険物を運搬する場合は，その量の多少にかかわらず運搬の規制を受ける.

(2) 類を異(こと)にする危険物を混載して運搬することは，類によっては認められている.

(3) 指定数量以上の危険物を運搬する場合は，消火器を備え付け，「危」の標識も必要となる.

(4) 夜間に危険物を運搬する場合は，市町村長へ届け出なければならない.

(5) 容器の収納口(しゅうのうぐち)は，上向きに積載(せきさい)しなければならない.

(1) そのとおり.

(2) そのとおり.「中野の表」参照.

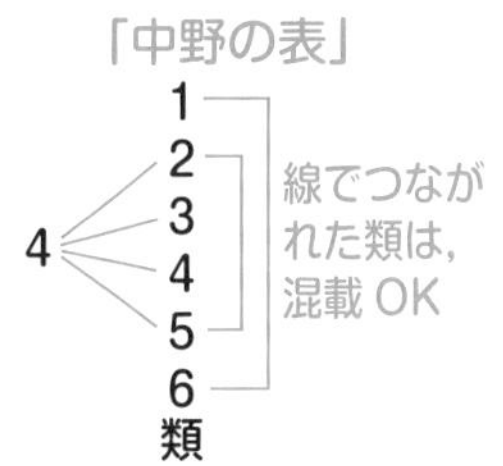

この表は，書けるようにしておくと便利である！

(3)(5)

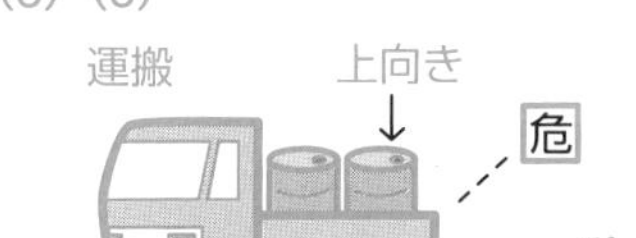

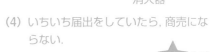

(4) いちいち届出をしていたら，商売にならない.

答 (4)

基本問題

Set5

物理化学の解答

問1　単体，化合物，混合物と並べた次の組合せのうち，正しいものはどれか．

	単　体	化合物	混合物
(1)（正答として丸印）	○鉄	○トルエン	○空　気
(2)	×ガラス	×石　油	×水　銀
(3)	○マグネシウム	×原　油	○ガソリン
(4)	○硫　黄	○塩　酸	×二酸化炭素
(5)	×水	○エチレン	○軽　油

正しいものに○，誤っているものに×

(1) 鉄［単］(Fe)　トルエン［化］($C_6H_5CH_3$)　空気［混］(O_2+N_2)

(2) ガラス［化］(SiO_2)　石油［混］　水銀［単］(Hg)

(3) マグネシウム［単］(Mg)　原油［混］　ガソリン［混］

(4) 硫黄（いおう）［単］(S)　塩酸［化］(HCl)　二酸化炭素［化］(CO_2)

(5) 水［化］(H_2O)　エチレン［化］(C_2H_4)　軽油［混］

［単］：単体，［化］：化合物，［混］：混合物

(　　) 内は化学式を書いた．混合物で書くことができないものは省略した．

(P17 参照)

答 (1)

問2　比熱が 2.5J/(g·K) の液体 200 g を 15℃から 25℃まで温めるために必要な熱量は，次のうちどれか．

(1)　2.5kJ

(2)（正答として丸印）　5.0kJ

(3)　10.0kJ

(4)　25.0kJ

(5)　50.0kJ

$Q = c \times m \times \Delta T$

Q：熱量〔J〕，c：比熱〔J/(g·K)〕，m：質量〔g〕，ΔT（デルタティー）：温度変化〔℃〕

$\Delta T = T_2 - T_1 = 25℃ - 15℃ = 10℃$

$Q = 2.5$〔J/(g·K)〕$\times 200$〔g〕$\times 10$〔℃〕

$= 5000$〔J〕$= 5.0$〔kJ〕

比熱 2.5 J/(g·K)
質量 200g
15℃
10℃上昇
25℃
加える熱量 Q〔J〕
火

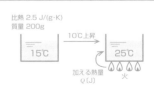

〔kJ〕はキロジュールと読む．k は補助単位で 1000 の意味である．

K［ケルビン］と℃［ドシー］は基準は違うが温度差に対しては同じ数値である．

(P14 参照)

答 (2)

問3　融点が－120℃で沸点が80℃の物質を－20℃と60℃の温度に保ったときの物質の状態として，次のうち正しいものはどれか．

	－20℃のとき	60℃のとき
(1)	気　体	気　体
(2)	液　体	気　体
(3)	液　体	液　体
(4)	固　体	液　体
(5)	固　体	固　体

図から明らかなように，－20℃のときも60℃のときも液体である．

(3)

問4　熱に関する説明として，次のうち誤っているものはどれか．

(1) 熱伝導率（ねつでんどうりつ）の小さい物質は，熱を伝えにくい．　○印の説明文は，そのままおぼえよう！
(2) 比熱（ひねつ）とは，物質1gの温度を1℃(1K) 上昇させるのに必要な熱量である．
(3) 比熱が大きい物質は，温まりやすく冷めやすい．（やすく→にくく，やすい→にくい．）
(4) 気体の体積は，温度1℃の上昇に対し，0℃のときの体積の約1/273ずつ膨張する．
(5) 一般に体膨張率（たいぼうちょうりつ）の大きい順は，気体，液体，固体である．

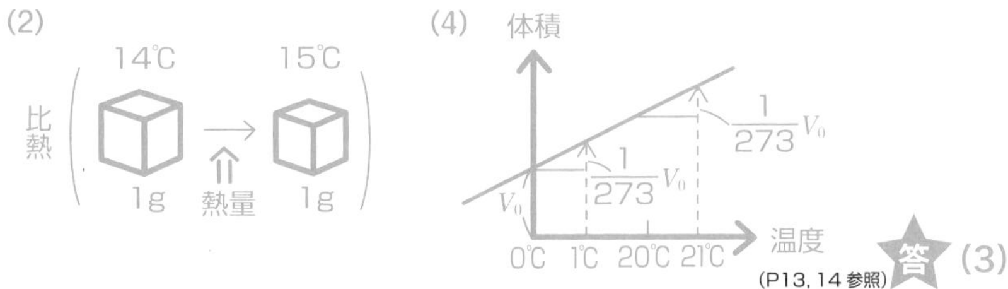

(3)

(P13，14参照)

問5 タンクや容器に液体の危険物を入れる場合，空間容積が必要となる．その理由として最も関係のあるものは，次のうちどれか．

(1) 酸　化
(2) 熱放射（ねつほうしゃ）
(3) 熱伝導（ねつでんどう）
(4) 体膨張（たいぼうちょう）
(5) 沸　点（ふってん）

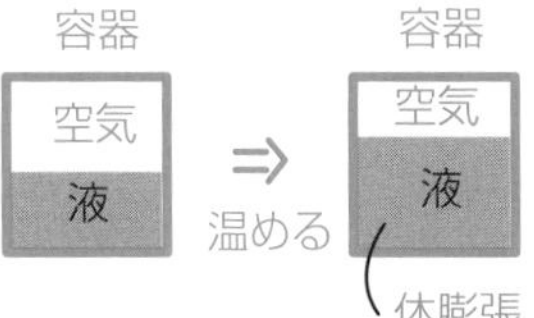

液体は，温度上昇により体膨張を起こす．もし空間容積がないと容器が破損する！

(4)

問6 次の危険物で一番重いものはどれか．分子式で判断せよ．ただし，原子量は次の値である．C=12，H=1，O=16，N=14

(1) ベンゼン C_6H_6
(2) メチルアルコール CH_3OH
(3) ジエチルエーテル $C_2H_5OC_2H_5$
(4) 酢酸エチル $CH_3COOC_2H_5$
(5) ピリジン C_5H_5N

（計算の仕方）

(1) ベンゼン C_6H_6＝12×6＋1×6＝78g

（12g×6 個＋1g×6 個＝78g）

(4) 酢酸エチル $CH_3COOC_2H_5$＝12×4（C計4個）＋1×8（H計8個）＋16×2（O計2個）＝88g

（12×1＋1×3＋12＋16＋16＋12×2＋1×5＝88g）

(2)(3)(5) も同様に計算する．

(2) 12＋1×3＋16＋1＝32g

(3) 12×2＋1×5＋16＋12×2＋1×5＝74g

(5) 12×5＋1×5＋14＝79g

よって，(4) の酢酸エチルが一番大きい．

答 (4)

物理化学の解答

問7　燃焼の三要素に関する説明として，次のうち誤っているものはどれか．

(1) 空気は酸素供給源となり得るが，酸素濃度が 15%以下になると燃焼は継続しない．→そのとおり

(2) 燃焼の三要素がそろえば，必ず燃焼は起こり，継続する．→起こるが，継続するとは限らない．

(3) 金属の打撃火花は，可燃性蒸気の点火源となり得る．

(4) 酸素と化合するものでも，可燃物にならないものがある．

(5) 鉄粉，小麦粉は，いずれも可燃物になり得る．

（(3)～(5) そのとおり）

(1) 正しい．（約 14～15%である．）

(2) 燃焼の三要素がそろっていても燃焼によって発生した熱の一部は，伝導・対流・放射などによって，速やかに失われるため，常に燃焼が継続するとは限らない．

(3) 正しい．

(4) 窒素（N_2）は，酸素と化合するが，吸熱反応であるため，可燃物にはならない．

(5) 鉄粉は，第 2 類の危険物であり，可燃物である．

(P18 参照)

問8　静電気の発生を防ぐための方法として，次のうち誤っているものはどれか．

(1) 配管内の危険物の流動を速くする．→遅く

(2) 接地する．

(3) 空気をイオン化する．

(4) 湿度を高くする．

(5) 配管などの導電性（どうでんせい）をよくする．

（(2)～(5) そのとおり）

(1)

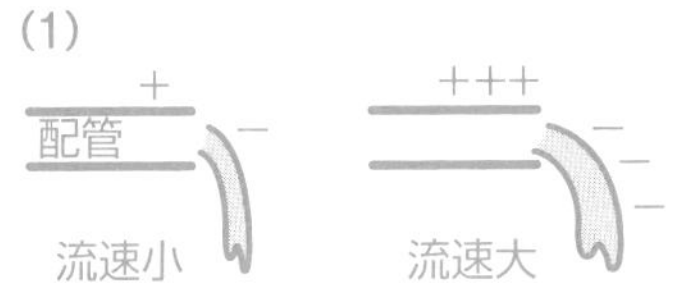

(3)

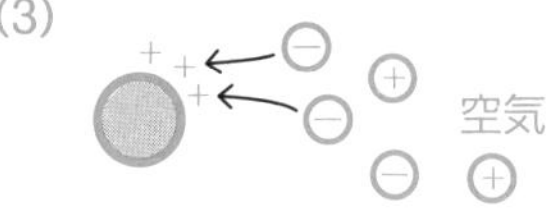

静電気と物体の静電気が結合し，静電気の量を減らすことができる．

(5) 配管の導電性をよくすれば，静電気は地面に流れる．

(P15 参照)

物理化学の解答

問9　次の文章の意味として，正しい説明はどれか．
「引火性液体 A の引火点は，40℃である．」

まずは，気温には関係ない．→× をうつ．

(1) 気温が 40℃になると自然に発火する．
(2) 液温が 40℃になると燃焼範囲の下限の濃度の蒸気を発生する．
(3) 液温が 40℃になると蒸気を発生しはじめる．
(4) 気温が 40℃になると燃焼可能な量の蒸気を発生する．
(5) 液体が 40℃まで加熱されると発火する．

引火点 40℃の説明
① 液温が 40℃になると，火気を近づけると引火する．
② 液温が 40℃になると，燃焼範囲の下限の濃度の蒸気を発生する．

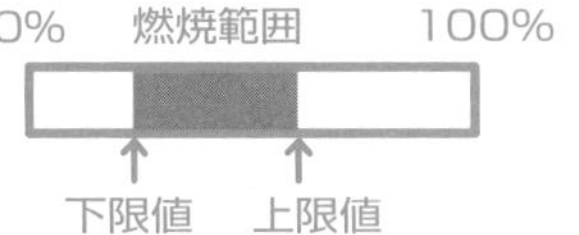

(1)（4）気温は関係ない．
(3) 40℃未満でも蒸気は発生している．
(5) 発火するのは発火点である．

(P20 参照)

(2)

問10　空気 100ℓ にガソリン 2ℓ を混ぜると，濃度は何% (vol) になるか．

(1) 1.5%（vol）
(2) 1.96%（vol）
(3) 2%（vol）
(4) 2.2%（vol）
(5) 2.4%（vol）

濃度は，$\frac{蒸気}{空気+蒸気}$ で求まり，100 倍すれば，%表示になる．

計算すると，$\frac{2}{100+2}=\frac{2}{102}=0.0196\rightarrow1.96\%$（答）

(参考) 計算が苦手な人は，このように考えてもある程度答が絞られる．
もし空気 98ℓ にガソリン 2ℓ を混ぜた場合（分母がちょうど 100 となる）

計算すると，$\frac{2}{98+2}=\frac{2}{100}=0.02\rightarrow2\%$となる．

問題の条件では，分母がこれより少し大きくなるので，2%より必ず少し小さい値になる．(1) 1.5%か (2) 1.96%か，どちらかであると見当がつく．(3) 2%，(4) 2.2%，(5) 2.4%は，答として除外される．

さらに割る数 98 と 100 はほとんど変わらない(わずか 2%の違い)ので，限りなく 2%の値に近いことが推測される．よって，1.5%ではなく，1.96%を選択する．

(P20 参照) 答 (2)

性質・火災予防・消火方法の解答

問11　危険物の薬品びんがあり，そのラベルには次のように性状が記載されていた．その薬品の類を答えよ．

「灰色の結晶であり，熱により分解し水素を発生する．水と激しく反応して水素を発生する．その反応熱により自然発火する．湿気中でも自然発火する．酸化剤と混触すると発火・発熱のおそれがある．」

(1) 第１類　(2) 第２類　(3) 第３類　(4) 第５類　(5) 第６類

類	性質	代表例
1	酸化性固体	塩素酸塩
2	可燃性固体	赤りん・硫黄
3	自然発火性物質 禁水性物質	ナトリウム 水素化ナトリウム
4	引火性液体	ガソリン
5	自己反応性物質	ニトロ化合物
6	酸化性液体	硝　酸

ポイント

①水と激しく反応して可燃性ガスである水素を発生する．

②湿気中（空気中）でも自然発火する。

①,②より自然発火性物質または禁水性物質であることが分かる．よって第３類となる．

※第３類は固体または液体である．

(参考) ちなみにこの物質は水素化ナトリウム（NaH）である．第３類を受験する際登場する．

(P24～26 参照)

問12　第４類の危険物の性状として，次のうち誤っているものはどれか．

(1) 液状の有機化合物である．

(2) 蒸気比重が空気より大きいため，低所に滞留しやすい．

そのとおり

(3) 水に溶けやすいものが多い．→ にくい

(4) 水より軽いものが多く，火災が拡大しやすい．

(5) 一般に電気の不良導体であり，静電気を発生しやすい．

そのとおり

(1) 有機化合物とは，「CO_2 や CO などを除いた炭素の化合物」のことをいう．

(2)

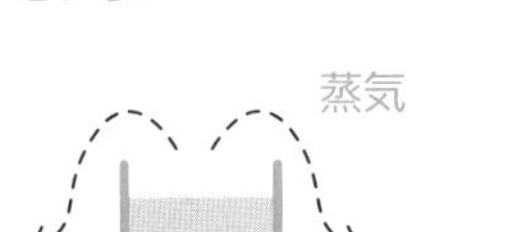

(3) アセトン, アルコール, グリセリン, エチレングリコール等を除き，ほとんどのものは，水に溶けにくい．

(4) (5) ガソリンを思い出すとよい．

(P25 参照)

問13　第４類危険物に関する火災予防上の注意事項として，次のうち正しいものはどれか．

(1) 衣服は，ナイロンよりも木綿（もめん）のほうが，人体に静電気が発生するのを防ぐ効果がある．→そのとおり

(2) 容器に貯蔵する場合，内容物が膨張して容器が破損しないように容器の上部に空気抜きのための穴を開けておく．→は，いけない．

(3) 引火点の比較的高いものは，加熱しても引火の危険性はない．→ある．

(4) 危険物を貯蔵する場合には，着火温度以上にならないよう注意すれば，引火のおそれはなく安全である．→引火点

(5) 貯蔵庫に危険物を貯蔵する場合，危険物の蒸気が貯蔵庫から外部へ出ないよう，貯蔵庫は出入口以外は完全な密閉構造にする必要がある．

(2)　空気抜き用の穴…不要

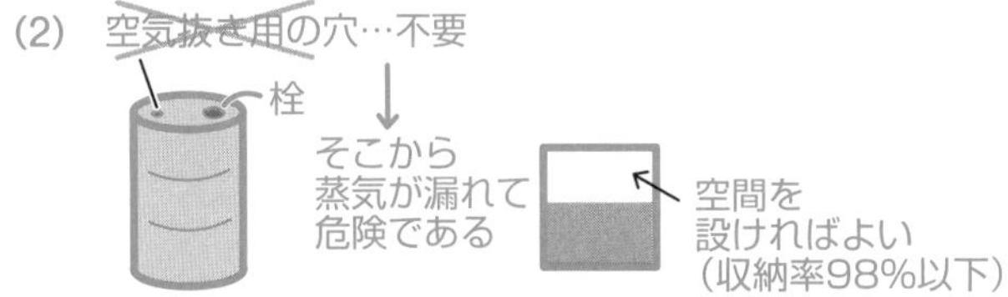
栓
そこから
蒸気が漏れて
危険である
空間を
設ければよい
（収納率98%以下）

(5)　密閉構造（みっぺいこうぞう）はいけない（可燃性蒸気が滞留するので）．
換気，通気をよくしなければならない．

答
(1)

問14　第４類危険物の火災の消火方法として，次のうち誤っているものはどれか．

(1) 大量の危険物の火災の場合は，直接注水すると燃焼面が拡大するため危険である．

(2) 水溶性危険物に対しては，耐（たい）アルコール性の泡（あわ）消火剤が使用される．

(3) 少量の油火災の消火には，乾燥砂も効果がある．

（(1)〜(3)　そのとおり）

(4) 可燃性液体の消火には，窒息（ちっそく）による消火は困難なため，通常冷却による消火の方法がとられる．→が有効である．

(5) 霧状の強化液は，油火災に効果がある．→そのとおり

「耐アルコール性」とは

アルコールに耐える性質ということ．

アルコールは水溶性であるから，「水溶性でないもの」ということになる．つまり「非水溶性」

よって，「耐アルコール性の泡消火剤」とは，「非水溶性の泡消火剤」ということになる．

答
(4)

(P22, 23 参照)

性質・火災予防・消火方法の解答

問 15　ガソリンやベンゼンの火災に対する消火器として，適さないものはいくつあるか．

〇 粉末消火器　〇 ハロゲン化物消火器
〇 強化液（霧状）消火器　〇 泡消火器　〇 二酸化炭素消火器

(1) 0
(2) 1つ
(3) 2つ
(4) 3つ
(5) 4つ

〇：適する　×：適さない

この場合，すべて適する．よって適さないものは0である．

ガソリンやベンゼンは，第1石油類で非水溶性である．

（参考までに）
水や棒状の強化液は，不適である．

（復習）強化液とは
水に炭酸カリウム（K_2CO_3）を溶かしたもの．濃厚な水溶液である．

(P22, 23 参照) 答 (1)

問 16　酸化プロピレンの性状として，次のうち誤っているものはどれか．

(1) 引火点は－37℃である．
(2) 水には溶けない．→ 溶ける．
(3) 沸点は約35℃である．
(4) 燃焼範囲は2.8～37%である．
(5) 無色の液体である．

酸化プロピレンは，「特殊引火物」に分類される．

酸化プロピレンの性状…特殊引火物

沸点	35℃
比重	0.83
引火点	－37℃
発火点	449℃
蒸気比重	2
燃焼範囲	2.8～37%
色	無色
	水溶性

(P26, 28 参照) 答 (2)

問17 ベンゼンとトルエンの性状について，次のうち誤っているものはどれか．

(1) ともに芳香族炭化水素である．　第１石油類，非水溶性である．
(2) ともに無色の液体で水より軽い．
(3) ともに引火点は常温（20℃）より低い．
(4) ベンゼンは水に溶けないが，トルエンは水によく溶ける．
(5) 蒸気はともに有毒であるが，その毒性はベンゼンの方が強い．

(3) ベンゼン −10℃
トルエン　5℃
(4) ともに非水溶性

	ベンゼン	トルエン
構造式		CH_3
沸点	80℃	111℃
比重	0.88	0.87
引火点	**−10℃**	**5℃**
発火点	498℃	480℃
蒸気比重	2.8	3.1
燃焼範囲	1.3〜7.1%	1.2〜7.1%
色	無色	無色
	非水溶性	**非水溶性**

ヒント

ベンゼンは非常に毒性が強い．
↓
ひじゅう（なまり）
↓
ひく
−　10
（−10℃）

(P26, 29 参照)

(4)

問18 酢酸の性状について，次のうち誤っているものはどれか．

(1) 引火点は，21℃以上で70℃未満である．
(2) 発火点は，軽油よりかなり高い．
(3) 水溶液は，弱い酸性を示す．
(4) 蒸気比重は，空気の約２倍である．
(5) 20℃まで液温が下がると凝固する．→16℃

（(1)〜(4) そのとおり）

(1) 引火点は41℃であり，この範囲に入っている．

(2) 酢酸（さくさん）の発火点は463℃，軽油の発火点220℃である．

(3) $CH_3COOH \rightarrow CH_3COO^- + H^+$
H^+を出すので酸性

(4) 正しい．

(5) 凝固点は16.6℃，よって20℃ではまだ液体である．冬場は試薬のビンの中の酢酸は凍っている．ちょうど氷の様である．

冬場は，お湯で温めて，溶かして使う．

(P26, 32 参照)

(5)

問 19　乾性油がしみ込んだ繊維などは，取扱いにあたって特に注意しなければならない．その理由として，次のうち正しいものはどれか．

(1) 乾性油が繊維などにしみ込むと，引火性固体をつくるから．
(2) 乾性油が繊維を溶かし，可燃性ガスを発生させるから．
(3) 乾性油が繊維などにしみ込むと，発火点が低くなるから．
(4) 乾性油が繊維などにしみ込むと，引火点が低くなるから．
(5) 乾性油は，空気中の酸素により酸化されやすく，かつ，酸化熱が蓄積されやすい状態にあるため，自然発火の危険性があるから．

（(1)〜(4)：大ウソ）

乾性油（かんせいゆ）とは

動植物油類のうち，乾きやすい油である．

これは，よう素価に関係し，よう素価が大きいほど自然発火しやすい．

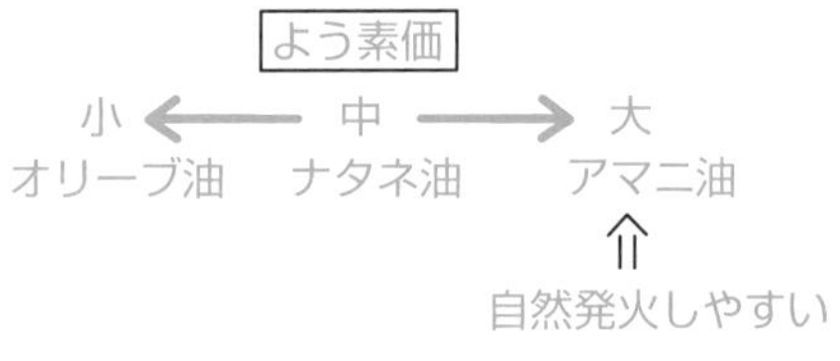

問 20　液比重が 1 以上のもののみの危険物の組合せは，次のうちどれか．

(1) **酢　酸** ……… ガソリン …………………… 軽　油
(2) 重　油 ……… ベンゼン …………………… **二硫化炭素**
(3) **酢　酸** ……… メチルエチルケトン …… 重　油
(4) **酢　酸** ……… **ニトロベンゼン** ………… **二硫化炭素**
(5) アセトン …… **グリセリン** ……………… **二硫化炭素**

液比重

(1)	**1.05**	0.65	約 0.8
(2)	約 0.9	0.88	**1.26**
(3)	**1.05**	0.81	約 0.9
(4)	**1.05**	**1.2**	**1.26**
(5)	0.79	**1.26**	**1.26**

問の中で液比重が 1 より大きいものは，
・ニトロベンゼン（3 石…非水溶性）
・グリセリン（3 石…水溶性）
・酢酸（2 石…水溶性）
・二硫化炭素（特引）
の 4 種類である．

問21 次の危険物を，次の量貯蔵したとき，指定数量の倍数がちょうど 20 倍になるものはどれか．ただし現在，第 3 石油類（水溶性）を指定数量 12 倍貯蔵している．

(1) アセトアルデヒド　400ℓ
(2) ガソリン　2000ℓ
(3) 灯油　6000ℓ
(4) 重油　10000ℓ
(5) エタノール　3600ℓ

現在 12 倍であるので，20－12＝**8 倍**分の貯蔵量であるものをさがせばよい．
各選択肢の指定数量は，(1) 50ℓ (2) 200ℓ (3) 1000ℓ (4) 2000ℓ (5) 400ℓであるから，倍数は
(1) 400ℓ/50ℓ＝8 倍
(2) 2000ℓ/200ℓ＝10 倍
(3) 6000ℓ/1000ℓ＝6 倍
(4) 10000ℓ/2000ℓ＝5 倍
(5) 3600ℓ/400ℓ＝9 倍
アセトアルデヒドがちょうど 8 倍になる．

(P36, 37 参照)

答 (1)

問22 指定数量以上の危険物を，製造所等以外の場所で仮に貯蔵し，又は取り扱うための手続とその期間として，次のうち正しいものはどれか．

(1) 所轄消防署長の承認を受けたときは 20 日以内
(2) 所轄消防長の承認を受けたときは 10 日以内
(3) 所轄消防団長の承認を受けたときは 10 日以内
(4) 市町村長の承認を受けたときは 20 日以内
(5) 都道府県知事の承認を受けたときは 20 日以内

「仮貯蔵（かりちょぞう）」の内容である．

仮貯蔵は，所轄消防長（しょかつしょうぼうちょう）又は消防署長（しょうぼうしょちょう）の承認（しょうにん）を受けたときは，10 日以内認められる．

（参考）期間を延長したい場合はどうするか？

（答）期限が切れる前に再度仮貯蔵の申請書を提出し，承認を受ける．

(P37 参照)

答 (2)

問23 原則として，住宅，学校，病院等から一定の距離（保安距離）を保たなくてもよい製造所等は，次のうちどれか．

10m　30m　30m

(1) 製造所
(2) 屋外貯蔵所
(3) 屋内貯蔵所
保安距離：必要
(4) 屋内タンク貯蔵所 →保安距離：不要
(5) 一般取扱所 →保安距離：必要

（例）

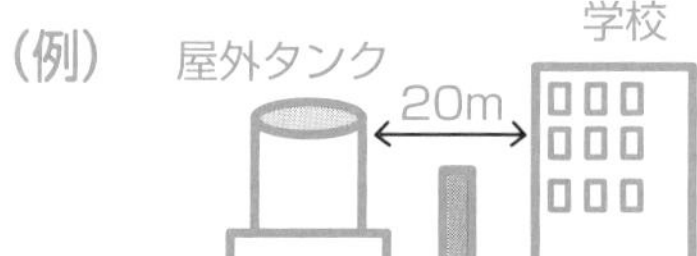

工場敷地

ヒント

保安距離を必要とする製造所等は
・製造所　・屋外貯蔵所　・屋内貯蔵所
・屋外タンク貯蔵所　・一般貯蔵所
の5つであり，他の7施設は必要としない．
(→P41, 60 参照)

この位置に屋外タンクを設置したい．しかし，保安距離 30m を確保できない．

対策① 基準通り，30m 離す．

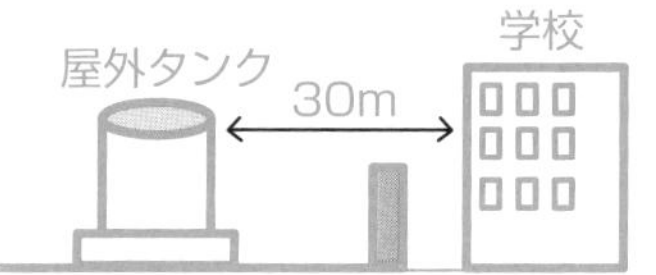

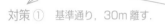

対策② **屋内タンク貯蔵所**にする．屋内タンク貯蔵所は，頑丈なタンクの外側にさらに建物で覆っている．よって**保安距離は免除**されている．（20m でもOKとなる．）

(P41, 44, P75 の問 28 参照) 答 (4)

問24 製造所等において定める予防規程について，次のうち正しい内容はどれか．

(1) 位置，構造，設備の点検項目について定めた規程をいう．
(2) 変更工事に関する手続について定めた規程をいう．
(3) 危険物保安監督者が行う指導内容を定めた規程をいう．
うそ
(4) 火災を予防するため，危険物の保安に関し必要な事項を定めた規程をいう．
(5) 労働災害を予防するための安全規程をいう．→うそ

(4) これが正しい説明文である．
危険物製造所に入社し，まず勉強するのが「予防規程（よぼうきてい）」である．

(P40 参照)

問25　定期点検を義務づけられていない製造所等は，次のうちどれか．

(1) 移動タンク貯蔵所
(2) 地下タンク貯蔵所
(3) 地下タンクを有する製造所
（(1)～(3) 定期点検必要）
(4) 簡易タンク貯蔵所 →定期点検不要！
(5) 地下タンクを有する給油取扱所 →定期点検必要

(1) 移動タンク貯蔵所は，公道を走るので，漏れたら大変である．よって，定期点検は必要．
(4) 簡易タンクは，一基600ℓ以下であり，また漏れればすぐわかる．よって，定期点検は義務づけられていない．（自主的にやってもよい．）
(2) (3) (5) 地下タンクは，漏れが見た目にはわからない．よって定期点検は必要．

(P40参照)

(4)

問26　危険物取扱者について，次のうち誤っているものはどれか．

(1) 丙種危険物取扱者は，危険物保安監督者（ほあんかんとくしゃ）になることができる．→なれない．
(2) 免状の交付を受けている者を危険物取扱者という．
(3) 危険物取扱者が取り扱うことができる危険物の種類は，免状に記載されている．
(4) 製造所等においては，危険物取扱者以外の者は甲種又は乙種危険物取扱者の立会いがあれば，危険物を取り扱うことができる．
(5) 危険物保安統括管理者（ほあんとうかつかんりしゃ）は，危険物取扱者でなくても選任することができる．

(1) 危険物保安監督者は，甲種又は乙種の免状をもった者で，6ヶ月以上の実務経験がある者から選任される．
(2)～(5) そのとおり．
（参考）免状は右図のような形である．

危険物取扱者免状

氏名○○○○
生年月日○○○○　本籍○○県
写真

種類等	交付年月日	交付知事
甲種	○○○○	愛知
乙種1類	○○○○	⋮
⋮	⋮	⋮
乙種4類	○○○○	三重
⋮	⋮	⋮
乙種6類	○○○○	⋮
丙種		

印
○○県知事

(P38参照)

(1)

法令の解答

問27　危険物保安監督者に関する説明として，次のうち正しいものはどれか．

(1) 危険物保安監督者を選任したときは，消防署長へ届出をしなければならない．
(2) 危険物取扱者免状の交付を受けている者を危険物保安監督者という．
(3) 危険物取扱者であれば，市町村長等の承認で，だれでも危険物保安監督者に選任できる．
(4) 危険物保安監督者を定めなければならない危険物施設は，特定の危険物製造所等である．
(5) 危険物保安監督者を定めるのは，市町村長等である．

（書き込み：消防署長→市町村長等，危険物保安監督者→危険物取扱者，市町村長等→その施設の所有者等）

(3) 危険物保安監督者になるには，「甲種又は乙種の免状をもっている者で，実務経験が6ヶ月以上ある者」となっている．市町村長等の承認があってもなれない．

(4) 危険物保安監督者を定めなければならない施設は，危険度や規模で決められる．
（例として）製造所，屋外タンク貯蔵所，移送取扱所はすべて必要であるが，移動タンク貯蔵所は不要である．

(P37，38 参照) 答 (4)

問28　次の文の（　　）内のA～Cに当てはまる語句の組合せはどれか．
「免状の再交付は，当該免状の（　A　）をした都道府県知事に申請することができる．免状を亡失し再交付を受けた者は，亡失した免状を発見した場合はこれを（　B　）以内に免状の（　C　）を受けた都道府県知事に提出しなければならない．」

	A	B	C
(1)	交　付	30日	再交付
(2)	交　付	14日	再交付
(3)	交付又は書換え	10日	再交付
(4)	交　付	7日	交　付
(5)	交付又は書換え	7日	交　付

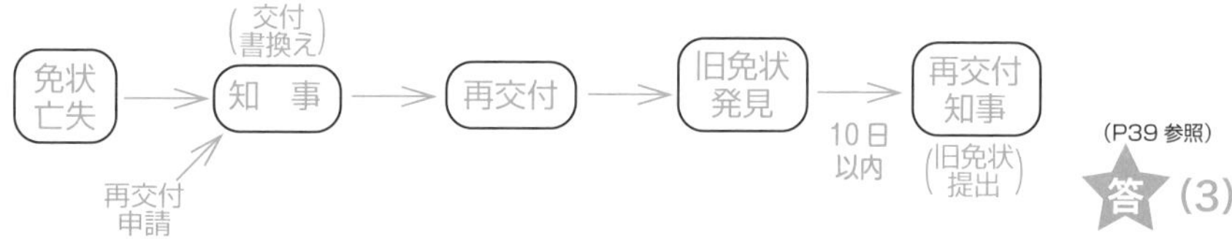

(P39 参照) 答 (3)

問 29 危険物を貯蔵し又は取り扱う場合に，数量について制限のないものは次のうちどれか．

(1) 移動タンク貯蔵所 → 30000 ℓ 以下

(2) 屋内タンク貯蔵所 → タンク容量は，㊮の 40 倍以下　㊮：指定数量の倍数

(3) 屋外タンク貯蔵所 → 制限はない！

(4) 第 1 種販売取扱所 → ㊮ 15 倍以下

(5) 簡易タンク貯蔵所 → 1 基 600ℓ で，3 基まで

数量制限がないもの

- 製造所
- 屋内貯蔵所
- **屋外タンク貯蔵所**
- 地下タンク貯蔵所
- 移送取扱所
- 一般取扱所
- 屋外貯蔵所

※屋外貯蔵所には，貯蔵できる危険物に制限があり，ガソリンやアセトンはダメである．

※屋内貯蔵所には，1 棟 1000m² 以下という制限があるが，多く貯蔵したければ，複数の棟をつくればよい．

(P41～52 参照)

(3)

問 30 製造所等の保安距離について，次のうち誤っているものはどれか．

(1) 屋内タンク貯蔵所は，重要文化財から 50m 以上確保しなければならない．

(2) 屋外貯蔵所は，学校，病院から 30m 以上確保しなければならない．

(3) 製造所等は，使用電圧が 20,000 ボルトの特別高圧架空電線（とくべつこうあつかくうでんせん）から，水平距離で 3m 以上確保しなければならない．

(4) 一般取扱所は，高圧ガス施設から 20m 以上確保しなければならない．

(5) 屋外タンク貯蔵所は，同一敷地外の住居から 10m 以上確保しなければならない．

○印は正しい内容．しっかり確認しておこう！

まず，保安距離が必要でないものを列記する．

- ○○タンク貯蔵所（ただし，屋外タンク貯蔵所は必要）
- 給油取扱所
- 販売取扱所
- 移送取扱所

(1) は，保安対象物からの距離は正しいが，屋内タンク貯蔵所は保安距離不要．

(2) 学校→30m…OK

(3) 35000V 以下なので→3m…OK

(4) 高圧ガス→20m…OK

(5) 住居→10m…OK

(P41，P75 の問 28 参照)

(1)

法令の解答

問 31　灯油 3,000 ℓ，ガソリン 1,400 ℓ 及び重油 4,000 ℓ を貯蔵する倉庫についての説明として，次のうち誤っているものはどれか．

(1) この倉庫に貯蔵する危険物は，指定数量の 12 倍である．

(2) これらの危険物に対する消火設備の所要単位は 12 単位である．→1.2 単位

(3) この倉庫は，屋内貯蔵所として許可を受けなければならない．→指定数量以上であるので！

(4) この倉庫には，危険物保安監督者を選任しなければならない．

(5) この倉庫は，第 4 類の危険物のみを貯蔵している．→そのとおり

(1) (2) (3) 指：指定数量の倍数

$$指 = \frac{3000}{1000}_{(灯油)} + \frac{1400}{200}_{(ガソリン)} + \frac{4000}{2000}_{(重油)}$$

＝3＋7＋2＝12 倍

＝1.2 所要単位（しょようたんい）

（1 所要単位＝指定数量 ×10 倍）

指定数量の倍数が問われた場合

$$所要単位数 = \frac{指定数量の倍数}{10}$$ で求まる．

(4) 引火点 40℃以上の第 4 類のみであれば，指 30 倍以下の場合，危険物保安監督者を選任しなくてもよいが，危険性の高い引火点 40℃未満のガソリンを貯蔵しているので選任が必要！

(P36, 37, 60 参照)

問 32　地下タンク貯蔵所の設置に関する説明として，次のうち誤っているものはどれか．

(1) 引火防止装置を設けた直径 30mm 以上の通気管を設置すること．

(2) タンクの外部にはさび止め塗装をすること．

(3) 地下貯蔵タンクの頂部は，0.6m 以上地盤面から下にあること．

(4) 容量は，60,000 ℓ 以下であること．→容量制限はない．

(5) タンクの周囲に漏えい検査管を 4 本以上設けること．

(4) 地下貯蔵タンクに容量制限はない．

(1)～(5)

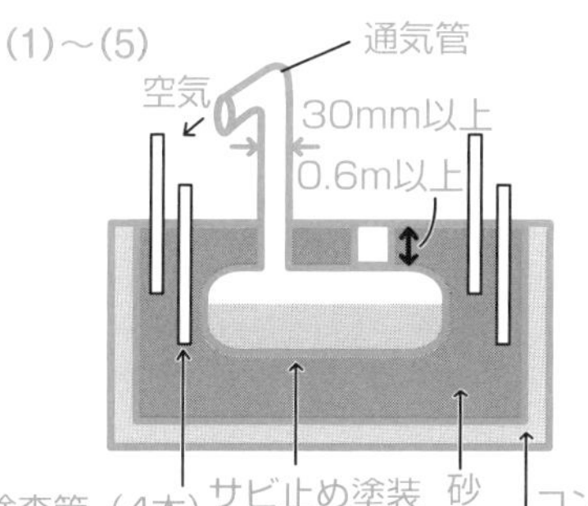

(5) 漏えい検査管（ろう けんさかん）とは，タンク漏れがあると，漏えい検査管にその液体がしみ込み，中の棒を引き抜くと，湿っているので漏れがわかる．

(P46 参照)

基本問題 5

法令の解答

問 33　次に掲げる危険物製造所等のうちで，警報設備を設けなければならないものはどれか．　指定数量 10 倍以上が原則

(1) 重油 12,000 ℓ を取り扱う一般取扱所 → $\frac{12000}{2000}$=6 倍
(2) ガソリン 12,000 ℓ を貯蔵する移動タンク貯蔵所 → $\frac{12000}{200}$=**60 倍**
(3) なたね油 12,000 ℓ を貯蔵する屋内貯蔵所 → $\frac{12000}{10000}$=1.2 倍
(4) ギヤー油 12,000 ℓ を製造する製造所 → $\frac{12000}{6000}$=2 倍
(5) 軽油 12,000 ℓ を貯蔵する屋外タンク貯蔵所 → $\frac{12000}{1000}$=**12 倍**

10 倍以上は，(2)と(5) であるが，(2) の移動タンク貯蔵所には警報装置は不要であるので，答えは (5) となる．

パトカーのように
警報が鳴っては困る！

(P60 参照)

問 34　移動タンク貯蔵所による危険物の移送に関する説明として，次のうち誤っているものはどれか．

(1) 移動タンク貯蔵所には，完成検査済証，点検記録表等を備え付けなければならない．
(2) 危険物取扱者は，危険物取扱者免状を携帯していなければならない．
(3) 移送する危険物を取り扱うことができる危険物取扱者が乗車しなければならない．
（(1)～(3) そのとおり）
(4) 長距離の移送をする場合は，乙種危険物取扱者が同乗しなければならない．→ 2 人以上
(5) 危険物の移送をする者は，移送の開始前に消火器等の点検を行うことが義務づけられている．→そのとおり

(3)

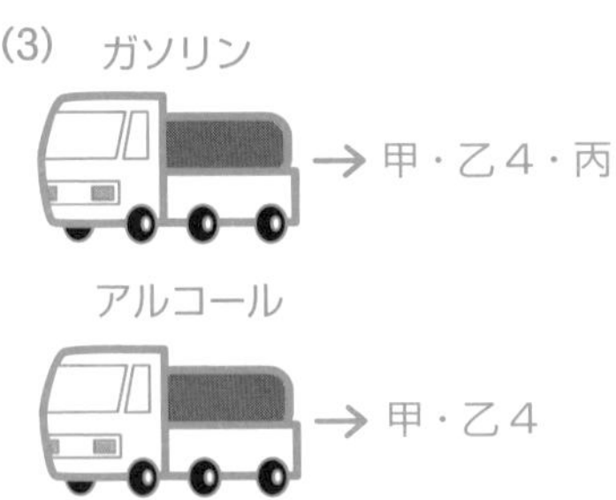

(4) 長距離の場合，危険度が高くなるため 2 人以上が乗車する．そのうち 1 人が丙種以上の免状をもっておればよい．

(P48 参照)

答 (4)

法令の解答

問 35 製造所等の許可の取消し又は使用停止命令が出される場合がある．それはどのようなときか．誤っているものを選べ．

(1) 簡易タンク貯蔵所の位置を無許可で変更したとき．
(2) 給油取扱所において，危険物保安監督者を定めていないとき．
(3) 製造所の危険物取扱者が免状の書換えをしていないとき．
(4) 新設した一般取扱所で，完成検査前に危険物を取り扱ったとき．
(5) 移動タンク貯蔵所において，定期点検を怠(おこた)っているとき．

許可の取消し又は使用停止命令

(1) (2) (4) (5) は，火災予防上，大きな問題である．「許可の取消し又は使用停止命令」が出される場合がある．

(2) 保安監督者の選任が必要な事業所

- 製造所
- 屋外タンク貯蔵所
- **給油取扱所**
- 移送取扱所

上記 4 つの施設は，指定数量の倍数に関わらず，すべて必要（第 4 類について）．

(3) すみやかに書換えをすればよい．

重要 罰則の重さ

罰則には，
①「許可の取消し又は使用停止命令」
②「使用停止命令」
がある．
①「許可の取消し又は使用停止命令」は，②「使用停止命令」より重い罰則である．① に幅があるのは，日頃の操業実績により，許可の取消し（サッカーなら一発退場）か，使用停止命令（サッカーならイエローカード）か，そのときの状況で，市町村長等（消防本部代行）が判断する．

(P58 参照)

(3)

応用問題（実際に出題された問題をベースに作成）

Set1

物理化学の解答

問1　燃焼の仕方についての次の説明文で,（　A　）（　B　）に入るものを選べ.
紙や木材は，加熱すると，可燃性ガスが発生し，これがまず最初に燃える（　A　）である．木炭やコークスの場合，表面が赤熱し，そのまま燃える（　B　）である.

	A	B
(1)	蒸発燃焼	分解燃焼
(2)	蒸発燃焼	表面燃焼
(3)	分解燃焼	表面燃焼
(4)	分解燃焼	蒸発燃焼
(5)	表面燃焼	分解燃焼

燃焼
表面から
そのまま燃える.
木炭（すみ）

ひょうめんねんしょう
表面燃焼

(P19 参照)

(3)

問2　二硫化炭素（にりゅうか）の燃焼についての説明で,（　A　）（　B　）に入るものを選べ.
「二硫化炭素が燃焼すると（　A　）と（　B　）になる.」

	A	B
(1)	過酸化水素	二酸化炭素
(2)	過酸化水素	水蒸気
(3)	二酸化硫黄	水蒸気
(4)	二酸化硫黄	二酸化炭素
(5)	二酸化炭素	水蒸気

反応式は,

$$CS_2 + 3O_2 \rightarrow 2SO_2 + CO_2$$

（$2SO_2$：二酸化イオウ　CO_2：二酸化炭素）

二硫化炭素（CS_2）は，特殊引火物に分類される.

ついでに燃焼範囲も覚えておこう！

ヒント 野球選手の年俸？

2 流は **1** 流（イチロー）の **50%**……ホントかな

（2 硫化…）**1～50%**

二硫化炭素の特性

引火点	−30℃
発火点	90℃
沸　点	46℃
燃焼範囲	1～50%

(P26, 28 参照)

(4)

問3　発火点と引火点の説明で，正しいものの組合せを選べ．

A：引火点とは，液面近くに小火炎を近づけると，燃え出すのに十分な濃度の蒸気を液面上に発生する，最低の液温である．

B：発火点とは，空気中で可燃性物質を加熱した場合，これに火炎あるいは火花などを近づけなくとも発火し，燃焼を開始する最低の温度である．

C：引火点は発火点より高い． → 低い．

D：発火点は，測定条件に関係なく，物質固有の値である． → 関係する実験値である．

(1) A，B
(2) B，C
(3) C，D
(4) A，D
(5) B，D

B について：発火点は，液体だけではなく，固体にもあるので「最低の液温」ではなく，「最低の温度」と記されているのは正しい．液体のみについて考えれば「最低の液温」となる．

D について：純粋な液体の場合，一定の値の場合が多いが，ガソリン，灯油や固体では，成分比，加熱の仕方，測定条件により大きくばらつく．

問4　消火方法とその消火効果の組合せで，誤っているものはどれか．

(1) アルコールランプの炎をふたをして消す．……窒息効果
(2) ガスの元栓を閉めて，火を消す．……………窒息効果 → 除去効果
(3) ロウソクの炎を吹き消す．……………………除去効果
(4) 重油の火災に泡消火剤で消す．………………窒息効果
(5) 木材の火災に強化液を放射して消火する．……冷却効果

(2) ガスが来ない→ガスを除去したことになる．

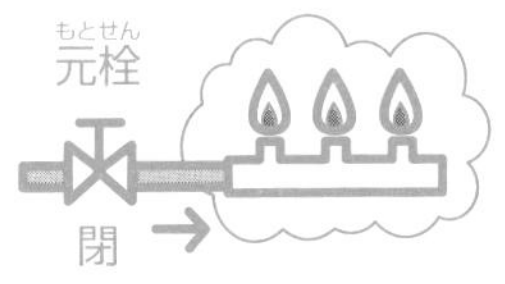

応用問題1

応用問題 **Set1** 物理化学の解答

問5　炭素と水素のみからなる有機化合物が燃焼すると何ができるか．

(1) 有機過酸化物と二酸化炭素
(2) 過酸化水素と水蒸気
(3) 飽和有機化合物と二酸化炭素
(4) 二酸化炭素と硫化水素
(5) 二酸化炭素と水蒸気

（(1)〜(4)）大ウソ

炭素と水素のみからなる有機化合物の代表的なものにメタン CH_4 がある．

原子について注目すると，

C は　$C+O_2 \rightarrow CO_2$（二酸化炭素）

H は　$2H_2+O_2 \rightarrow 2H_2O$（水）…水蒸気

のようになる．

正式な反応式は，

$$CH_4+2O_2 \rightarrow CO_2+2H_2O$$ である．

他に，エチレン C_2H_4，ベンゼン C_6H_6 なども同様で**二酸化炭素**と**水蒸気**ができる．

問6　静電気についての説明で，誤っているものはどれか．

(1) 非水溶性の第４類危険物は，静電気がたまりにくい． → やすい．
(2) 電気的に絶縁された２つの異なる物質が接触して離れるときに，一方が正，他方が負に帯電する．
(3) 湿度が低いほど，静電気は蓄積されやすい．
(4) 静電気が蓄積すると，放電火花が生じることがある．
(5) 衣類の場合，木綿の方がポリエステル繊維よりも，静電気がたまりにくい．

（(2)〜(5)）そのとおり

(1) 非水溶性の第４類危険物の代表的なものはガソリンである．
　ガソリンは，静電気が発生しやすく，たまりやすい．

(2)〜(5) そのとおり．

(3) 湿度が低い冬を想像するとよい．冬は静電気が蓄積されやすい．

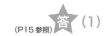

(P15 参照) 答 (1)

問7　炭素が燃焼するときの反応式は，次のとおりである．

$$C+\frac{1}{2}O_2=CO+110.6\text{kJ}\cdots\cdots A$$

$$C+O_2=CO_2+394.3\text{kJ}\cdots\cdots B$$

この反応式から考えて，次のうち正しいものはどれか．ただし，原子量は，炭素 12，酸素 16 である．

(1) A 式は炭素が完全燃焼するときの反応式である．→ 不完全燃焼
(2) B 式は炭素が不完全燃焼するときの反応式である．→ 完全燃焼
(3) 二酸化炭素 1mol は，28g である．→ 44g
(4) 炭素 12g で二酸化炭素は 28g 生成する．→ 44g
(5) A 式，B 式とも，炭素は発熱反応により酸化されている．

(3) $C+O_2=12+16\times2=12+32=44$g
(4) B 式より，C1 つに対して $CO_2$1 つできることがわかる．
　C＝12g であるから，
　　$CO_2=12+16\times2=44$g となる．
(参考)（もし，炭素 24g ならば，CO_2 は，
　　$44\times2=88$g 生成する．）
(5) イコールの右側は，＋の熱量であるので発熱反応である．

(5)

問8　次の化学変化の説明文の（　　）内に適する語を選べ．
「2 種類以上の物質が反応し，別の物質ができることを（　A　）といい，できた物質を（　B　）という．」

	A	B
(1)	酸化	酸化物
(2)	酸化	還元物
(3)	還元	化合物
(4)	化合	化合物
(5)	分解	混合物

(1)「酸化」は，「化合」のうちの 1 つで，酸素と結びつく反応である．できた物質は，酸化物である．→ これは化合の一部を表しているだけであるので，誤りとなる．

(4) Ⓐ＋Ⓑ $\xrightarrow{\text{化合}}$ ⒶⒷ（化合物）

(5) 分解は，化合物が別の物質に分かれる反応である．
ⒶⒷ $\xrightarrow[\text{分解}]{}$ Ⓐ＋Ⓑ

(P17 参照)

(4)

問9 酸と塩基（えんき）について，次の（　）内の語句を選べ．
「塩酸は，酸であるので，pH は 7 より（ A ）．水酸化ナトリウムは，塩基であるので，その水溶液の pH は 7 より（ B ）．
塩酸と水酸化ナトリウムを反応させると，食塩と水が生じるが，この反応を（ C ）と呼ぶ．」

	A	B	C
(1)	大きい	小さい	酸化
(2)	大きい	大きい	酸化
⓷	小さい	大きい	中和
(4)	小さい	大きい	還元
(5)	小さい	小さい	中和

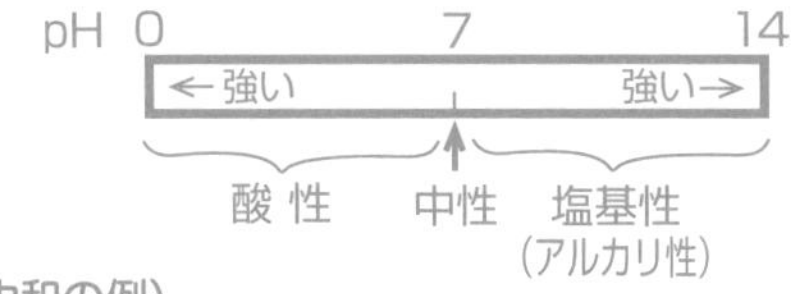

（参考）リトマス紙に関して，

（酸　青→赤／塩基　赤→青）になる．
ついでに覚えておこう！

（中和の例）

HCl ＋ $NaOH$ → $NaCl$ ＋ H_2O
塩酸　水酸化ナトリウム　塩化ナトリウム　水

（P17, 18 参照） 答 (3)

問10 ある物質は反応速度が 10℃上昇するごとに 2 倍になる．10℃から60℃になった場合の反応速度の倍数として，次のうち正しいものを選べ．

(1) 8 倍

(2) 20 倍

⓷ 32 倍

(4) 64 倍

(5) 100 倍

温度変化	10℃	→	20℃	→	30℃	→	40℃	→	50℃	→	60℃
反応速度			2倍		4倍		8倍		16倍		32倍
				×2		×2		×2		×2	

よって反応速度の倍数は 32 倍（2^5 倍）となる．

答 (3)

問11　次の各類の危険物の性状で，誤っているものはどれか.

(1) 第１類の危険物は，すべて固体である.
(2) 第２類の危険物は，すべて固体である.
(3) 第３類の危険物は，固体又は液体である.
(4) 第５類の危険物は，すべて液体である. → 固体又は液体
(5) 第６類の危険物は，すべて液体である.

中野の判別表を使う

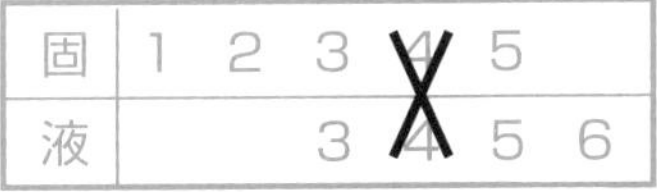

固	1　2　3　~~4~~　5
液	3　~~4~~　5　6

液

☆ここで覚えてしておこう．非常に便利である！

判断表の書き方

① 固と書いて１，２，３，４，５と５個書く.
② 液と書いて，後ろから６，５，４，３と４個書く.
③ 第４類は当然液体であるので × を打ち下に液と書く.

(P24～26 参照)

この表により，第３類と第５類には固体，液体ともに存在することがわかる.

答 (4)

問12　最近，埋設(まいせつ)配管の腐食(ふしょく)による危険物の漏えい事故が起こっている．その原因とならないものはどれか.　○：原因となる．×：原因とならない.

(1) 地下水位が高いため，水に接するところと，接しないところがある.
(2) 埋設するとき，工具が落下し，配管の表面に傷をつけた.
(3) コンクリート内に埋設した.
(4) 工事に使用する機器の接地をする際，接地のくいが，配管に当たった.
(5) その付近に，電気鉄道等があり，直流電流が流れる状態になっていた.

(3) コンクリートはアルカリ性なので，配管は腐食しない.

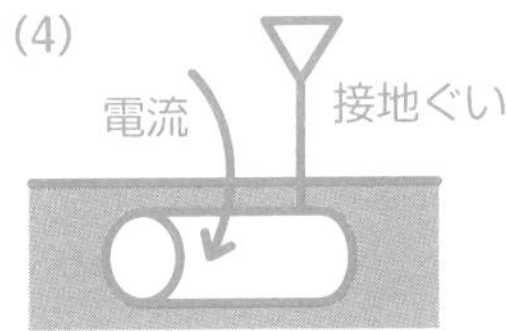

電流が流れる箇所は腐食する.

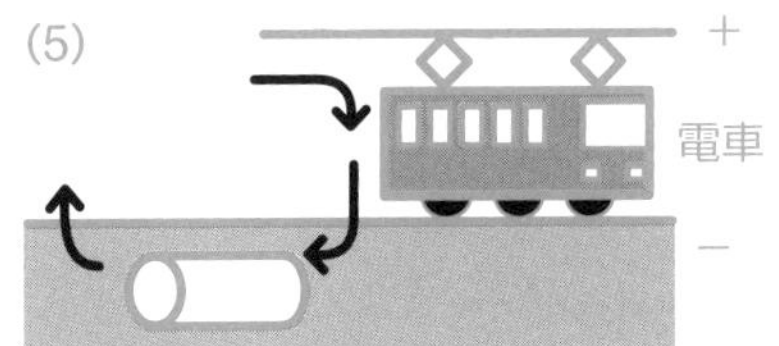

配管は腐食する

電車の電流は地面も通り，戻っていく.

(3)

問13　第４類の危険物の一般的性状として，次のうち誤っているものはどれか．

(1) 水に溶けないものが多い．
(2) 可燃性蒸気を発生する．
(3) 水より軽いものが多い．
(4) 蒸気は空気より重い．
(5) 発火点は 100℃以下である．

そのままおぼえる！

(5) 発火点は 100℃以上のものが多い．たとえば，ガソリンは 300℃である．発火点が 100℃以下のものは，「特殊引火物」である．

第４類危険物といえば，「ガソリン」・「灯油」などを思い出せ！またラーメンの油も第４類の「動植物油」である．

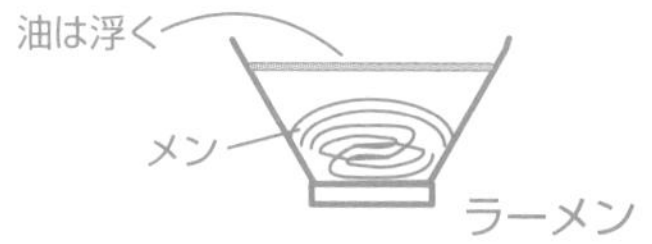

(P24, 25 参照)

(5)

問14　第４類の危険物とその消火薬剤の説明で，次のうち誤っているものはどれか．

(1) 重　油 …………… 泡消火剤が効果的である．
(2) ガソリン ………… 二酸化炭素消火剤が効果的である．
(3) 二硫化炭素 ……… 霧状の水を放射するものは，効果的である．
(4) アルコール類 …… 耐アルコール泡は効果的である．
(5) 灯　油 …………… 棒状の水放射が効果的である．→ ではない．

○非水溶性の第４類危険物（二硫化炭素，ガソリン，灯油，重油）には，泡，二酸化炭素，霧状の強化液が効果的である．なお，二硫化炭素に関しては，水より重く，水に溶けないという性質があるため，霧状の水も効果がある（3）．

（大原則）
油火災には，
水（棒状・霧状）
強化液（棒状）
はダメである！

○水溶性のアルコール類には，耐アルコール泡を使用する．

(P22, 23 参照)

(5)

応用問題 Set1　性質・火災予防・消火方法の解答

問15　第４類第１石油類を取扱う施設で注意すべき点として，次のうち正しいものはどれか．

(1) 蒸気は空気より重く，遠方まで漂っていることがあるが，遠方での火気の使用は問題ない．

(2) 設置する電気機器は，防爆性能を有したものを使用する．

(3) 鉄びょうの付いた靴を使用する．→火花を発生させる．

(4) 木綿より，ナイロンの衣服を作業着として使用する．

(5) 静電気は，点火源にならないので特に注意する必要はない． → がある．

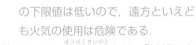

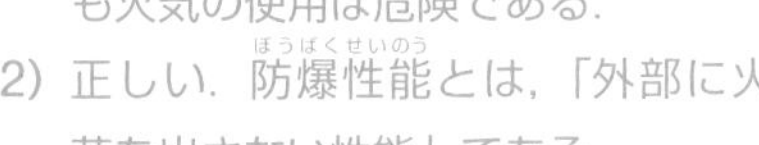

→ナイロン　→木綿　→なる

(1) 第１石油類は，引火点及び燃焼範囲の下限値は低いので，遠方といえども火気の使用は危険である．

(2) 正しい．防爆性能（ぼうばくせいのう）とは，「外部に火花を出さない性能」である．

(4) 化学繊維は，静電気を発生しやすい．

(2)

問16　ガソリンの性状として，次のうち誤っているものはどれか．

(1) 自動車用ガソリンは，オレンジ色に着色されている．

(2) 水より軽く，水に溶けない．　　○印の説明文は，しっかり理解しよう！

(3) 引火点は100℃以下である． → −40℃

(4) 着火温度は約300℃である．

(5) 燃焼範囲は，おおよそ1vol%～8vol%である．

(3) ガソリンの引火点は，「−40℃以下」である．「−40℃」は「100℃」以下の数値であるが，「−40℃以下」というと−50℃，−60℃も「−40℃以下」である．

一方，「100℃以下」というと90℃，80℃も含んでしまうので，誤りとなる．

(5) ガソリンの燃焼範囲は，正確には，1.4%～7.6%であるが，四捨五入すれば，1%～8%となる．

(3)

(P26, 28 参照)

問17 酢酸の性状として，次のうち誤っているものはどれか．

(1) 水より重い．→そのとおり
(2) 引火点は常温（20℃）より低い．→ 高い．
(3) 高純度のものより，水溶液の方が腐食性が強い．→そのとおり
(4) 皮膚に触れると，火傷を起こす．→酸性であるため．
(5) 青い炎を上げて燃える．→新しい出題傾向である．注意！

(1) 正しい．比重 1.05
(2) 酢酸の引火点は，41℃であり，常温よりも高い．
(5) 酢酸の炎は，青く確認しにくいので注意を要する．

大トロ

すしの酢の成分
（一般には穀物の発酵で作られる）

青い炎

(P26, 32 参照) 答 (2)

問18 動植物油類のうち，乾性油の説明として，次のうち誤っているものはどれか．

(1) 乾性油は，不乾性油より自然発火しやすい．
(2) よう素価が大きいほど，自然発火しやすい．
(3) 熱が蓄積されやすい状態になっているほど，自然発火しやすい．
→そのとおり
(4) 風通しのよいほど，自然発火しにくい．→言い換えれば，「風通しが悪ければ自然発火しやすい」．
(5) 引火点が高いほど，自然発火しやすい．→ 発火点が低い

	不乾性油	半乾性油	乾性油
よう素価	100 以下	100～130	130 以上
(例)	オリーブ油	なたね油	アマニ油

よう素価 130 以上のものを乾性油という．

(5) 乾性油は，発火点が低いほど，自然発火しやすい．…注意！

(P34 参照)

(5)

問 19　ジエチルエーテルの貯蔵・取扱いの方法とその理由の説明として，次のうち誤っているものはどれか．

	貯蔵・取扱いの方法	理由
(1)	容器は密栓する．	揮発性が大きい．
(2)	直射日光をさけ，冷暗所に保存	爆発性の過酸化物を生じる．
(3)	火気や高温体の接触をさける．	引火点が低い．→−45℃である．
(4)	容器等に水を張り，蒸気の発生を抑制する．	水より重く，水に溶けない．
(5)	建物内部に滞留した蒸気は，屋外の高所に排出する．	蒸気は空気より重い．

ジエチルエーテルは，特殊引火物である．

床面に滞留しないように．

引火点	−45℃
発火点	160℃
比　重	0.7（水より軽い）

水にわずかに溶ける．

（4）は二硫化炭素の内容である．

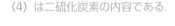

(P26, 28 参照) 答 (4)

問 20　アセトンの性状として，次のうち誤っているものはどれか．

(1) 水に溶けない．→水に溶ける．（水溶性）

(2) 水より軽い．

(3) 無色透明の液体である．

(4) 発生する蒸気は，空気より重く，低所に滞留する．

(5) 揮発（きはつ）しやすい．

（(2)〜(5)）そのままおぼえよう！

〔復習〕 アセトンは，第 1 石油類である．

化学式（参考まで）

$$CH_3-\underset{\underset{O}{\|}}{C}-CH_3$$

(CH_3COCH_3)

汗 → 水溶性

アセトンからわかること．

・ブタの汗は，人間と同じ
→水溶性

・ブタの足は 4 本→指定数量 400 ℓ

・ブタは特異臭（とくいしゅう）がある．

(P26, 29 参照) 答 (1)

法令の解答

問21　法別表第一に危険物として掲げられているものは，次のうちいくつあるか．

Ⓐ アルコール類
Ⓑ 過酸化水素
~~C~~ プロパン　　○印は，法で定める危険物である．
~~D~~ 酸素
Ⓔ 硫黄（いおう）

(1) 1つ
(2) 2つ
(3) 3つ ○
(4) 4つ
(5) 5つ

A→第４類（引火性液体）
B→第６類（酸化性液体）
C→気体（危険物ではない）
D→気体（危険物ではない）
E→第２類（可燃性固体）

問22　貯蔵し，又は取扱う危険物の数量に関係なく，予防規程を定めなければならない製造所等は，次のうちどれか．

(1) 製造所
(2) 屋外貯蔵所
(3) 屋外タンク貯蔵所
(4) 屋内給油取扱所 ○ ……給油取扱所のうち雨よけが十分あるものを特に屋内給油取扱所という．
(5) 地下タンク貯蔵所

(1) 指定数量 10 倍以上
(2) 指定数量 100 倍以上　} 予防規程を定める．
(3) 指定数量 200 倍以上
(4) すべて（屋内・屋外にかかわらず）予防規程を定める！
(5) 定めなくてもよい．

一般に大きな製造所等は，予防規程が必要で，給油取扱所は「すべて必要」，地下タンク貯蔵所は「定めなくてもよい」．

応用問題 Set1　法令の解答

問 23　次に掲げる危険物が同一の貯蔵所において貯蔵されている場合，指定数量の倍数はいくつか．（　）内の数値は指定数量を示す．

・過酸化水素（300kg）…………………… 300kg
・過酸化ベンゾイル（10kg）…………… 20kg
・過マンガン酸カリウム（300kg）…… 660kg

(1) 3.4
(2) 4
(3) 5.2
(4) 6
(5) 6.8

（参考）
過酸化水素は第 6 類
過酸化ベンゾイルは第 5 類
過マンガン酸カリウムは第 1 類

第 4 類（ガソリン等）に関しては，指定数量の単位は〔ℓ〕であるが，その他の類は〔kg〕である．指定数量の倍数の求め方は同じである．

$$倍数 = \frac{300kg}{300kg} + \frac{20kg}{10kg} + \frac{660kg}{300kg} = 1+2+2.2$$
$$= 5.2 倍$$

（P36, 37 参照）

(3)

問 24　次の保安対象物で保安距離が必要でないものはどれか．

(1) 5000V の高圧架空電線→7000V 以下であるので保安距離は不要である．
(2) 住居（同一敷地内にないもの）→10m
(3) 小学校→30m
(4) 劇場→30m
(5) 重要文化財→50m

(1)
0～7000V 以下 …不要
7000V～35000V 以下 …3m 以上
35000V を超える …5m 以上

（参考）電圧の区分について

交流 0	600V	7000V
低圧	高圧	特別高圧

600V 以下…低圧
600V を超え 7000V 以下…高圧
7000V を超える…特別高圧

(2) 10m 以上（住居…じゅうきょ）
（もし同一敷地内に住宅があれば不要である．）
(3) 30m 以上（学の点が 3 つ）
(4) 30m 以上（学校・病院と同じ分類）
(5) 50m 以上（5 重の塔）

（P41, P75 の問 28 参照）

(1)

応用問題1

問25 製造所等の消火設備について，次のうち誤っているものはどれか.

(1) 所要単位の計算方法として，危険物は指定数量の10倍を1所要単位とする.
(2) 乾燥砂は，第5種の消火設備である.
(3) 地下タンク貯蔵所には，第5種の消火設備を2個以上設ける.
(4) 電気設備に対する消火設備は，電気設備のある場所の面積 100m² ごとに1個以上設ける.
(5) 消火粉末を放射する大型消火器は，第5種の消火設備である. → 第4種

(2)(5) 中野の扇子（せんす）（p79参照）を利用する.

1種 セン…消火栓
2種 ス …スプリンクラー
3種 セツ…消火設備
4種 大 …大型消火器
5種 小 …小型消火器（乾燥砂・水バケツ）

(3)

(4) 製造所内の電気室
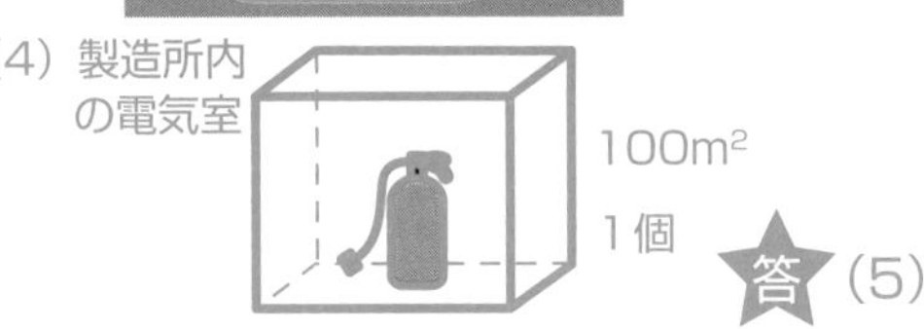

答 (5)

問26 販売取扱所の区分並びに位置，構造及び設備の基準について，次のうち誤っているものはどれか.

(1) 指定数量の倍数が15以下のものを第一種販売取扱所という.
(2) 指定数量の倍数が15を超え40以下のものを第二種販売取扱所という.
(3) 第一種販売取扱所には，第一種販売取扱所である旨（むね）を表示した標識と防火に関し必要な事項を表示した掲示板を設けなければならない.
(4) 第一種販売取扱所は，建築物の2階に設置できる.
(5) 建築物の第二種販売取扱所の用に供する部分には，当該（とうがい）部分のうち，延焼のおそれのない部分に限り，窓を設けることができる.

(1)(2) …のヒント

（1種）（15倍）（2種）（40倍）
イチゴを2個40円で販売する.

(4) 第1種，第2種とも，店舗は建築物の1Fに設置しなければならない.

販売取扱所（塗料店など）（1，2種）
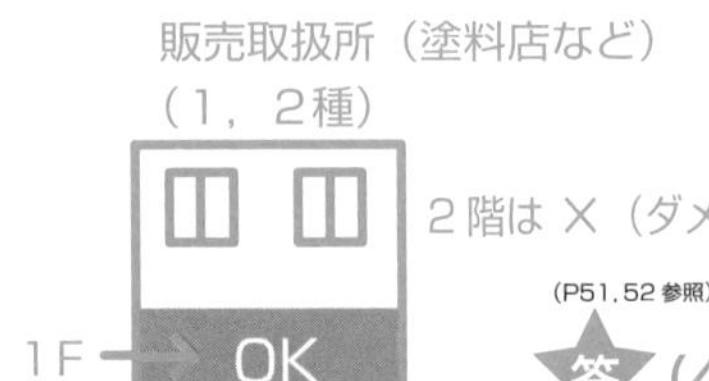

(P51, 52参照)

答 (4)

問27 給油取扱所に設置できない用途の建築物は，次のうちどれか．

(1) 給油取扱所の関係者が居住する住宅 →設置 OK
(2) 立体駐車場 →不可
(3) 飲食店
(4) コンビニ
(5) 車の展示場
（(3)～(5)）設置 OK

給油取扱所に設置できる建築物の用途（法令より）

- 給油等の作業場
- 事務所
- 店舗，飲食店又は展示場 ----> コンビニは店舗に相当する．
- 自動車の点検・整備・洗浄を行う作業場
- 関係者が居住する住居

この中に立体駐車場はない！

(P51 参照)

答 (2)

問28 製造所等の所有者，管理者又は占有者の義務違反とそれに対する市町村長等からの措置命令で，次のうち誤っているものはどれか．

	違反内容	措置命令
(1)	製造所等において，危険物の貯蔵又は取扱いが，技術上の基準に違反している．	貯蔵・取扱基準の遵守命令
(2)	製造所等の位置，構造及び設備が，技術上の基準に違反しているとき．	危険物施設の基準適合命令
(3)	危険物保安監督者に保安講習を受講させていなかったとき．	危険物保安監督者の解任命令
(4)	危険物の流出，その他の事故が発生したときに，応急の措置を講じていないとき．	危険物施設の応急措置命令
(5)	管轄する区域にある移動タンク貯蔵所について，危険物の流出，その他の事故が発生したとき．	移動タンク貯蔵所の応急措置命令

（市町村長等からの指導には，
① 措置命令，② 使用停止，③ 許可の取消し，
があり，措置命令が一番軽い．）

(3) が誤り．保安講習を受けさせていなかったのは，所有者等の責任であり，「措置命令」としては，「すみやかに保安講習を受講させる」である．
(1) (2) (4) (5) は，正しい．

(P57, 58 参照)

答 (3)

応用問題1

問 29　類を異にする危険物は，原則同時貯蔵できないが，屋内貯蔵所又は屋外貯蔵所において，相互に 1m 以上の間隔を置く場合，同時貯蔵が認められるものがある．次の組合せで，同時貯蔵が認められないものはどれか．

(1) 第 1 類と第 6 類
(2) 第 2 類と第 3 類の黄りん
(3) 第 2 類の引火性個体と第 4 類
(4) 第 3 類と第 5 類
(5) 第 4 類の有機過酸化物と第 5 類の有機過酸化物

この中に 3−5 の組合せはない！

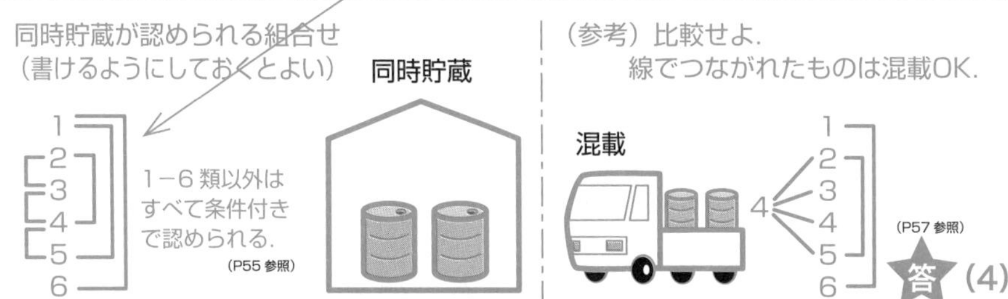

答 (4)

問 30　危険物保安監督者の業務として，定められていないものは，次のうちどれか．

(1) 危険物の取扱作業の保安に関し，必要な監督業務を実施すること．
(2) 火災などの災害防止のため，隣接製造所等，その他関連する施設の関係者との連絡を保つ．
(3) 危険物施設保安員を置く製造所等にあっては，危険物施設保安員に必要な指示を行う．
(4) 火災等，災害発生時に作業者を指揮して，応急措置を講ずること，及び，直ちに消防機関等へ連絡する．
(5) 製造所等の位置，構造又は設備の変更，その他法に定める諸手続に関する業務を実施すること．→事務部門（例：環境保安課）が行う．

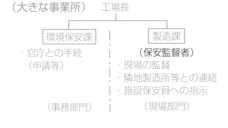

(1)～(4) は，法令の条文そのものである．読んで理解できるようになっておればよい！

答 (5)

法令の解答

問31　危険物取扱者についての記述で，次のうち誤っているものはどれか．

(1) 甲種又は乙種危険物取扱者が立会わなければ，危険物取扱者以外の者は，危険物を取扱うことはできない．○印は正しい説明文．そのまま読んで記憶に残そう！
(2) 丙種危険物取扱者は，第４類のうち，定められた危険物について，取扱うことができる．
(3) 乙種第４類危険物取扱者は，すべての第４類危険物を取扱うことができる．
(4) 乙種危険物取扱者は，だれでも危険物保安監督者になることができる．（だれでも → 6月以上の実務経験で）
(5) 無資格者は，危険物施設保安員になることができる．

(1) 肯定的な文章に直すと，「甲種又は乙種……が立会えば，危険物取扱者以外の者も，危険物を取り扱うことができる．」となる．
(4) 危険物保安監督者になるには，「その施設で取り扱う危険物と類のあった乙種危険物取扱者」又は「甲種危険物取扱者」で６ヶ月以上の実務経験を有するものである．

まとめ　危険物の取扱いができる者

① ・甲種　・乙種　・丙種
② 危険物施設保安員
③ 無資格者
（甲，乙の立会いのもと）

(P38 参照)　答 (4)

問32　保安講習について，正しいものは，次のうちどれか．

(1) 危険物取扱者は，すべて３年に１回受講しなければならない．
(2) 危険物の取扱作業に従事していない危険物取扱者は，受講しなくてもよい．（そのとおり）
(3) 法令に違反し，罰金以上の刑に処せられた危険物保安監督者が受講する講習である．
(4) 危険物施設保安員は，すべて受講しなければならない．
(5) 危険物保安監督者のみ，受講するよう義務づけられている．

(1) 免状取得者のうち，（原則）従事後１年以内，その後講習を受けた日以後における最初の４月１日から３年以内である．

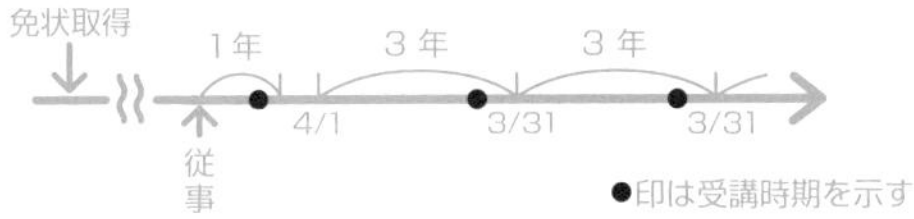

(3) 罰則の講習ではない！ 安全を保つための講習である．
(4) 危険物施設保安員でも，免状をもっていない者は，受講できない．
(5) 保安講習を受けなければならないのは，免状をもっており，なおかつ，取扱いに従事している者である．

(P39, 40 参照)

答 (2)

問33 移動タンク貯蔵所の取扱いの基準で，（　）内に適するものを選べ．
移動タンク貯蔵所から危険物を貯蔵し，取り扱うタンクに，引火点（　）℃未満の危険物を注入・荷下ろしするときは，移動タンク貯蔵所の原動機を停止させること．

(1) 30
(2) 40
(3) 45
(4) 50
(5) 55

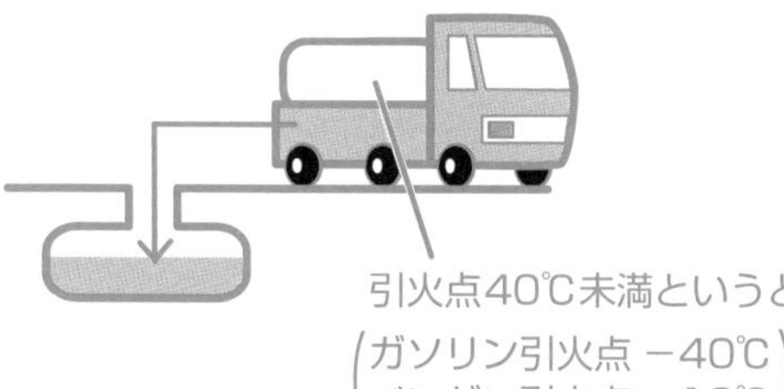

引火点40℃未満というと
(ガソリン引火点 −40℃
ベンゼン引火点 −10℃)
エンジンは停止しなければならない！

（参考）灯油　引火点 40℃以上
軽油　引火点 45℃以上
なので，エンジン停止しなくてもよいが，特に問題なければ，エンジンは停止する．

(P48 参照)

答 (2)

問34 危険物の運搬についての技術上の基準で，正しいものはどれか．

(1) 貨物トラックでなければ，運搬してはならない．
(2) 指定数量以上の危険物の運搬について適用される．
(3) 夜間，運搬する場合，守らなければならない基準である．
(4) 容器は収納口を上方に向けて積載すれば，どんな材質でもよい．
(5) 指定数量未満の危険物についても運搬の基準は適用される．→そのとおり

(1) 貨物トラックでなくても，K トラでも OK.
(2) 指定数量未満でも適用される．
(3) 夜間，日中を問わない．
(4) 腐食，破損するような材質では困る．

貨物トラック

Kトラック

(P56, 57 参照)

答 (5)

応用問題	**Set1**	**法令の解答**

問 35　法令上，製造所等の使用停止命令の事由(じゆう)に該当しないものは，次のうちどれか．

(1) 施設を譲渡されたが，届出をしていなかったとき．
(2) 変更許可を受けないで，製造所等の位置，構造又は設備を変更したとき．
(3) 危険物保安監督者を選任したが，その者に保安の監督をさせていなかったとき．
(4) 指定数量の倍数を変更したが，その届出をしていなかった場合．
(5) 完成検査を受けないで製造所等を使用したとき．

使用停止命令

該当する…○　該当しない…×

(1) 合併・吸収等により会社の名称が変わる場合に相当する．（重大な事故を招くおそれはない．）すみやかに届出をすればよい．

(2)～(5) 重大な事故を招くおそれがあるので使用停止命令を受ける内容である．

消防長　製造所の所有者

使用停止
（期間は今回，１ヶ月とする）

(P58, 59 参照)

(1)

応用問題1

応用問題（実際に出題された問題をベースに作成）

Set2

物理化学の解答

問1　次の気体又は物質の蒸気のうちで，空気より軽いものはどれか．

(1) 一酸化炭素 →軽い
(2) 二酸化炭素
(3) メチルアルコール
(4) ベンゼン
(5) ガソリン
（(2)〜(5)）重い

蒸気（気体）比重

(1) CO：0.97（気体）
(2) CO_2：1.5（気体）
(3) CH_3OH：1.11（蒸気）
(4) C_6H_6：2.77（蒸気）
(5) ガソリン：3〜4（蒸気）

(3)（4)（5）は第４類危険物で，蒸気は空気より重いという共通の性質を持っている．CO（一酸化炭素）は空気より軽いということを覚えておこう．

(P26参照) 答 (1)

問2　静電気についての説明で，次のうち誤っているものはどれか．

(1) 静電気が蓄積すると，放電火花が生じることがある．→正しい
(2) 帯電体（たいでんたい）が放電するときの火花エネルギーは，

$E=\frac{1}{2}QV=\frac{1}{2}CV^2$　Q：電気量，V：電圧，C：静電容量で表される．→正しい

(3) 物質に静電気が蓄積すると，その物質は蒸発しやすくなる．→ウソ
(4) 一般に，液体や固体が流動するときは，静電気が発生する．→正しい
(5) 湿度が低いほうが，静電気は蓄積されやすい．→正しい

(2) について

２つの物体間には静電容量（せいでんようりょう） C〔F〕が存在する．その物体それぞれに，静電気$+Q$〔C〕と$-Q$〔C〕が発生すると，電圧 V〔V〕も発生する．

エネルギー $E=\frac{1}{2}QV$

（$Q=CV$ という関係より）

$=\frac{1}{2}CV^2$ となる．

静電容量 C〔F〕
$+Q$〔C〕
$-Q$〔C〕
電圧 V〔V〕
放電

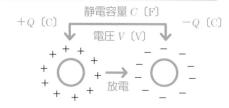

(3) 静電気の蓄積と蒸発しやすさとは関係ない．

(P15参照) 答 (3)

物理化学の解答

問3　比熱の説明として，次のうち誤っているものはどれか．

(1) 比熱が大きいものは，温まりにくく，冷めにくい．
(2) 比熱とは，物質 1g の温度を 1K（ケルビン）上昇させるのに必要な熱量である．
(3) 水の比熱は，4.19J/g・K である．
(4) 水の比熱は，すべての物質の中で一番大きい．
(5) 水，ガソリン，鉄のうち，比熱の最も小さいものはガソリンである．→鉄

(1) そのとおり．
(2) そのとおり．1K（ケルビン）＝1℃（度 C）である．
(3) そのとおり．水の比熱を〔cal〕で表すと，1〔cal/g·K〕である．
1〔cal〕＝約 4.2〔J〕を覚えておけばよい．
(4) そのとおり．水の比熱は 1（cal 表示）である．リチウムは固体金属のうちで比熱は最大である．それでも 0.78 である．
(5) 比熱の大きさは，水＞他の液体＞金属であり，鉄が一番比熱は小さい．

(P13, 14 参照)

問4　次の pH の値で，酸性であり，かつ，中性に一番近いものはどれか．

(1) pH＝3
(2) pH＝6.7 →酸性
(3) pH＝7.5 →塩基性
(4) pH＝9
(5) pH＝12

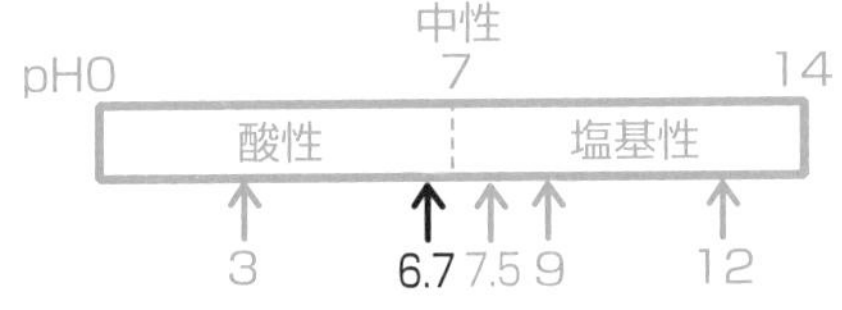

（参考）塩基性（えんき）のことをアルカリ性ともいう．

中性 pH＝7 に近いのは（2）の pH6.7 と（3）の pH7.5 である．このうち酸性であるのは（2）の pH6.7 である．

(P18 参照)

物理化学の解答

問5　酸化剤と還元剤の説明として，次のうち誤っているものはどれか．

(1) 他の物質を酸化させるもの ……… 酸化剤
(2) 他の物質を還元させるもの ……… 還元剤
　　｝説明文そのままである．
(3) 他の物質に酸素を与えるもの …… 酸化剤
(4) 物質に水素を与えるもの ………… 還元剤
(5) 他の物質に電子を与えるもの …… 酸化剤 → 還元剤

(1)「酸素を出す」ことになる．
(2)「酸素を出させ，それをもらう」ことになる．
(3)「酸素を出す」ことになる．
(4)「水素を出す」ことになる．
(5)「電子を出す」ことになる．

ポイント 1. 酸素を出すのが酸化剤
水素，電子をもらうのが酸化剤
⇨還元剤はその逆
2. 酸化剤では還元反応，還元剤では酸化反応が起こる．

酸化剤	還元剤
サンソ ●Ⓞ→ 出す(与える)	サンソ Ⓞ→● もらう
水素 Ⓗ→● もらう	●Ⓗ→ 出す(与える)
電子 e^-→● もらう	●e^-→ 出す(与える)

(P100 の問5参照)

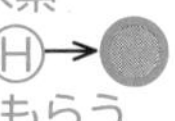
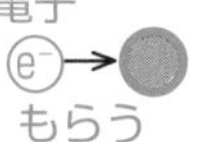

答 (5)

問6　次の危険物を200kg 貯蔵している．下記の説明で正しいものはどれか．

・液比重　0.87　・燃焼範囲　2.8%〜7.6%
・引火点　11℃　・発火点　480℃
・沸　点　80℃　・蒸気比重　1.3 ← ここに注目！

(1) 体積は174ℓである．
(2) 蒸気濃度10%のときは，火気を近づけると燃える．→ ても燃えない．
(3) 液温を11℃まで熱すると，自然発火する．→ しても自然発火しない．
(4) 液温を480℃まで熱すると，火気を近づけると燃える．→ なくても燃える．
(5) 蒸気は空気より重い．→正しい

(1) 体積は，

$$体積 = \frac{質量〔kg〕}{比重} = \frac{200}{0.87} \fallingdotseq 230〔ℓ〕$$

(P17参照)

(2) 燃焼範囲2.8%〜7.6%から外れるので，火気を近づけても燃えない．
(3) 自然発火はしない．火気を近づけると燃える．(引火点であるので)
(4) 近づけなくても燃える．(発火点であるので)
(5) 正しい．気体の比重は，空気＝1を基準とする．それより大きいので空気より重い．

この問は，(5) が正しいということは簡単にわかるが，(1)〜(4) までを十分理解しておく必要がある．

答 (5)

問7　メチルアルコールの燃焼の反応式は，次のとおりである．

$$2CH_3OH + 3O_2 \rightarrow 4H_2O + 2CO_2$$

メチルアルコール 96g を完全燃焼させるのに必要な理論上の酸素量は，次のうちどれか．ただし，原子量は炭素（C）12，水素（H）1，酸素（O）16 とする．

(1)　24g
(2)　32g
(3)　48g
(4)　64g
(5)　144g

（参考）比の計算
$3 : x = 2 : 3$
内側同士と外側同士を掛けた値は等しい．
$2 \times x = 3 \times 3$

メチルアルコールの分子量
$CH_3OH = 12 + 1 \times 3 + 16 + 1$
$= 12 + 3 + 17 = 32g$
メチルアルコール 96g は
$\frac{96g}{32g} = 3mol$（モル）である．

メチルアルコールと酸素との反応割合は 2:3 であるので，酸素を x〔mol〕とすると，
$3mol : x$〔mol〕$= 2 : 3$
$2x = 3 \times 3$
$x = 9/2 = 4.5mol$
O_2 1mol は $16 \times 2 = 32g$ であるので，
$32g \times 4.5 = 144g$

答 (5)

問８　ガソリンの燃焼範囲は，1.4～7.6vol%である．このことより，次のうち正しい内容はどれか．

(1) 空気 100ℓ にガソリン蒸気を 7.6ℓ 混合した場合は，長時間放置すれば自然発火する．→ しない．
(2) 空気100ℓ にガソリン蒸気を1.4ℓ 混合した場合は，点火すると燃焼する．→ しない．
(3) 空気 98.6ℓ とガソリン蒸気1.4ℓ との混合気体は，点火すると燃焼する．
(4) 空気1.4ℓ とガソリン蒸気98.6ℓ との混合気体は，点火すると燃焼する．→ しない．
(5) 空気1.4ℓ とガソリン蒸気100ℓ との混合気体は，点火すると燃焼する．→ しない．

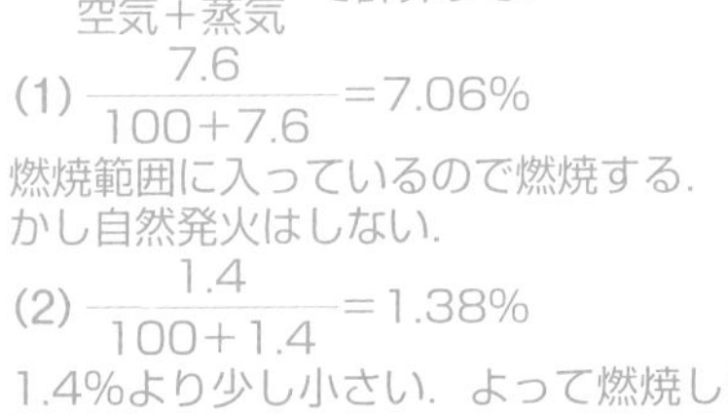

$\frac{蒸気}{空気+蒸気}$ で計算する．

(1) $\frac{7.6}{100+7.6} = 7.06\%$
燃焼範囲に入っているので燃焼する．しかし自然発火はしない．

(2) $\frac{1.4}{100+1.4} = 1.38\%$
1.4%より少し小さい．よって燃焼しない．

(3) $\frac{1.4}{98.6+1.4} = 1.4\%$
ちょうど 1.4%であるので燃焼する．

(4) $\frac{98.6}{1.4+98.6} = 98.6\%$
濃すぎて燃焼しない．

(5) $\frac{100}{1.4+100} = 98.62\%$
濃すぎて燃焼しない．

（P20 参照）

答 (3)

問9　次の電解質（でんかいしつ）についての説明のうち，正しいものはどれか．

(1) 水に溶けたとき水素イオン（H^+）を出すものは塩基である．→酸

(2) 水に溶けたとき電離（でんり）して水酸化物イオン（OH^-）を出すものは酸である．→塩基

(3) 物質が水に溶けて陽（よう）イオンと陰（いん）イオンに分かれることを電離という．

(4) 純粋な水は，電気をよく通す．→ほとんど通さない．

(5) 酸と塩基を反応させると塩と水を生じる．この反応を化合という．→中和

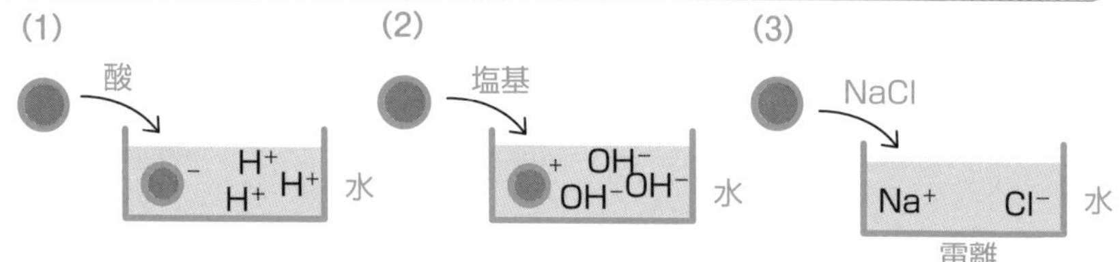

（P17 参照） 答 (3)

問10　消火器と主な消火効果との組合せとして，次のうち誤っているものはどれか．

○印は，おぼえておこう！

(1) 水消火器 ……………………冷却効果

(2) 泡消火器 ……………………窒息効果

(3) 二酸化炭素消火器 ………窒息効果・冷却効果・希釈効果

(4) ハロゲン化物消火器 ……~~冷却効果~~ →抑制・窒息・希釈効果

(5) 粉末消火器 …………………負触媒（抑制）効果・窒息効果

(1) 水…比熱や気化熱が大きい．

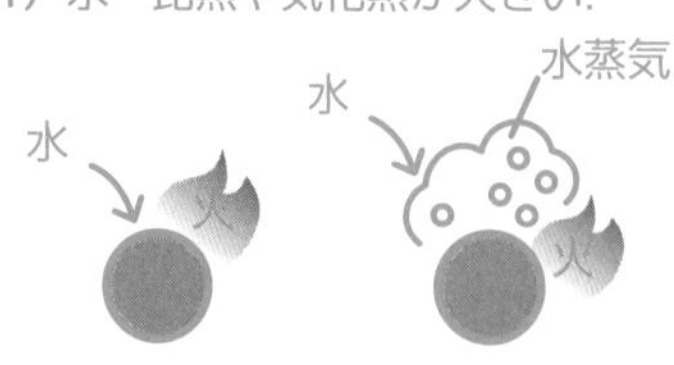

冷たい水ならばよく冷やす（比熱）

水が水蒸気になるとき，熱を物体からうばう（気化熱）

(4) ハロゲン化物消火器は，抑制・窒息・希釈効果があるが，冷却効果はない．

（P21～23 参照）

性質・火災予防・消火方法の解答

問11 次の共通性状を有する危険物の類別を答えよ．
「この類の危険物の多くは分子内に酸素を含有している．いずれも可燃性である．加熱，衝撃，摩擦等により発火・爆発することがある．」

(1) 第1類危険物　(2) 第2類危険物　(3) 第3類危険物
(4) 第5類危険物　(5) 第6類危険物

類	性質	性質の詳細
1	酸化性固体	自らは不燃性であるが，他のものを酸化させる．
2	可燃性固体	よく燃える．
3	自然発火性物質または禁水性物質	空気と触れると燃焼する・水と触れると可燃性ガスを発生し燃焼する．
4	引火性液体	可燃性蒸気を発生し，この蒸気に引火して燃える．
5	自己反応性物質	分子内に酸素を含有しており，可燃性である． 加熱，衝撃，摩擦等により発火・爆発することがある．
6	酸化性液体	自らは不燃性であるが，他のものを酸化させる．

上表により第5類危険物であることがわかる．

(P24～26 参照)

問12 すべての第4類の危険物に当てはまる記述として，次のうち正しいものはどれか．

(1) 可燃物である．→第4類は「引火性液体」で可燃物である．
(2) 常温（20℃）以上に温めると水溶性となる．→大ウソ
(3) 0℃以上にならないと燃焼しない．
(4) 液体の比重は1より小さい．
(5) 酸素を含有している化合物である．
（(3)～(5)）下の解説を見よう！

(1) 正しい．
(2) 非水溶性から水溶性に変わることはない．
(3) ガソリンは－40℃以下で引火し，燃焼する．
(4) 二硫化炭素，グリセリン，酢酸などは，水より重い．（比重が1より大きい）
(5) エチルアルコールは酸素を含むが，二硫化炭素（CS_2）やベンゼン（C_6H_6）は酸素（O）を含まない．

問13 第４類の危険物の火災に最も適する消火剤の効果は，次のうちどれか．

(1) 可燃性蒸気の発生を抑制する．
(2) 液温を引火点以下に下げる．
(3) 可燃性蒸気の濃度を下げる．
(4) 空気の供給を遮断したり，化学的に燃焼反応を抑制する．→正しい．
(5) 危険物を除去する．→困　難

泡や粉末である！

(1)〜(3) このようにすることは困難である．

いったん火災になれば，液体は高温となるので，
(1) 蒸気の発生を抑制したり
(2) 液温を下げたり
(3) 蒸気の濃度を下げたり
するのはなかなか困難である．

また液体であるので，燃えている危険物を除去するのは困難である．

第4類危険物

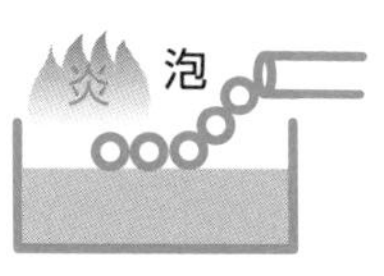

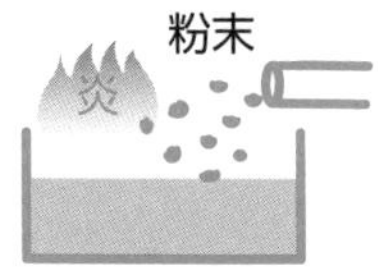

◎泡消火剤で空気の供給を遮断したり，粉末消火剤で燃焼反応を抑制したりするのが最も効果的である．

(4)

問14 ジエチルエーテルの貯蔵及び取扱いの方法として，次のうち誤っているものはどれか．

(1) 直射日光をさける．→そのままオボエル
(2) 水より重く，水に溶けにくいので，水中保存をする．
(3) 冷暗所に貯蔵し，容器は密栓する．
(4) 建物内部に滞留した蒸気は，屋外の高所に排出する．
(5) 火気及び高温体の接近をさける．

(2) 重く→軽く，　溶けにくいので→わずかに溶けるため，　水中保存をする．→はできない．

(3)〜(5) そのままオボエル

(1) 日光にさらされると，爆発性の過酸化物を生成する．
(2) ジエチルエーテルは，水にわずかに溶け，水より軽い．

○水中保存で貯蔵するのは，二硫化炭素である．

（復習） ジエチルエーテル

分子式　$C_2H_5-O-C_2H_5$
無色透明　比重 0.7　沸点 35℃
引火点 −45℃　発火点 160℃

(P26, 28 参照)

(2)

性質・火災予防・消火方法の解答

問15 メチルエチルケトンの性状として，次のうち誤っているものはどれか．

(1) 無色の液体である．
(2) 沸点は 80℃である．
(3) 引火点は−7℃である．
(4) 発火点は 404℃である．
(5) 水によく溶ける．

正しい

わずかに溶ける．

メチルエチルケトンは，頭文字を取って MEK と略すこともある．

・分類上は，**第 1 石油類，非水溶性**である．
・水にわずかに溶け，アルコール，ジエチルエーテルなどには，よく溶ける．
・分子式は，$CH_3-CO-C_2H_5$ で，メチル基（CH_3-）とエチル基（C_2H_5-）が CO とつながったもの．さらに詳しく書くと，

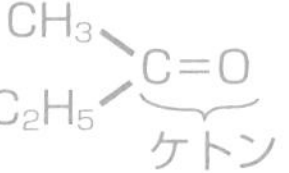

(P29 参照)

問16 ヘキサンの性状として，次のうち誤っているものはどれか．

(1) 水に溶けない．
(2) 水よりも軽い．
(3) 引火点は 0℃よりも低い．
(4) 無色無臭の揮発性液体である．
(5) 灯油や軽油と混ざり合う．

有臭

ヘキサン（第 1 石油類）

・非水溶性→指定数量 200 ℓ
・分子式 C_6H_{14} ・無色透明
・比重 0.65
・有臭（灯油のような臭い）
・沸点 69℃ ・引火点 −23.3℃
・発火点 234℃
・**灯油，ガソリンに多く含まれている成分．**
これより，ガソリンや灯油は混合物であることがわかる！
・油脂の洗浄などに使われる．

（参考）構造式

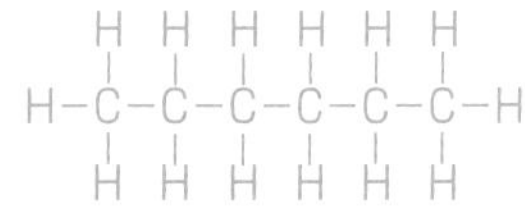

(P36 参照)

応用問題 Set2　性質・火災予防・消火方法の解答

問17　スチレンの性状として，次のうち誤っているものはどれか．

(1) 無色の液体で，特有の臭気がある．
(2) アルコール，エーテル，二硫化炭素等にはよく溶けるが，水には溶けない．
(3) 熱や光により，容易に重合する．
(4) 第2石油類に分類される．
(5) 水より重い．→ 軽い．

スチレン（第2石油類）

- 非水溶性→指定数量 1000 ℓ
- 分子式　C_8H_8（$C_6H_5C_2H_3$）
- 無色透明
- 比重　0.9
- 特有の臭気
- 沸点　145℃
- 引火点　31℃
- 発火点　490℃
- 合成樹脂の原料

(3) 重合とは，「簡単な構造をもつ分子化合物が，2つ以上結合して，分子量の大きな別の化合物を生成する現象」．

(P36 参照)

(5)

問18　クレオソート油の性状として，次のうち正しいものはどれか．

(1) 無色無臭の液体である．→ 黄色・暗緑色で有臭
(2) アルコール，ベンゼンなどに溶けるが，水には溶けない．
(3) 沸点は，100℃である．→ 200℃
(4) 水より軽い．→ 重い．
(5) 発火点は，約250℃以下である．→ 336℃

クレオソート油（第3石油類）

- 非水溶性→指定数量 2000 ℓ
- 黄色又は暗緑色の液体
- 特有の臭気
- 比重 1.0 以上
- 沸点　200℃以上
- 引火点　74℃
- 発火点　336℃
- 木杭の防腐剤として塗る．

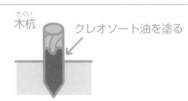

木杭（きぐい）　クレオソート油を塗る

参考

セイロ丸の主成分は木（もく）クレオソートであるが，これはクレオソート油とは異なる．クレオソート油は石炭からできるのに対し，木クレオソートはブナやマツの原木からつくられる．

(P33 参照) 答 (2)

性質・火災予防・消火方法の解答

問 19 メチルアルコール，アセトン，二硫化炭素の性状として，次のうち誤っているものはどれか．

(1) 沸点は，メチルアルコールが最も低い． → 高い．
(2) 引火点は，メチルアルコールが最も高い．
(3) 発火点は，アセトンが最も高い．
(4) 燃焼範囲は，二硫化炭素が最も広い．
(5) 液の比重は，二硫化炭素が最も大きい．

(2)～(5) 正しい．下の表で確認しよう！

		メチルアルコール	アセトン	二硫化炭素
(1)	沸点	65℃	57℃	46℃
(2)	引火点	11℃	5℃	−30℃
(3)	発火点	385℃	465℃	90℃
(4)	燃焼範囲	6～36%	2.15～13%	1～50%
(5)	液比重	0.8	0.79	1.26

(P26 参照)

(1)

問 20 ガソリンを貯蔵していたタンクに灯油を入れるときは，タンク内のガソリンの蒸気を完全に除去してから入れなければならないが，その理由は，次のうちどれか．

(1)(2)(4)(5) はウソである．

(1) タンク内のガソリンの蒸気が灯油と混合することにより，ガソリンの引火点が高くなるから．
(2) タンク内に充満していたガソリンの蒸気が灯油と混合して熱を発生し，発火することがあるから．
(3) タンク内に充満していたガソリンの蒸気が灯油に吸収されて燃焼範囲の濃度に薄まり，かつ，灯油の流入で発生した静電気の火花で引火することがあるから．
(4) タンク内のガソリンの蒸気が灯油と混合して，灯油の発火点が著しく低くなるから．
(5) タンク内のガソリンの蒸気が灯油の蒸気と混合するとき発熱し，その熱で灯油の温度が高くなるから．

(1) 引火点は変わらない．
(2) 熱は発生しない．
(4) 灯油の引火点は，ほとんど変わらない．
(5) 発熱しない．
★(3) の説明文だけは，確実に覚えておこう！

答 (3)

問21　法別表第一に危険物の品名として掲げられているものは，次の A～E のうちいくつあるか．

Ⓐ **ナトリウム** →第３類危険物（禁水性物質）
Ⓑ **硝酸**（しょうさん） →第６類危険物（酸化性液体）
Ⓒ **鉄粉** →第２類危険物（可燃性固体）
D **水素**
E **エチレン**
（D・E）常温（20℃）にて気体である．危険物ではない．

(1) 1つ
(2) 2つ
(3) 3つ
(4) 4つ
(5) 5つ

法別表第一の危険物は，A，B，Cの3つである．

(復習)

類	性質	物質の例
第1類	酸化性固体	塩素酸塩類，硝酸塩類
第2類	可燃性固体	赤りん，硫黄，鉄粉，マグネシウム，引火性固体
第3類	自然発火性物質 禁水性物質	ナトリウム，カリウム，黄りん，アルキルアルミニウム
第4類	引火性液体	ガソリン，灯油，軽油
第5類	自己反応性物質	有機過酸化物，ニトロ化合物
第6類	酸化性液体	過酸化水素，硝酸

(P24～26 参照)

(3)

問22　現在，軽油を 500ℓ 貯蔵している．これと同一の場所に次の危険物を貯蔵した場合，法令上，指定数量の倍数が 1 以上となるものは，次のうちどれか．

(1) ベンゼン …………… 100ℓ
(2) エタノール ………… 150ℓ
(3) 灯油 …………………… 300ℓ
(4) 重油 …………………… 600ℓ
(5) シリンダー油 …… 2,000ℓ

軽油 500ℓ の指定数量の倍数は，

$\frac{500\ell}{1000\ell}=0.5$ 倍

$1-0.5=0.5$

よって，残り **0.5** 倍以上になるものをさがせばよい．

(1) ベンゼン $\frac{100\ell}{200\ell}=0.5$ 倍→**答**

(2) エタノール $\frac{150\ell}{400\ell}=0.375$ 倍

(3) 灯油 $\frac{300\ell}{1000\ell}=0.3$ 倍

(4) 重油 $\frac{600\ell}{2000\ell}=0.3$ 倍

(5) シリンダー油 $\frac{2000\ell}{6000\ell}=0.33$ 倍

(P36 参照)

(1)

法令の解答

★最低限おぼえる！→（ガソリン，アセトン，特引はダメ）

問 23　屋外貯蔵所において，貯蔵できる危険物の組合せで正しいものは，次のうちどれか． ガソリン・アセトン・特殊引火物・その他ダメなものに × を付けると，このようになる．

(1)	アセトアルデヒド 特引	アセトン 1石	灯油 2石
(2)	軽油 2石	硫黄（いおう） 2類	重油 3石
(3)	シリンダー油 4石	ガソリン 1石	メチルアルコール アルコール類
(4)	ガソリン 1石	ナトリウム 3類	赤りん（せき） 2類
(5)	硝酸 6類	過酸化水素 6類	黄りん（おう） 3類

(1)　×　×（引火点－20℃）　○
(2)　○　○　○
(3)　○　×（引火点－40℃）　○
(4)　×　×　×
(5)　×　×　×

※P180：問 21 解説の表を参照

屋外貯蔵所に貯蔵できる危険物は，次のものに限られる．
① 第 2 類の硫黄（イオウ）
　第 2 類の引火性固体（引火点 0℃以上）
② 第 4 類
　・1 石（引火点 0℃以上）・アルコール類
　・2 石　・3 石　・4 石　・動植物油類
★これ以外のものは貯蔵できない！

答 (2)

問 24　仮使用（かりしよう）の説明として，次のうち正しいものはどれか．

(1) 仮使用とは，製造所等を変更する場合に，工事が終了した部分を仮に使用することをいう．
(2) 仮使用とは，定期点検中の製造所等を7日以内の期間，仮に使用することをいう．——期限はない．
(3) 仮使用とは，製造所等の設置工事において，工事終了部分を完成検査前に使用することをいう．
(4) 仮使用とは，製造所等を変更する場合に，変更工事にかかわる部分以外の部分の全部又は一部を，市町村長等の承認を得て完成検査前に仮に使用することをいう．
(5) 仮使用とは，製造所等を変更する場合，変更工事の開始前に仮に使用することをいう．

本来ならば，施設の一部でも工事をする場合，全体の使用ができないが，条件付きで一部の使用を認めてもらう．

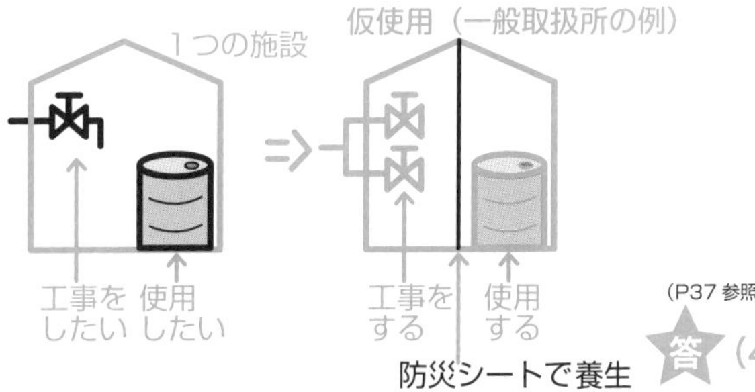

(P37 参照)

答 (4)

応用問題2

応用問題 Set2　法令の解答

問25　危険物保安監督者及び危険物取扱者についての説明（A〜E）で，正しいものはいくつあるか．

A　危険物保安監督者を定めるのは，製造所等の所有者等である．

B　危険物保安監督者を選任し，又は解任した場合，その旨（むね）を市町村長等に届け出なければならない．

C　製造所等においては，その許可数量及び品名等にかかわらず，危険物保安監督者を定めておかなければならない．　選任が不要な施設もある．

D　危険物取扱者でない者でも，甲種又は乙種危険物取扱者の立会いがあれば，危険物を取扱うことができる．

E　丙種危険物取扱者は，第４類の危険物のうち特定の危険物を貯蔵又は取扱う製造所等の危険物保安監督者になることができる．　→できない．

(1) 1つ　(2) 2つ　(3) 3つ　(4) 4つ　(5) 5つ

A そのとおり．所有者等とは，社長，工場長，所長などのこと．
B そのとおり．
C 許可数量及び品名等にかかわらず，危険物保安監督者を選任しなければならない製造所等は，
・製造所・屋外タンク貯蔵所・給油取扱所・移送取扱所で，
不要な施設は，「移動タンク貯蔵所」である．
D そのとおり．
E 丙種は，危険物保安監督者になれない．

A，B，Dの3つが正しい．

答 (3)

問26　危険物の取扱作業の保安講習の受講対象となるのは，次のうちどの者か．

(1) 危険物施設保安員 →免状をもっていなければ対象外
(2) 危険物保安統括管理者 →もし免状をもっていても，取扱作業に従事していなければ対象外
(3) すべての危険物取扱者
(4) 製造所等で危険物の取扱作業に従事しているすべての者
(5) 製造所等で危険物の取扱作業に従事しているすべての危険物取扱者

(1) もし，危険物施設保安員が危険物取扱者であったら受講対象者となる．
(2) 受講対象外．
(3) すべてではない．危険物取扱作業に従事している者である．
(4) 危険物取扱者でない者（免状をもっていない者）は受講不要．
(5) 正しい．★この文章をおぼえておこう！

(P39参照)

答 (5)

法令の解答

問 27　一定数量以上の危険物を貯蔵し又は取扱うようになる場合，危険物施設保安員を選任しなければならない製造所等として，次のうち正しいものはどれか.

(1) 第一種販売取扱所
(2) 給油取扱所
(3) 屋外貯蔵所
} 不要
(4) 製造所 →指定数量 100 倍以上
(5) 移送取扱所 →すべて必要

(1)～(3) 不要
(4) 指定数量の倍数が 100 以上の場合必要
(5) すべて必要…移送取扱所は，数量に関係なく選任が必要であるため，正解ではない.

危険物施設保安員を定めることを必要とする製造所等　☆ここで覚えておこう！

施　設	取扱う危険物の数量等
製造所	指定数量の倍数が 100 以上
一般取扱所	指定数量の倍数が 100 以上
移送取扱所	すべて

(P40 参照)

問 28　製造所等の定期点検について，次のうち誤っているものはどれか.

(1) 1 年に 1 回以上行わなければならない.　○印の説明文…そのままおぼえておこう！
(2) 点検の記録は，5 年間保存しなければならない. → 3 年間
(3) 移動タンク貯蔵所は，貯蔵又は取扱う危険物の品名及び数量にかかわらず，定期点検を実施しなければならない.
(4) 原則として，危険物取扱者又は危険物施設保安員が行わなければならない.
(5) 危険物取扱者又は危険物施設保安員以外の者が，その点検を行う場合は，危険物取扱者（乙 4 類以上）の立会いを受けなければならない.

保安管理体制

危険物保安統括管理者（ほあんとうかつかんりしゃ）
｜
危険物保安監督者（ほあんかんとくしゃ）
｜
危険物施設保安員（しせつほあんいん）
｜
危険物取扱者
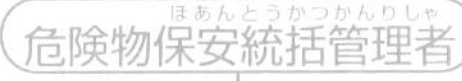
｜
無資格者

入社してすぐに現場に配属されたときは，無資格者が多い.

(P40 参照)

応用問題2

問29 製造所の設備の技術上の基準について，誤っているものはどれか．

(1) 危険物を取扱うにあたって静電気を発生するおそれのある設備は，静電気を有効に除去する装置を設けること．○印は，法令の条文である．そのままおぼえよう！

(2) 危険物を取扱う建築物は，危険物を取扱うのに必要な採光（さいこう），照明及び換気の設備を設けること．→あたりまえ！

(3) 可燃性の蒸気又は可燃性の微粉が滞留する建築物は，その蒸気又は微粉が屋外の低所に排出される設備を設けること．→高所

(4) 危険物を加圧する設備は，圧力計又は規則で定める安全装置を設けること．

(5) 危険物を加熱，若しくは冷却する設備又は危険物の取扱いに伴（ともな）って温度変化が起こる設備は，温度測定装置を設けること．

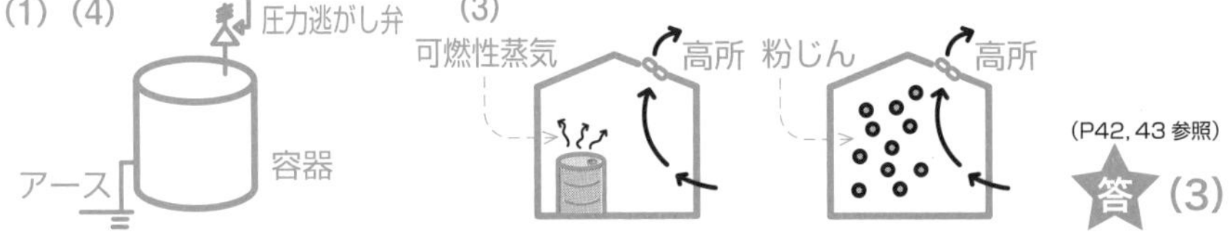

(P42, 43 参照)

答 (3)

問30 給油取扱所における「給油空地（きゅうゆくうち）」の説明として，次のうち正しいものはどれか．

(1) のみ確実におぼえておこう！

(1) 固定給油設備のうち，ホース機器の周囲に設けられた，自動車等に直接給油し，及び給油を受ける自動車等が出入りするために設けられた間口（まぐち）10m以上，奥行（おくゆき）6m以上の空地のことである．→ヒント：空地をとろう（10，6）

(2) 懸垂式（けんすいしき）の固定給油設備と道路境界線の間に設けられた，幅4m以上の空地のことである．

(3) 給油取扱所の専用タンクに移動貯蔵タンクから危険物を注入するとき，移動タンク貯蔵所が停車するために設けられた空地のことである．

(4) 固定給油設備のうちホース機器の周囲に設けられた，9m² (3m×3m) 以上の空地のことである．

(5) 消防活動及び延焼防止のために給油取扱所の周囲に設けられた，幅3m以上の空地のことである．

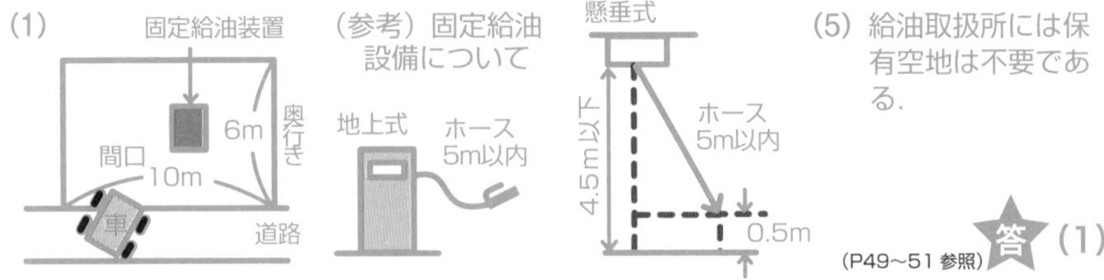

(P49～51 参照)

答 (1)

応用問題 Set2 法令の解答

問 31 ある製造所において，第 4 類第 2 石油類を 2000 ℓ 製造した．指定数量と倍数の説明で，次のうち正しいものはどれか．

(1) 非水溶性の場合，指定数量は 1000 ℓ で，倍数は 2 倍である．
(2) 非水溶性の場合，指定数量は 2000 ℓ（→ 1000 ℓ）で，倍数は 1 倍（→ 2 倍）である．
(3) 水溶性の場合，指定数量は 2000 ℓ で，倍数は 2 倍（→ 1 倍）である．
(4) 水溶性の場合，指定数量は 1000 ℓ（→ 2000 ℓ）で，倍数は 2 倍（→ 1 倍）である．
(5) 水溶性，非水溶性を問わず，指定数量は 1000 ℓ で，倍数は 2 倍である．

第 2 石油類の指定数量は，非水溶性の場合 1000 ℓ
水溶性の場合 2000 ℓ

(1)(2) 非水溶性……倍数 $= \dfrac{製造量}{1000\,ℓ} = \dfrac{2000\,ℓ}{1000\,ℓ} = 2$ 倍

(3)(4) 水溶性……倍数 $= \dfrac{製造量}{2000\,ℓ} = \dfrac{2000\,ℓ}{2000\,ℓ} = 1$ 倍

> 第 2 石油類の非水溶性の代表的なものは灯油
> 第 2 石油類の水溶性の代表的なものに酢酸，アクリル酸がある．

(P36 参照)

答 (1)

問 32 危険物の取扱いのうち，消費及び廃棄（はいき）の技術上の基準として，次のうち誤っているものはどれか．

(1) 埋没（まいぼつ）する場合は，危険物の性質に応じて安全な場所で行うこと．
(2) 焼却による危険物の廃棄は，燃焼又は爆発によって他に危害（きがい）又は損害を及ぼすおそれが大きいので行ってはならない．
(3) 焼入れ作業は，危険物が危険な温度に達しないように注意して行うこと．
(4) バーナーを使用する場合は，バーナー逆火（さかび）を防ぎ，かつ，危険物があふれないようにすること．
(5) 染色（せんしょく）の作業は，可燃性の蒸気が発生するので換気に注意すること．

(1) 地中に埋没しても問題のない類の危険物もある．
(2) 焼却は，最も有効な廃棄方式である．（特に第 4 類）
(3) 焼入れ作業とは，熱した金属を油に入れて急冷する作業である．

(P55 参照)
答 (2)

応用問題2

問 33　給油取扱所の位置，構造，設備の技術上の基準について，次のうち誤っているものはどれか．

(1) 地下専用タンクの容量の制限はない．
(2) 敷地の周囲には，自動車の出入りする側を除き，高さ 2m 以上の防火壁を設けること．
(3) 空地はコンクリート等で舗装し，その地盤面は周囲の地盤面より低くすること．→高く
(4) 間口 10m 以上，奥行 6m 以上の空地を保有すること．
(5) 固定給油設備は，敷地境界線から 2m 以上，道路から 4～6m 以上の間隔を保つこと．

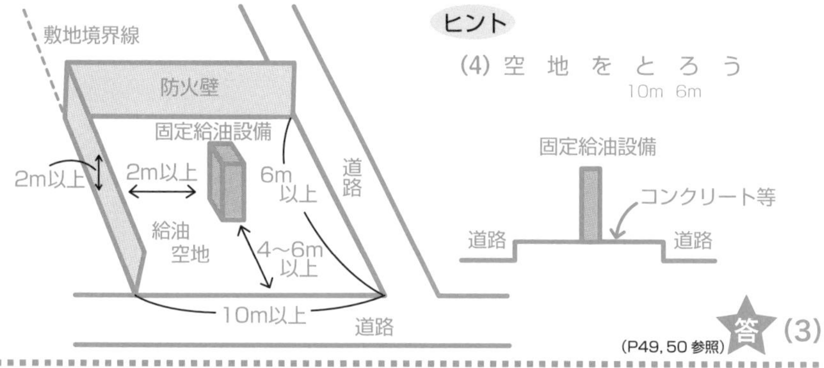

(P49, 50 参照) 答 (3)

問 34　危険物の各類とその運搬容器の外部に行う注意事項の表示として，次のうち誤っているものはどれか．（　）内に具体的な物品名を示す．

(1) 第１類（塩素酸カリウム）……「火気・衝撃注意」「可燃物接触注意」
(2) 第２類（鉄粉）……「火気厳禁」→「火気注意」「禁水」
(3) 第４類（灯油）……「火気厳禁」
(4) 第５類（過酸化ベンゾイル）……「火気厳禁」「衝撃注意」
(5) 第６類（硝酸）……「可燃物接触注意」
(3)～(5) そのとおり

★難易度の高い問題である！
(2)（参考）第２類でも，固形アルコールの場合は，「火気厳禁」となる．

(3)
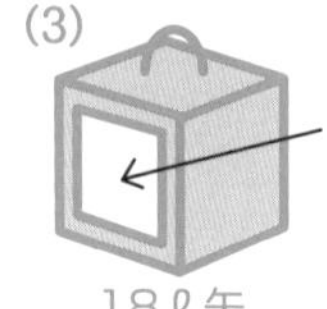

第４類
第２石油類
危険等級Ⅲ
灯油
非水溶性
18ℓ
火気厳禁

(2)

法令の解答

問35 製造所等の使用停止命令の事由として該当しないものは，次のうちどれか．

(1) 定期点検の届出を怠っているとき．
(2) 定期点検をしなければならない製造所等について，この期間内に点検しないとき．
(3) 変更許可を受けないで，製造所等の位置，構造又は設備を変更したとき．
(4) 危険物の貯蔵及び取扱いの基準の遵守命令に違反したとき．
(5) 完成検査を受けずに，使用したとき．

○：使用停止命令に該当する．
×：使用停止命令に該当しない．

市町村長等からの行政処分には，「許可取消命令」「使用停止命令」がある．
防災上，その重大性により，処分内容が決まる．2つを比べると「許可の取消し」の方が重い．（操業がこれから全くできなくなるからである．）

(1) 定期点検の届出は，そもそもする必要はない．
(2)(3)(4)(5) は「使用停止命令」以上に該当する違反内容である．

※「事由」とは法律用語で「理由」のことである．

答 (1)

(P58, 59 参照)

応用問題（実際に出題された問題をベースに作成）

Set3

物理化学の解答

問1　爆発についての記述で，次のうち誤っているものはどれか．

(1) 固体の可燃物が粉末状で空気中に浮遊するとき，点火源を与えると強力に爆発することがある．これを「粉じん爆発」という．

(2) 石炭の粉は，粉じん爆発を起こす．

(3) 小麦粉は，粉じん爆発を起こす．

(4) 可燃性蒸気が密閉状態のところで燃焼範囲にあるとき，火源によって爆発現象を起こすことを「粉じん爆発」という．（→固体の粉末）

(5) 粉じん爆発は，可燃性蒸気の爆発と同じように，燃焼範囲がある．

(1)（2)（3)（5）は正しい．
そのままおぼえる！

答 (4)

問2　次の化学構造式で表される物質の名前を答えよ．

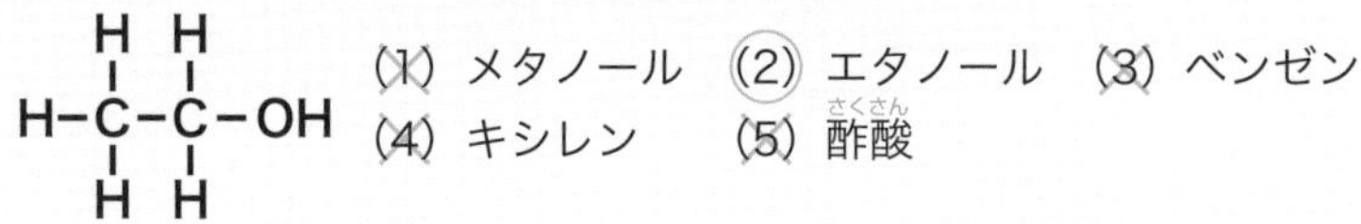

(1) メタノール　(2) エタノール　(3) ベンゼン
(4) キシレン　(5) 酢酸（さくさん）

これは，エタノール（C_2H_5OH）の構造式である，問題の構造式には C が 2 個，H が 5 個，OH が 1 個ある．(2)が一致する．※エタノールの正式名はエチルアルコールである．(参考まで他の分子式と構造式は以下のとおりである．

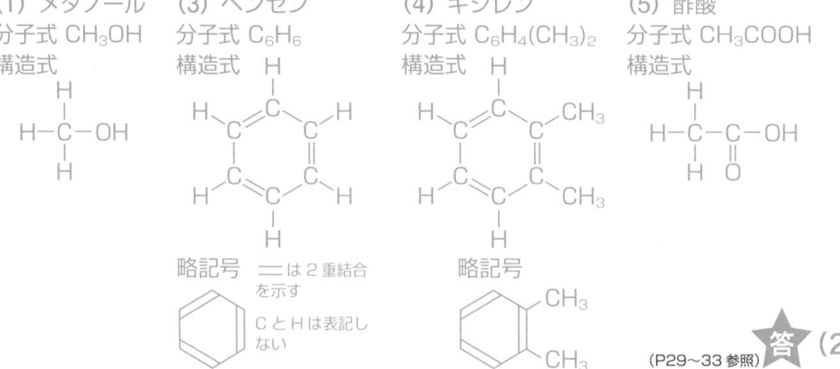

(P29～33 参照)

答 (2)

物理化学の解答

問3　次の物質のうち，常温（20℃）で，燃焼形態が蒸発燃焼のものはいくつあるか．

Ⓐ：ガソリン　→蒸発燃焼
B：水素　→拡散燃焼
C：コークス　→表面燃焼
Ⓓ：ナフタリン　→蒸発燃焼
E：セルロイド　→内部燃焼

(1) なし
(2) 1つ
(3) 2つ（○）
(4) 3つ
(5) 4つ

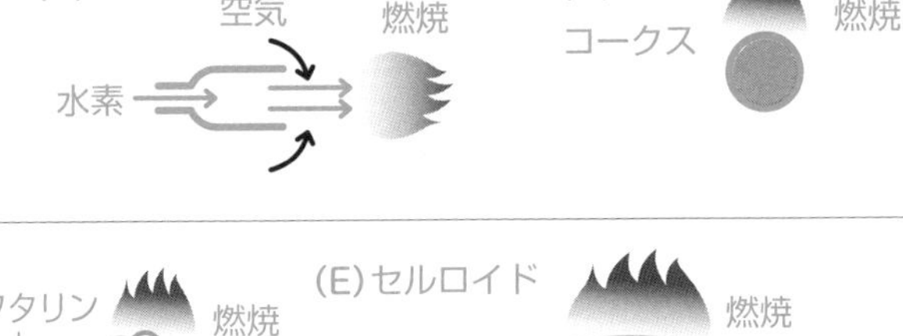

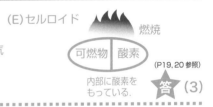

(D) ナフタリンは固体であるが，加熱すると蒸気になり，それが燃える．

(E) セルロイド
燃焼
可燃物　酸素
内部に酸素をもっている．

(P19, 20 参照)

答 (3)

問4　化学変化のみに関する用語の組合せは，次のうちどれか．

(1)	昇　華	融　解	化　合
(2)	凝　固	混　合	化　合
(3)	分　解	混　合	凝　固
(4)	酸　化	混　合	昇　華
(5)（○）	酸　化	燃　焼	中　和

物：物理変化
化：化学変化

(1) 物，物，化
(2) 物，物，化
(3) 化，物，物
(4) 化，物，物
(5) 化，化，化

ヒント　物質の三態の図にあるものは，すべて物理変化である．
- 分解とは，水が電気分解で酸素と水素ができるような反応．
- 混合とは，水に砂糖を混ぜて砂糖水をつくるような変化．
- 中和とは，酸とアルカリで塩と水ができる反応．

(P15, 16 参照)

問5　酸の一般的な性質として，次のうち誤っているものはどれか．

(1) 亜鉛などの金属を溶かし，酸素を発生する．→ 水素
(2) 水に溶けると電離して，水素イオンを生じる．
(3) 青色リトマス試験紙を赤く変える．
(4) 水溶液の pH は，7 より小さい．
(5) 塩基（えんき）を中和して，塩と水を生じる．

（(2)～(5)）そのとおり

(1) $Zn + 2HCl \rightarrow ZnCl_2 + H_2$
亜鉛　酸（塩酸）　塩化亜鉛　水素

(2) $HCl \rightarrow H^+ + Cl^-$
塩素　水素イオン　塩素イオン

(4) 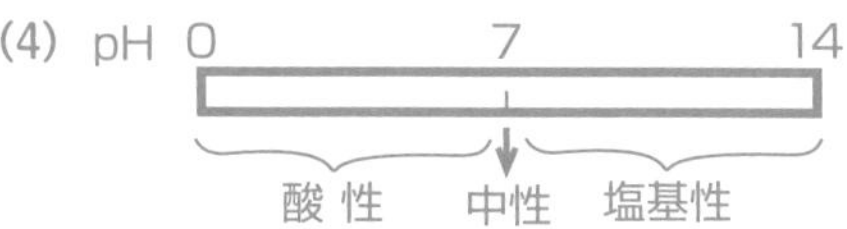

塩基性とはアルカリ性のことである．

(5) $HCl + NaOH \rightarrow NaCl + H_2O$
塩酸　水酸化ナトリウム　塩　水

(P17,18参照)

(1)

問6　金属の性質について，次のうち誤っているものはどれか．

(1) 金属は燃焼しない．
(2) 金属の中には，水に浮くものがある．
(3) 比重が約 4 以下の金属を一般に軽金属という．
(4) イオンへのなりやすさは，金属の種類によって異なる．
(5) 希硝酸と反応しないものがある．　希硝酸とは，濃度の低い硝酸のことをいう．

(1) 鉄は金属であるが，粉にすると燃焼する．
鉄粉は第 2 類危険物である．
(2) Li（リチウム）は，水より軽い金属である．
単体の固体中，最も軽い．（比重 0.53）
(3) アルミニウムなどの軽い金属を軽金属という．
(4) そのとおり．
(5) 金（Au）は希硝酸（HNO_3）に反応しない．

(1)

問 7　次の気体で一番重いものはどれか．原子量は，C=12，O=16，H=1，N=14 とする．

(1) 二酸化炭素（CO_2）
(2) エチレン（C_2H_4）
(3) エタン（C_2H_6）
(4) メタン（CH_4）
(5) 窒素（N_2）

〔例〕（1）CO_2

12g×1 個＋16g×2 個＝44g

他も同様に行う．

(1) $CO_2=12+16\times2=$**44**
(2) $C_2H_4=12\times2+1\times4=28$
(3) $C_2H_6=12\times2+1\times6=30$
(4) $CH_4=12+1\times4=16$
(5) $N_2=14\times2=28$

☆解き方はここで覚えておこう！

よって，（1）の $CO_2=44$ が一番大きいので，一番重い．

(1)

問 8　可燃物とその燃焼の形態の組合せとして，次のうち誤っているものはどれか．

(1) アセチレン ……拡散燃焼
(2) 木　材 …………分解燃焼
(3) セルロイド ……自己燃焼
(4) ガソリン ………蒸発燃焼
(5) 硫　黄 …………表面燃焼 →蒸発燃焼

(1)～(4) 正しい．このままおぼえる！

これだけは最低覚えておきたい！

・気体―拡散燃焼…水素，メタン，アセチレン等
・液体―蒸発燃焼…ガソリン，灯油
・固体┬表面燃焼…木炭，コークス
　　　├分解燃焼…木材，石炭
　　　├蒸発燃焼…硫黄，固形アルコール
　　　└内部燃焼…第 5 類危険物（セルロイドなど）

※自己燃焼のことを内部燃焼ともいう．

固体にも蒸発燃焼するものがあることに注意！

(P19, 20 参照)

(5)

問 9 「ある可燃性液体の引火点が 50℃, 燃焼範囲の下限（値）が 2.3vol%, 上限（値）が 18.5vol%である.」
次の説明で誤っているものはどれか.

(1) 空気との混合気体の濃度が 18.5vol%を超えると点火源を与えても燃焼しない.
(2) 液温が 50℃になれば, 液体表面に生ずる可燃性蒸気の濃度は 18.5vol%となる. → 2.3vol%
(3) 液温が 50℃のとき, 液体表面に燃焼範囲の下限の濃度の混合気体が存在する.
(4) 液温が 50℃以上になれば引火する.
(5) この液体の蒸気 5ℓ と空気 95ℓ の混合気体中で, 電気スパークを飛ばすと燃焼する.

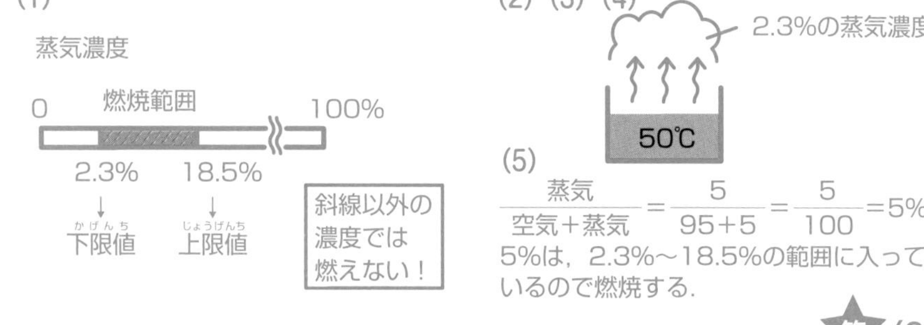

(5)

$$\frac{蒸気}{空気+蒸気}=\frac{5}{95+5}=\frac{5}{100}=5\%$$

5%は, 2.3%～18.5%の範囲に入っているので燃焼する.

(P20, 21 参照) 答 (2)

問 10 消火に関する説明で, 次のうち誤っているものはどれか.

○印は, 十分理解しよう！

(1) 引火点以下にすれば, 消火できる.
(2) 可燃性蒸気と空気との混合気の濃度を燃焼下限値以下にすれば, 消火できる.
(3) 一般に酸素の濃度を 14～15vol%以下とすれば, 消火できる.
(4) 爆風により可燃性蒸気を吹き飛ばす方法で, 消火できる場合もある.
(5) 燃焼の三要素である可燃物, 酸素供給源, 点火源のひとつを取り去っただけでは, 消火できない. → 取り去れば, 消火できる.

(1) 正しい. 燃焼範囲の下限値より小さい蒸気になるため.
(2) そのとおり.
(3) そのとおり.
(4) ロウソクの炎を消すのと同じ原理である. かつて中東の油田火災の消火に, この方法が使われた.
(5) ひとつ取り去れば, 消火できる.

(5)

性質・火災予防・消火方法の解答

問 11　危険物の類ごとの共通する性質とその具体的物質名の表で，次のうち誤っているものはどれか.

★性質の最初の問に出題される内容！

	類名	共通する性質	物質名
(1)	第 1 類	酸化性の固体．加熱分解し酸素を発生.	塩素酸塩類
(2)	第 2 類	可燃性固体．還元性物質で大変燃焼しやすい.	硫黄
(3)	第 3 類	自然発火又は水と接触して発火若しくは可燃性ガスを発生する,	カリウム
(4)	第 5 類	可燃物と酸素が共存している物質で自己燃焼性がある,	硝酸エチル
(5)	第 6 類	還元性液体であり還元性が強い,	硝酸

還元性 → 酸化性　還元性 → 酸化性（酸化力）

（復習）基本的事項
第 1 類　酸化性固体
第 2 類　可燃性固体
第 3 類　自然発火性物質又は禁水性物質
第 4 類　引火性液体
第 5 類　自己反応性（内部燃焼性）物質
第 6 類　酸化性液体

(P24～26, 35 参照)

答 (5)

問 12　第 4 類の危険物の火災予防の方法として，貯蔵場所は通風，換気に注意しなければならないが，この一番の理由はどれか.

(1) 液温を発火点以下に保つため.　→（例）ガソリンの発火点は約 300℃
(2) 自然発火を防止するため.　→（例）乾性油の場合は，換気が必要.
(3) 発生する蒸気の滞留を防ぐため. →そのとおり.
(4) 室温を引火点以下に保つため.　→（例）ガソリンの引火点は－40℃以下
(5) 静電気の発生を防止するため.　→換気で静電気の発生は防止できない.

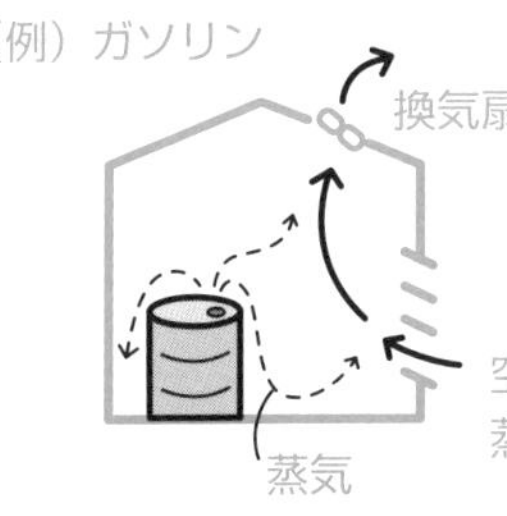
（例）ガソリン
換気扇
蒸気
空気の流れに乗せてガソリン
蒸気を室外の高所に排出する.

答 (3)

性質・火災予防・消火方法の解答

問13　一般に第4類の危険物の火災には，水をかけて消火するのは適切でないといわれている．その理由は，次のうちどれか．

(1) 燃焼面が拡大するから．
(2) 発火点が下がるから．
(3) 可燃性ガスが発生するから．
(4) 引火点が下がるから．
(5) 発熱，発火するから．

（(2)～(5)）ウソ

(1) そのとおり．→ 一般の第4類危険物
・水より軽い．
・水に溶けない．

(2)(4) 発火点，引火点は，おおよそ物質により決まっている．水を掛けて変わるものではない．

(3) 第4類で，水を掛けて可燃性ガスを発生するものはない．

(5) 第4類で，水を掛けて発熱，発火するものはない．

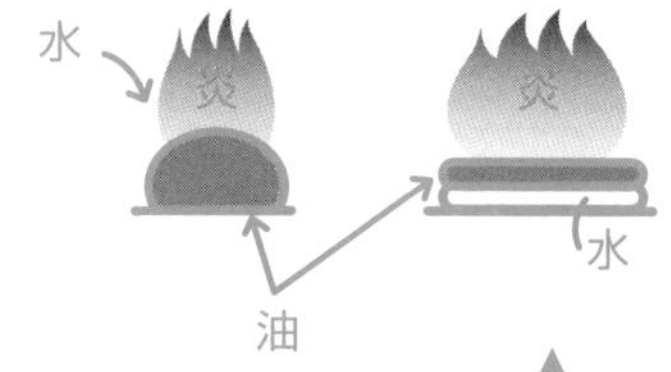

答 (1)

問14　油火災及び電気火災の両方に適応する消火剤の組合せを次のうちから選べ．

(1)	二酸化炭素	粉末	棒状の強化液
(2)	二酸化炭素	ハロゲン	泡
(3)	二酸化炭素	泡	霧状の強化液
(4)	ハロゲン	粉末	霧状の強化液
(5)	ハロゲン	粉末	棒状の強化液

A：普通火災
B：油火災
C：電気火災
に適応する消火剤をA, B, Cで表す．

(1)	BC	ABC	A
(2)	BC	BC	AB
(3)	BC	AB	ABC
(4)	BC	ABC	ABC
(5)	BC	ABC	A

BとCをすべて含んだものを選ぶ．すると（4）が当てはまる．
※霧状の強化液は，水分を含んでいるが，電気火災にも使用できることに注意！

（P23参照）

答 (4)

問15 ガソリンの性状として，正しいものは次のうちどれか．

(1) 二硫化炭素より発火点は低い．→ 高い．
(2) 蒸気比重は 1 より大きい．
(3) 引火点は20℃以上である．→ −40℃以下である．
(4) ジエチルエーテルより燃焼範囲は広い．→ 狭い．
(5) 電気の良導体であり，静電気が蓄積されにくい．→ やすい．

良導体 → 不良導体（ふりょうどうたい）

(1)（3）

	引火点	発火点
ガソリン	**−40℃以下**	**約 300℃**
二硫化炭素	−30℃以下	約 90℃

(2) 正しい．蒸気比重は 3〜4 であり，1 より大きい．

(4) 燃焼範囲
ガソリン 1.4〜7.6%
エーテル 1.9〜36%

(P26, 28 参照)

問16 トルエンの性状として，次のうち誤っているものはどれか．

(1) 無色の液体である．→そのとおり
(2) 水によく溶ける．→水には溶けない．（非水溶性である）
(3) 特有の芳香（ほうこう）を有している．
(4) アルコール，ベンゼン等の有機溶剤に溶ける．
(5) 揮発性（きはつせい）があり，蒸気は空気より重い．

(3)〜(5) そのまま オボエル

トルエン CH_3

塗料のうすめ液の「シンナー」のことである．

（参考）

アルコール（メチルアルコール CH_3-OH、エチルアルコール C_2H_5-OH）

キシレン CH_3 CH_3

(P26, 29 参照)

問17　メタノールとエタノールに共通する性状として，次のうち誤っているものはどれか．

(1) 引火点は常温（20℃）より高い．→低い．
(2) 沸点は，100℃未満である．
(3) 蒸気は空気より重い．
(4) 飽和1価のアルコールである．
(5) 燃焼時の炎の色は淡いため，認識しにくいことがある．

メタノール＝メチルアルコール
エタノール＝エチルアルコール

(1)（2）

	メタノール	エタノール
引火点	11℃	13℃
発火点	385℃	363℃
沸点	65℃	78℃

(4)
（参考）消防法でいうアルコール類とは，「炭素数3以下の飽和1価のアルコール」
○飽和とは，炭素の二重結合がないもの
○1価とは，OH（ヒドロキシル基）が1つのもの

アルコール類ではないもの

H–C(H)(OH)–C(H)(OH)–H　エチレングリコール
炭素数2で飽和であるが，OHが2つある．

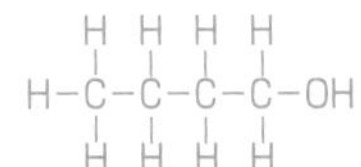

H–C–C–C–C–OH（各Cに H が上下）　ブタノール
飽和で，OHが1つであるが，炭素数が4である．

(P30, 31 参照) 答 (1)

問18　酢酸（氷酢酸）の性状として，次のうち誤っているものはどれか．

(1) 水，エチルアルコールとジエチルエーテルに溶ける．
(2) 無色透明の液体で刺激臭を有する．
(3) 水溶液は腐食性を有し，弱い酸性を示す．
(4) 15℃では凝固しない．→する．（凝固点17℃）
(5) エチルアルコールと反応して，酢酸エステルを生成する．

(4) 秋になると凍ってしまう．よって，氷酢酸（ひょうさくさん）とも呼ばれる．
(5) 酢酸エステルは，酢酸とアルコールが反応し，水が取れたもの．

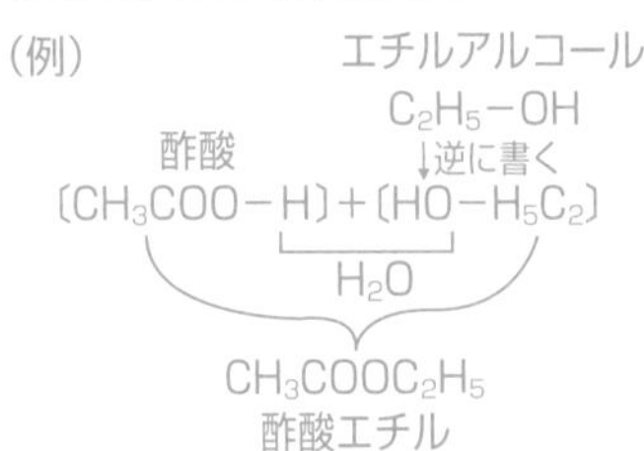

(P26, 32, 36 参照)

問 19　布にしみ込ませて大量に放置すると，自然発火する危険性が最も高い危険物は，次のうちどれか．

(1) 第 3 石油類のうち，重油
(2) 第 4 石油類のうち，シリンダー油
(3) 動植物油類のうち，半乾性油（はんかんせいゆ）
(4) 動植物油類のうち，不乾性油（ふかんせいゆ）
(5) 動植物油類のうち，乾性油

「自然発火」といえば，動植物油類の「乾性油」である．

動植物油類

	不乾性油	半乾性油	乾性油
よう素価	100 以下	100～130	130 以上
油の別	オリーブ油 ツバキ油	ナタネ油 ゴマ油	アマニ油 キリ油

(P34 参照)

(5)

問 20　液体の比重が 1 より大きいものは，次のうちいくつあるか．

エチルアルコール 0.79　二硫化炭素 1.26　グリセリン 1.26
ニトロベンゼン 1.2　クロロベンゼン 1.11　重油 0.9～1.0

(1) 2 つ
(2) 3 つ
(3) 4 つ
(4) 5 つ
(5) 6 つ

比重の具体的数値は覚えておく必要はない．ただ，水より重いか，軽いかを分類できるようにしておけばよい．
液比重が 1 より大きいものは，二硫化炭素，グリセリン，ニトロベンゼン，クロロベンゼンの 4 つである．

ニトロベンゼン
・第 3 石油類
・非水溶性

NO_2 ニトロ基

クロロベンゼン
・第 2 石油類
・非水溶性

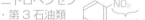

Cl 塩素

(P26 参照)

(3)

応用問題 3

応用問題 Set3 法令の解答

問21　次の危険物の品名とその分類で，誤っているものはどれか．

(1) 酸化プロピレンは，特殊引火物である．
(2) トルエンは，第１石油類に属する．
(3) 重油は，第２石油類に属する．→ 3
(4) クレオソート油は，第３石油類に属する．
(5) ギヤー油は，第４石油類に属する．

特殊引火物	エーテル，二硫化炭素，アセトアルデヒド，**酸化プロピレン**
第１石油類	ガソリン，ベンゼン，**トルエン**，酢酸エチル，メチルエチルケトン，アセトン，ピリジン
アルコール類	メチルアルコール，エチルアルコール，n−プロピルアルコール
第２石油類	灯油，軽油，クロロベンゼン，キシレン，酢酸
第３石油類	**重油**，**クレオソート油**，アニリン，ニトロベンゼン，エチレングリコール，グリセリン
第４石油類	**ギヤー油**，シリンダー油，潤滑油
動植物油類	オリーブ油，ナタネ油，アマニ油，キリ油

(P26〜P34 参照)

問22　危険物取扱者に関する記述として，次のうち誤っているものはどれか．

(1) 甲種危険物取扱者は，すべての種類の危険物を取り扱うことができる．
(2) 乙種第４類の危険物取扱者は，同じ液体の危険物である第６類の硝酸の取扱いができる．→できない！　○印の説明文は，読んで理解できればよい！
(3) 乙種第４類の危険物取扱者は，丙種危険物取扱者がアルコール類を取り扱う場合，立会いをして取り扱わせることができる．
(4) 丙種危険物取扱者が取り扱うことのできる危険物は，第４類のうち，ガソリン，灯油，軽油，第３石油類（重油，潤滑油及び引火点130℃以上のものに限る．），第４石油類及び動植物油類である．
(5) 乙種危険物取扱者には，６か月以上の危険物取扱いの実務経験があれば，危険物保安監督者になる資格があるが，丙種危険物取扱者には資格がない．

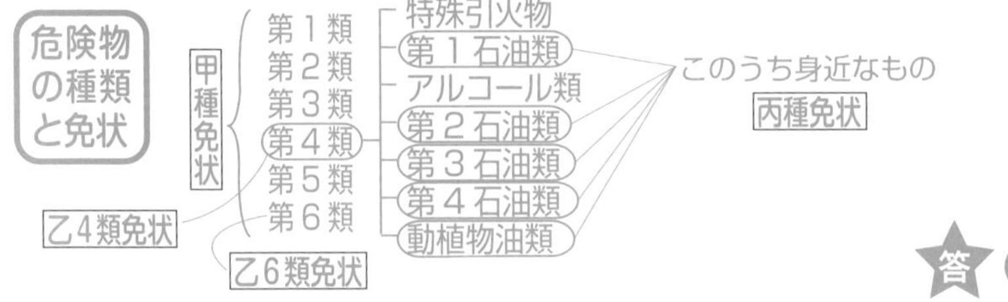

答 (2)

法令の解答

問 23　危険物製造所等の仮使用に関する説明として，次のうち正しいものはどれか．

(1) 指定数量以上の危険物を 10 日以内の期間，仮に取り扱うため，仮使用の申請をした．

(2) 製造所等を仮使用する場合は，所轄（しょかつ）の消防長の承認を受ければよい．（→ 市町村長等）

(3) 仮使用ができるのは，変更の許可に伴い，仮使用の承認を受けてから完成検査済証が交付されるまでの期間である．

(4) 設置許可を受けた製造所等が一部完成したので，その完成部分を使用するため，仮使用の承認を受けた．

(5) 製造所等の完成検査を受けたが，一部分が不合格であったので，合格している部分を使用するため，改めて仮使用の承認申請をした．

(3)

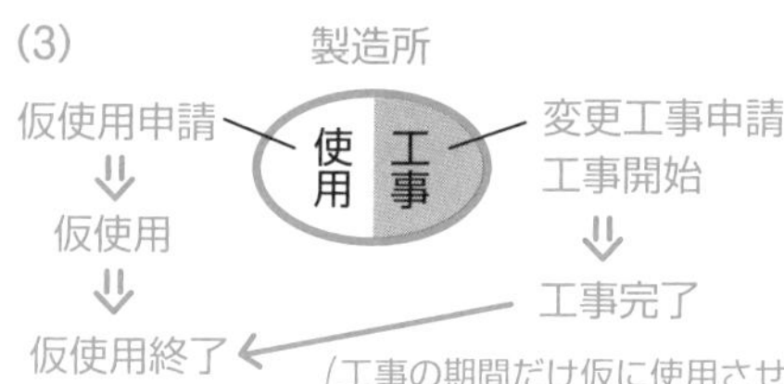

(工事の期間だけ仮に使用させてもらうのが仮使用である) ←本来，製造所の一部でも工事があれば，全体の使用はできない．

(1)「仮貯蔵」の説明である．

(2)「仮貯蔵」は消防長又は消防署長の承認であるが，「仮使用」は市町村長等の承認である．

(P37 参照)

(3)

問 24　危険物を取扱う場合，必要な申請書類及び申請先の組合せとして，次のうち誤っているものはどれか．

	申請内容	申請の種類	申請先
(1)	製造所等の位置，構造又は設備を変更しようとする場合	変更の許可	市町村長等
(2)	製造所等の位置，構造及び設備等を変更しないで，貯蔵する危険物の品名を変更する場合	変更の届出	所轄消防長又は消防署長（→ 市町村長等）
(3)	製造所等の変更工事にかかわる部分以外の部分，又は一部を，完成検査前に仮に使用する場合	承認	市町村長等
(4)	製造所等において，予防規程の内容を変更する場合	認可	市町村長等
(5)	製造所等以外の場所で，指定数量以上の危険物を，10 日以内の期間，仮に貯蔵し，又は取扱う場合	承認	所轄消防長又は消防署長

(2) 品名の変更や指定数量の変更は，「届出」でよいが，申請先は「市町村長等」である．

☆管理上，重大な事項は，市町村長等に，火災予防上，重要な事項は，消防長又は消防署長に申請する．

(P37 参照)

答 (2)

法令の解答

問25　危険物取扱者免状の返納を命じることのできる者は，次のうちどれか．

(1) 都道府県知事　(2) 市町村長　(3) 消防庁長官　(4) 消防長　(5) 消防署長

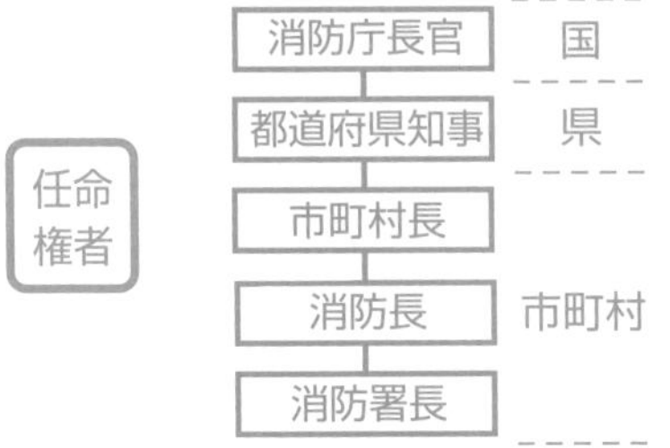

（参考）

○免状の記載事項変更のときは，都道府県知事に届出をする．

○返納命令も都道府県知事である．

つまり免状に関してはすべて都道府県知事である！

(1)

問26　危険物取扱者免状を交付された後，1年間危険物の取扱いに従事していなかった者が，新たに2月1日から危険物の取扱いに従事することとなった．この場合，危険物の取扱作業の保安に関する講習の受講時期で，次のうち正しいものはどれか．免状交付日は従事する1年前の2月1日とする．

(1) 従事することとなった日から6ヶ月以内に受講しなければならない．

(2) 従事することとなった日から1年以内に受講しなければならない．

(3) 従事することとなった日から2年後の最初の3月31日までに受講しなければならない．

(4) 従事することとなった日から3年後の最初の3月31日までに受講しなければならない．

(5) 従事することとなった日から5年後の最初の3月31日までに受講しなければならない．

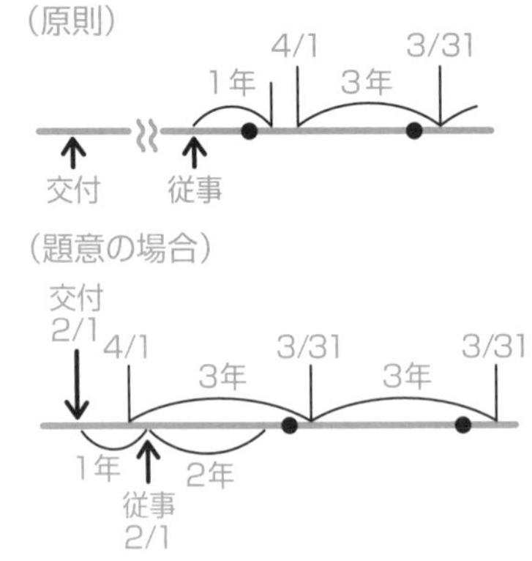

［原則］

従事日より1年以内，その後受講日以後における最初の4月1日から3年以内ごと．

［特例］

従事日より2年以内に交付を受けている場合や，保安講習を受けている場合は，その日以後における最初の4月1日から3年以内に受講すればよい．題意の場合は，1年前に交付を受けているので，次の受講は2年あとの最初の3月31日までとなる．よって（3）が正しい．

答 (3)

(P39, 40参照)

応用問題	Set3	法令の解答

問27　製造所等の予防規程(よぼうきてい)について，次のうち誤っているものはどれか．

(1) 予防規程を定めたときは，市町村長等に認可を受けなければならない．

(2) 予防規程を変更するときは，市町村長等に認可を受けなければならない．

(3) 予防規程は，危険物保安監督者が定めなければならない．→ 製造所等の所有者等

(4) 予防規程は，危険物の貯蔵・取扱いの技術上の基準に適合していなければならない．

(5) 製造所等の所有者等及びその従業者は，予防規程を守らなければならない．

(1) (2) 定めたとき又は変更しようとするときは，市町村長等の「認可」を受けなければならない．

(3) 予防規程を定めるのは，製造所等の所有者等である．

(4) 法に沿った内容を，その施設に当てはめ，表現したものである．

(P40参照) 答 (3)

問28　製造所等の外壁等から 50m 以上の距離（保安距離）を保たなければならない建築物は，次のうちどれか．

(1) 重要文化財 →50m

(2) 中学校 →30m

(3) 当該(とうがい)製造所の敷地外にある住居 →10m

(4) 高圧ガス施設 →20m

(5) 使用電圧が，7,000V 以上 35,000V 未満の特別高圧架空電線 →3m

(1) 昔から，重要文化財はあった．その近くに製造所を設置する場合に，考慮しなければならないことである．

(5) 35000V

以下 3m　超える 5m

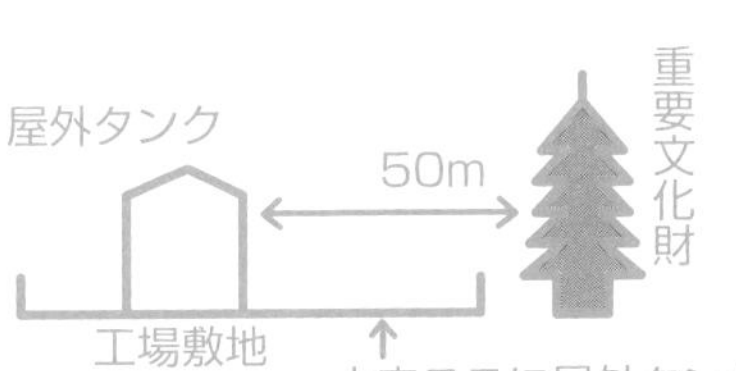

ヒント

35000V の文字の中に 3m と 5m が入っている！

(P41，75参照) 答 (1)

応用問題3

問 29 次の 4 基（A～D）の屋外貯蔵タンクを同一の防油堤内に設置する場合，この防油堤の必要最小限の容量として，正しいものはどれか．

A	ガソリン	200 kℓ
B	灯　油	300 kℓ
C	軽　油	500 kℓ
D	重　油	600 kℓ

(1) 200 kℓ
(2) 500 kℓ
(3) 600 kℓ
(4) 660 kℓ
(5) 1,600 kℓ

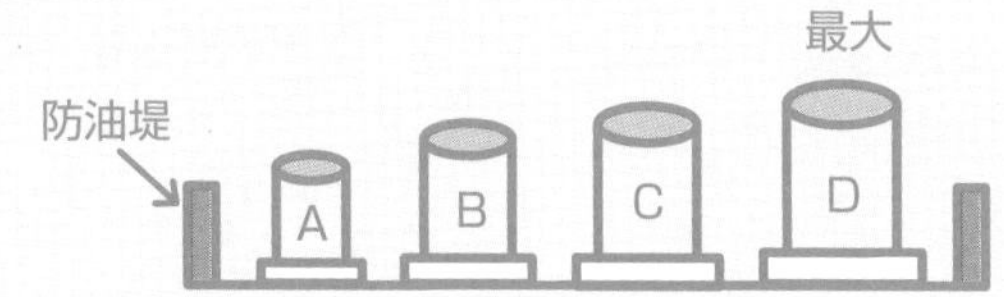

防油堤の容量は，「最大容量のタンクの 1.1 倍（110％）以上の容量」があればよい．

D タンク…600kℓ ×1.1＝660kℓ …（答）

これは，同時に漏えいが起こるということは極めて少ないという考え方を基本にしている．

(P45 参照)

(4)

問 30 製造所等に設ける標識，掲示板について，次のうち誤っているものはどれか．

(1) 製造所には，「危険物製造所」の標識を設けなければならない．
(2) 移動タンク貯蔵所には，「危」と表示した標識を設けなければならない．
(3) 第 4 類の危険物を貯蔵する屋内貯蔵所には，「火気厳禁」と表示した掲示板を設けなければならない．
(4) 屋外タンク貯蔵所には，危険物の類別，品名及び貯蔵・取扱最大数量並びに危険物保安監督者の氏名又は職名を表示した掲示板を設けなければならない．
(5) 第 4 類の危険物を貯蔵する地下タンク貯蔵所には，「取扱注意」と表示した掲示板を設けなければならない．

→火気厳禁

標識と掲示板の違い

○標識…製造所等の区分を表示する．

危険物製造所　危

○掲示板…注意事項および取扱う危険物の内容を表示する．

火気厳禁

給油中エンジン停止

(5) 第 4 類であれば，施設の用途に関係なく「火気厳禁」である．

灯油
第2石油類
最大数量 10000 ℓ
指定数量の倍数　10倍
危険物保安監督者
○○　課長

(P52, 53 参照)

答 (5)

法令の解答

問31　次の製造所等において，警報設備を設置しなくてはならないものはどれか．

(1) 第１石油類（非水溶性液体）を 20,000 ℓ 貯蔵する移動タンク貯蔵所
　　指 200 ℓ（例）ガソリン　指：指定数量
(2) 第２石油類（水溶性液体）を 20,000 ℓ 貯蔵する屋内貯蔵所
　　指 2000 ℓ（例）酢酸
(3) 第３石油類（非水溶性液体）を 10,000 ℓ 貯蔵する屋内貯蔵所
　　指 2000 ℓ（例）重油
(4) 第４石油類を 40,000 ℓ 貯蔵する屋外タンク貯蔵所
　　指 6000 ℓ（例）ギヤー油
(5) 動植物油類を 60,000 ℓ 貯蔵する屋外貯蔵所
　　指 10000 ℓ（例）なたね油

(1) $\frac{20000ℓ}{200ℓ}$ = 100 倍
(2) $\frac{20000ℓ}{2000ℓ}$ = 10 倍
(3) $\frac{10000ℓ}{2000ℓ}$ = 5 倍
(4) $\frac{40000ℓ}{6000ℓ}$ = 6.67 倍
(5) $\frac{60000ℓ}{10000ℓ}$ = 6 倍

警報設備の設置は指定数量 10 倍以上が基本である．
（1）の移動タンク貯蔵所が一番倍数が大きいが，移動タンク貯蔵所には警報設備は設置しなくてもよい！ よって（2）が答となる．

$\frac{分子}{分母}$ ← 分母は指定数量を示す．

(P36，P60 参照)

問32　販売取扱所の説明として，（　　）内に適する数値を選べ．
「第１種販売取扱所は，指定数量の（　　）倍以下を，容器入りのまま販売できる．」

(1) 8
(2) 10
(3) 15
(4) 20
(5) 40

第１種販売取扱所……指定数量 15 倍以下
第２種販売取扱所……指定数量 15 倍を超え 40 倍以下

ヒント

イチゴを２個 40 円で販売する．
(１種) 15 倍　２種 40 倍

(P51, 52 参照)

問 33　危険物の運搬に関する技術上の基準について，誤っているものは次のうちどれか.

(1) 第 4 類の危険物と第 6 類の危険物とは指定数量の 10 分の 1 以下である場合を除き，混載して積載してはならない.
(2) 指定数量以上の危険物を車両で運搬する場合は，標識を掲げるほか，消火設備を備えなければならない.
(3) 指定数量以上の危険物を車両で運搬する場合は，所轄消防長又は消防署長に届け出なければならない.
(4) 運搬容器の外部には，原則として危険物の品名，数量等を表示して積載しなければならない.
(5) 運搬容器は，収納口を上方に向けて積載しなければならない.

(1) 混載については,「中野の表」を使う.

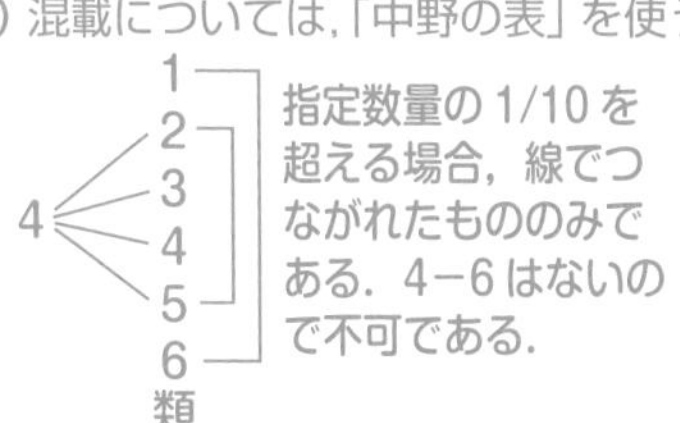

(3) いちいち届け出ていたら，仕事にならない. ×

(P56, 57 参照) 答 (3)

問 34　危険物を移動タンク貯蔵所で移送する場合の措置として，正しいものはどれか.

(1) 移送する 7 日前に許可を受けた所轄消防署長へ届け出なければならない.
(2) 危険物取扱者免状は常置場所である事務所で保管している.
(3) 弁，マンホール等の点検は，1 月に 1 回以上行わなければならない. → 1 日に 1 回以上
(4) 移送中に休憩する場合は，所轄消防長の承認を受けた場所で行わなければならない.
(5) 乙種第4類危険物取扱者は，エチルアルコールを移動タンク貯蔵所で移送できる.

(1) 運搬と同様に，いちいち届出をしなくてもよい.
(2) 移動タンク貯蔵所の中に置いておかなければならない.
(4) 安全な場所ならどこでもよい.
(5) アルコールは丙種ではできないが，乙４類ならば OK である.

移動タンク貯蔵所（タンクローリー）

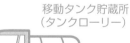

(5)

応用問題	Set3	法令の解答

問35　使用停止命令の発令事由に該当するものは，次のうちどれか．

(1) 危険物保安監督者を選任していない場合 →使用停止命令

(2) 予防規程を承認を得ないで変更した場合

(3) 危険物取扱者が危険物保安講習を受講していない場合

(4) 施設を譲渡されたが届出をしていなかった場合

(5) 危険物施設保安員を選任していない場合

（(2)～(5) → 措置命令）

「使用停止命令」は，一定期間使用できないが，その期間を過ぎると製造等の行為を再開できる．しかし，「許可の取消し」の場合は，今後一切製造等の行為ができない．

市町村長等からの指導については，大きく３つに分かれる．

① 措置命令…軽い過失
② 使用停止命令…中程度の過失
③ 許可の取消し…重大な過失

(詳細説明)

(1) 保安に関する責任者を選任していないということは，重大な問題である．

(2) 変更は企業側の自由である．しかし，変更した場合，認可を受けなければならない．

(3) (4) (5) 直ちに火災が発生する訳ではない．

(P58, 59 参照)

(1)

参考1　イオン化傾向

単体の金属が水溶液中で電子を失って陽イオンになる性質をイオン化傾向，金属元素をイオン化傾向の大きい順に並べたものを金属のイオン化列といい，イオン化傾向が大きいほど酸化されやすく強い還元剤となる．

←イオン化傾向が大きい　　　　イオン化傾向が小さい 

リチウム	カリウム	カルシウム	ナトリウム	マグネシウム	アルミニウム	亜鉛	鉄	ニッケル	スズ	鉛	水素	銅	水銀	銀	白金	金
Li	**K**	**Ca**	**Na**	**Mg**	**Al**	**Zn**	**Fe**	**Ni**	**Sn**	**Pb**	**H_2**	**Cu**	**Hg**	**Ag**	**Pt**	**Au**
ヒント 貸そう	か	な〜		ま	あ	あ	て	に	する	な	ひ	ど	す	ぎる	借	金

例題　地中に埋設された危険物の金属配管を電気化学的な腐食から守るために，配管に異種金属を接続する方法がある．配管が鋼製の時，次の５つの金属のうち，防食効果があるものを選べ．

銅　　ニッケル　　亜鉛　　アルミニウム　　マグネシウム

（答）鋼製とは鉄製と考えればよい．
上記イオン化列で鉄（Fe）より左にある金属を選べばよい．すると，**亜鉛（Zn），アルミニウム（Al），マグネシウム（Mg）**の３つとなる．

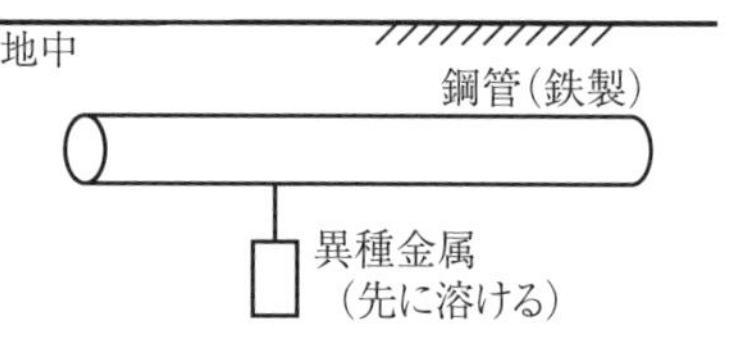

参考2　燃焼反応式の係数の合わせ方（中野式）

「酸素，奇数発生時，全体２倍法」と呼ぶことにする．

手順

① 反応後の生成物を想定して　→　の前後に化学式を列記する．
（C，H，O からなる有機物の場合，CO_2 と H_2O が生成する．）

② まず，C の数に注目し，係数で合わせる．

③ ②でつくった式の H の数を調べ，係数で合わせる．

④ さらに③でつくった式の O について数を調べる．
ここで左辺または右辺，あるいは両辺の酸素の数が奇数となった場合，係数合わせをしやすくするために全体を２倍する．

（この状態でCとHについてはバランスがとれているので問題はない.）

⑤ 再度Oについて数を調べ，左辺のO_2で係数合わせをする.

⑥ 全体をながめて，すべての項が2の倍数になっているときは2で割る.

⑦ 最後に再びC，H，Oの数を計算し，反応の前後で一致しているか確認する.

この方法を使ってエチルアルコール　C_2H_5OHの燃焼反応式をつくってみる.

① $C_2H_5OH + O_2 \rightarrow CO_2 + H_2O$

② 右辺のCO_2の係数を2にする.

$C_2H_5OH + O_2 \rightarrow 2CO_2 + H_2O$

③ Hについて左辺は5＋1＝6，右辺は2なので，右辺のH_2Oの係数を3にする.（3×2＝6で左辺と一致する.）

$C_2H_5OH + O_2 \rightarrow 2CO_2 + 3H_2O$

④ Oについて左辺は1＋2＝3，右辺は2×2＋3×1＝7と不一致. 今回は左辺3，右辺7でともに奇数となった. よって全体を2倍する.

$2C_2H_5OH + 2O_2 \rightarrow 4CO_2 + 6H_2O$

⑤ Oについて左辺は2×1＋2×2＝6,右辺は4×2＋6×1＝14となり,その差は14－6＝8. O8個分をO_2でつくるには$4O_2$を左辺に加えればよい. よって左辺のO_2の係数は2＋4＝6となる.

$2C_2H_5OH + 6O_2 \rightarrow 4CO_2 + 6H_2O$

⑥ 各項が2の倍数であるため，全体を2で割る.

$C_2H_5OH + 3O_2 \rightarrow 2CO_2 + 3H_2O$ …… 完成

⑦ 確認

C：左辺2，右辺2で一致.

H：左辺5＋1＝6，右辺3×2＝6で一致.

O：左辺1＋3×2＝7，右辺2×2＋3＝7で一致.

※甲種危険物の試験では，この係数合わせをマスターしておく必要があるが，乙4の試験では「⑦　確認」の「反応の前後で各元素の数が一致しているか否か」が判定できればよい.

――著 者 略 歴――

中野　裕史（なかの　ひろし）

三重大学工学部電気工学科卒業

日曹油化工業㈱〔現：丸善石油化学㈱〕入社　工務課長，環境保安課長

学校法人電波学園名古屋工学院専門学校教諭

学校法人電波学園東海工業専門学校教諭

資格■電気通信主任技術者（伝送交換），一般計量士，環境計量士（濃度・騒音・振動），第２種電気主任技術者，エネルギー管理士（電気・熱），高圧ガス取扱責任者（甲種機械），１級ボイラー技士，第２種冷凍機械責任者，１級電気工事施工管理技士，第１種電気工事士，建築物環境衛生管理技術者（ビル管理士），給水装置工事主任技術者，消防設備士（甲種第４類），危険物取扱者（甲種，乙種 1, 2, 3, 4, 5, 6 類），工事担任者，その他多数.

著書■よくわかる２級ボイラー技士重要事項と問題　㈱電気書院発行

ひと目でわかる危険物乙４問題集　㈱電気書院発行

消防設備士第４類甲種・乙種問題集　㈱電気書院発行

監修■受かる乙４危険物取扱者　㈱電気書院発行

受かる甲種危険物取扱者試験　㈱電気書院発行

改訂2版　ひと目でわかる危険物乙4問題集

2010年 1月 8日　　第1版第1刷発行
2015年10月 9日　改訂1版第1刷発行
2020年10月28日　改訂2版第1刷発行

著　者　中野裕史（なかの ひろし）

発行者　田中　聡

発 行 所

株式会社　電 気 書 院

ホームページ　www.denkishoin.co.jp

（振替口座　00190-5-18837）

〒101-0051　東京都千代田区神田神保町1-3ミヤタビル2F

電話(03)5259-9160／FAX(03)5259-9162

印刷　日経印刷株式会社

Printed in Japan／ISBN978-4-485-21040-6

• 落丁・乱丁の際は，送料弊社負担にてお取り替えいたします.
• 正誤のお問合せにつきましては，書名・版刷を明記の上，編集部宛に郵送・FAX（03-5259-9162）いただくか，当社ホームページの「お問い合わせ」をご利用ください．電話での質問はお受けできません．また，正誤以外の詳細な解説・受験指導は行っておりません.

[本書の正誤に関するお問い合せ方法は，最終ページをご覧ください]

書籍の正誤について

万一，内容に誤りと思われる箇所がございましたら，以下の方法でご確認いただきますようお願いいたします．

なお，正誤のお問合せ以外の書籍の内容に関する解説や受験指導などは**行っておりません**．このようなお問合せにつきましては，お答えいたしかねますので，予めご了承ください．

正誤表の確認方法

最新の正誤表は，弊社Webページに掲載しております．「キーワード検索」などを用いて，書籍詳細ページをご覧ください．

正誤表があるものに関しましては，書影の下の方に正誤表をダウンロードできるリンクが表示されます．表示されないものに関しましては，正誤表がございません．

弊社Webページアドレス
http://www.denkishoin.co.jp/

正誤のお問合せ方法

正誤表がない場合，あるいは当該箇所が掲載されていない場合は，書名，版刷，発行年月日，お客様のお名前，ご連絡先を明記の上，具体的な記載場所とお問合せの内容を添えて，下記のいずれかの方法でお問合せください．

回答まで，時間がかかる場合もございますので，予めご了承ください．

郵送先　〒101-0051
東京都千代田区神田神保町1-3
ミヤタビル2F
㈱電気書院　出版部　正誤問合せ係

ファクス番号　**03-5259-9162**

弊社Webページ右上の「**お問い合わせ**」から
http://www.denkishoin.co.jp/

お電話でのお問合せは，承れません

（2020年10月現在）

改訂2版
ひと目でわかる危険物乙4問題集

問題編

基本問題・応用問題とも，実際の試験と同じ問題数で構成しております．1Setあたり35問題（物理化学10問，性質10問，法令15問）です．

解答時間：1Setあたり120分間（2時間）

⇨ 矢印の方向に引くと，「問題編」は，取りはずすことができます．

目次 改訂2版 ひと目でわかる危険物乙４問題集「問題編」

基本問題

Set1

物理化学の問題

問1　熱の移動の仕方で，放射によるものは次のうちどれか．ただし熱の移動には，放射，対流および伝導がある． 解答解説：P62

(1) ステンレス製の手すりにつかまったら，手が冷たくなった．

(2) 冬場，太陽に当たって体があたたかくなった。

(3) 鉄の棒の先端を火の中に入れたら，手元の方まで熱くなった．

(4) アイロンがけをしたら，衣類が熱くなった．

(5) 冬場，ストーブをたいたら，床面より，天井近くの温度が上がった．

問2　物質の変化の形態についての説明として，次のうち誤っているものはどれか． 解答解説：P62

(1) 凝縮とは，液体から固体になる変化をいう．

(2) 昇華とは，固体から直接気体になる変化をいう．

(3) 潮解とは，固体が空気中の水分を吸収して，湿ってくる現象である．

(4) 蒸発とは，液体が気体になる変化をいう．

(5) 化合とは，2種類以上の物質から，それらとは異なる物質を生じる化学変化をいう．

問3　物理変化と化学変化の説明で，次のうち誤っているものを選べ． 

(1) 鉄がさびてぼろぼろになるのは，化学変化である．

(2) ニクロム線に電気を流すと発熱するのは，物理変化である．

(3) 氷が融けて水になるのは，物理変化である．

(4) はんだ付けで鉛を加熱して溶けるのは，物理変化である．

(5) ドライアイスが二酸化炭素になるのは，化学変化である．

問4　**金属が水溶液中で陽イオンになろうとする性質をイオン化傾向という．次のうち鉄よりもイオン化傾向が大きいものはいくつあるか．**
解答解説：P63

銀　　亜鉛　　金　　カリウム　　マグネシウム

(1)　1つ
(2)　2つ
(3)　3つ
(4)　4つ
(5)　5つ

問5　**次の用語のうち化学変化でないものはどれか．**
解答解説：P64

(1)　中　和
(2)　風　解
(3)　酸　化
(4)　分　解
(5)　燃　焼

問6　**次のAからEのうち，燃焼の3要素がそろっているものはいくつあるか．**
解答解説：P64

A	窒素	一酸化炭素	放射線
B	鉄粉	酸素	ライターの炎
C	エタノール	水素	電気火花
D	水素	二酸化炭素	赤外線
E	酸素	空気	静電気の火花

(1)　1つ
(2)　2つ
(3)　3つ
(4)　4つ
(5)　5つ

問7　**静電気に関する説明として，次のうち誤っているものはどれか．**
解答解説：P65

(1)　二つ以上の物質が摩擦等の接触分離をすることで静電気が発生する．
(2)　帯電した物体の電荷が移動しない場合の電気を静電気という．
(3)　静電気は人体にも帯電する．
(4)　静電気がたまった物質を接地すると大地に逃がすことができる．
(5)　電荷には，それぞれ正電荷と負電荷があり，同じ電荷には引力が働く．

★解答番号は次ページ右下に表記してあります．

問8　引火点の説明として，次のうち正しいものはどれか． 解答解説：P65

(1) 可燃物を空気中で加熱した場合，他から点火されなくても自ら発火する最低の液温をいう．

(2) 可燃物が気体または液体の場合に引火点といい，固体の場合には発火点という．

(3) 可燃性液体が，爆発（燃焼）下限値の蒸気を発生するときの最低の液温をいう．

(4) 可燃性液体を燃焼させるのに必要な熱源の温度をいう．

(5) 可燃性液体の蒸気が発生し始めるときの液温をいう．

問9　次の消火理論で誤っているものを選べ． 解答解説：P66

(1) 引火性液体が燃焼している場合，その液体の温度を引火点未満にすれば消火することができる．

(2) 二酸化炭素を放射して，燃焼物の周囲酸素濃度を約 14 ～ 15vol%以下にすると窒息消火することができる（vol とは体積という意味である．）．

(3) 燃焼の３要素のうち，１つの要素を取り去っただけでは，消火することはできない．

(4) 水は気化熱および比熱が大きいため冷却効果が大きい．

(5) 燃焼物への注水により発生した水蒸気は，窒息効果もある．

問10　火災とそれに適応した消火剤の組合せとして，次のうち誤っているものを選べ．

解答解説：P66

(1) 石油類の火災 ……… 二酸化炭素消火剤

(2) 石油類の火災 ……… 粉末（リン酸塩類）消火剤

(3) 電気設備の火災 …… ハロゲン化物消火剤

(4) 電気設備の火災 …… 泡消火剤

(5) 木材火災 …………… 強化液消火剤

基本問題 Set1　性質・火災予防・消火方法の問題

問11　危険物の類ごとの共通性状について，次のうち正しいものを選べ． 解答解説：P67

(1) 第１類の危険物は，還元性の強い固体である．

(2) 第２類の危険物は，燃えやすい固体である．

(3) 第３類の危険物は，水と反応しない不燃性の液体である．

(4) 第５類の危険物は，酸化性の強い固体である．

(5) 第６類の危険物は，可燃性の固体である．

問 12　第４類の危険物の共通する性質について，次のうち誤っているものはどれか．

解答解説：P67

(1) 蒸気は空気より重い．
(2) 沸点が低いものは，引火しやすい傾向がある．
(3) 熱伝導率が小さい．
(4) 電気伝導度が小さいものが多く，静電気は蓄積しやすい．
(5) 水溶性のものは，水で薄めると引火点は低くなる．

問 13　第４類の危険物の火災に対する消火方法について，次のうち誤っているものを選べ．

解答解説：P68

(1) 乾燥砂は，小規模火災には効果的である．
(2) 非水溶性液体には，一般の泡消火剤は効果的である．
(3) 二酸化炭素消火剤は効果的である．
(4) ハロゲン化物消火剤は効果的である．
(5) 棒状に放射する強化液消火剤は効果的である．

問 14　メチルアルコールやエチレングリコールなどの水溶性液体の危険物には，水溶性である一般の泡消火剤は効果的ではない．その理由として，次のうち適当なものはどれか．

解答解説：P68

(1) 泡は軽いので，飛んでしまうため．
(2) 泡が溶けて，消えてしまうため．
(3) 泡がすぐはじけるため．
(4) 泡が燃え，消失するため．
(5) 泡が固まるため．

問 15　次の文の（　　）内に当てはまる語句として，次のうち正しいものはどれか．

「第２石油類とは，灯油，軽油その他のもので，１気圧において，引火点が（　　）のものをいう．」

解答解説：P69

(1) －20℃以下
(2) 21℃未満
(3) 21℃以上 70℃未満
(4) 70℃以上 200℃未満
(5) 200℃以上 250℃未満

基本問題 Set1 解答　問 1 (2)　問 2 (1)　問 3 (5)　問 4 (3)　問 5 (2)　問 6 (1)　問 7 (5)

問 16　自動車ガソリンの性状について，次のうち誤っているものを選べ． 解答解説：P69

(1) 燃焼範囲はおおむね 1 ～ 8 vol%である．

(2) 発火点は 100℃以下である．

(3) 引火点は－40℃以下である．

(4) オレンジ色に着色してある．

(5) 蒸気は空気より重く，低所に滞留しやすい．

問 17　ベンゼンとトルエンに関する説明として，次のうち誤っているものはどれか． 解答解説：P70

(1) どちらも無色透明の液体で芳香性の臭気がある．

(2) どちらも水より軽く，蒸気は空気より重い．

(3) どちらも引火点は 20℃より低い．

(4) どちらも蒸気は有毒であるが，その毒性はトルエンの方が強い．

(5) どちらも水より軽く，水には溶けない．

問 18　灯油と軽油に関する説明として，次のうち誤っているものはどれか． 解答解説：P70

(1) どちらも発火点は 20℃より高い．

(2) どちらも蒸気は空気より重い．

(3) どちらも引火点は 20℃より高い．

(4) どちらも水に溶けない．

(5) 灯油は水より重いが，軽油は水より軽い．

問 19　メタノールの性状について，誤っているものはどれか． 解答解説：P71

(1) ナトリウムと反応して酸素を発生する．

(2) エタノールより毒性が高い．

(3) 燃焼範囲はガソリンより広い．

(4) 燃焼しても火炎の色が淡く，気づきにくい．

(5) 酸化剤と混合すると，発火爆発することがある．

問 20　液温 15℃の液体がある．そこにライターの炎を近づけたところ，すぐに引火した．この危険物は次のうちどれか． 解答解説：P71

(1) アセトアルデヒド

(2) 重　油

(3) クレオソート油

(4) なたね油

(5) ギヤー油

問21 法で定める危険物の定義に関する説明として，次のうち誤っているものはどれか．

解答解説：P72

(1) 第1石油類とは，引火点が0℃未満のものをいう．

(2) 第2石油類とは，引火点が21℃以上，70℃未満のものをいう．

(3) 第3石油類とは，引火点が70℃以上，200℃未満のものをいう．

(4) 第4石油類とは，引火点が200℃以上，250℃未満のものをいう．

(5) 特殊引火物とは，発火点が100℃以下のもの，又は引火点が－20℃以下で沸点が40℃以下のものをいう．

問22 次の危険物を同一場所に貯蔵している場合，指定数量の倍数はいくつか．

ガソリン400ℓ　軽油3000ℓ　重油8000ℓ

解答解説：P72

(1) 6倍

(2) 7倍

(3) 8倍

(4) 9倍

(5) 10倍

問23 製造所等の定期点検について，次のうち誤っているものはどれか．

解答解説：P73

(1) 原則として，1年に1回以上行う．

(2) 点検記録は3年間保存する．

(3) 点検実施者は危険物取扱者と危険物施設保安員のみである．

(4) 点検事項は製造所等の位置，構造及び設備が，技術上の基準に適合しているか否かについて点検する．

(5) 屋内タンク貯蔵所，簡易タンク貯蔵所，第1種・第2種販売取扱所は，定期点検をする必要がない．

基本問題 Set1 解答 問8(3)　問9(3)　問10(4)　問11(2)　問12(5)　問13(5)　問14(2)　問15(3)

問 24　予防規程について，次のうち誤っているものはどれか．　解答解説：P73

(1) 予防規程は，製造所等の火災を予防するため，危険物の保安に関し必要な事項を定めたものである．

(2) 予防規程を定めたときには，市町村長等の認可を受けなければならない．

(3) 予防規程を変更したときには，市町村長等に届出ればよい．

(4) 給油取扱所と移送取扱所は，すべて予防規程を定めなければならない．

(5) 給油取扱所と移送取扱所以外の製造所等は，指定数量の倍数により，定める義務が生ずる．

問 25　保安講習について，次のうち誤っているものはどれか．　解答解説：P74

(1) 保安講習は，都道府県知事が行う．

(2) 危険物の取扱作業に従事していない危険物取扱者は，受講する義務はない．

(3) 甲種，乙種，丙種すべての危険物取扱者は，受講しなければならない．

(4) 免状の交付を受けているものは，原則として，危険物の取扱作業に従事することになった日から1年以内に受講，その後講習を受けた日以後における最初の4月1日から3年以内ごとに1回受講する．

(5) 危険物の取扱作業に従事することになった日から，過去2年以内に免状の交付を受けているものは，交付日以後における最初の4月1日から3年以内に受講すればよい．

問 26　危険物取扱者について，次のうち誤っているものはどれか．　解答解説：P74

(1) 危険物取扱者には，甲種，乙種，丙種の3種類ある．

(2) 危険物取扱者とは，免状の交付を受けた者をいう．

(3) 甲種，乙種の危険物取扱者は，危険物保安監督者になることができる．

(4) 丙種危険物取扱者は，第4類危険物のうち，一部のものについて取扱うことができる．

(5) 乙種各類の危険物取扱者は，丙種取扱者が取扱うことができる危険物を自ら取扱うことができる．

問 27　危険物施設保安員が行うことができる業務として，次のうち誤っているものはどれか．　解答解説：P75

(1) 定期点検や臨時点検の実施．

(2) 危険物保安監督者が旅行等で職務を行うことができない場合には，代行して監督業務ができる．

(3) 点検場所や実施した措置の，記録及び保存．

(4) 火災が発生したとき，又は火災発生の危険が著しい場合の応急措置．

(5) 計測装置，制御装置，安全装置等の機能保持のための保安管理．

問 28　製造所等が建築物との間に保つべき保安距離として，次のうち正しいものはどれか．

解答解説：P75

(1) 幼稚園　20 m
(2) 中学校　30 m
(3) 病　院　40 m
(4) 住　宅　50 m
(5) 重要文化財　60 m

問 29　屋内貯蔵所の位置，構造及び設備の技術上の基準について，次のうち誤っているものはどれか．

解答解説：P76

(1) 独立した専用の建築物とすること．
(2) 軒高（のきだか）が6 m未満の平屋建てとすること．
(3) 危険物が浸透しない構造とするとともに，適当な傾斜をつけ，かつ，貯留設備を設けること．
(4) 1の貯蔵倉庫の床面積は3000m^2以下とすること．
(5) 採光及び換気設備を設けること．

問 30　移動タンク貯蔵所による移送及び取扱いについて，次のうち誤っているものはどれか．

解答解説：P76

(1) 完成検査済証は，移動タンク貯蔵所内に備え付けておく．
(2) ガソリンを移送する場合は，乙種4類の危険物取扱者が乗車する．
(3) アルコール類を移送する場合は，丙種の危険物取扱者が乗車する．
(4) 重油などの引火点40℃以上の第4類危険物を，容器に詰め替えた．
(5) ガソリンなどの引火点40℃未満の危険物を荷おろしするときは，移動タンク貯蔵所の原動機を停止すること．

問 31　危険等級Ⅰの危険物は次のうちどれか．

解答解説：P77

(1) 二硫化炭素
(2) エチルアルコール
(3) ガソリン
(4) 灯　油
(5) 重　油

基本問題Set1解答 問16(2) 問17(4) 問18(5) 問19(1) 問20(1) 問21(1) 問22(4) 問23(3)

問 32　製造所等に共通する危険物の貯蔵・取扱いに関する基準について，次のうち誤っているものはどれか.

解答解説：P77

(1) みだりに火気を使用しないこと.

(2) 係員以外の者をみだりに出入りさせないこと.

(3) 常に整理清掃を行うとともに，みだりに空箱等その他の不必要な物件を置かないこと.

(4) 貯留設備又は油分離装置にたまった危険物は，あふれないように随時（ずいじ）くみ上げること.

(5) 危険物のくず，かす等は１日に３回以上その危険物の性質に応じて安全な場所で，廃棄その他適当な処理を行うこと.

問 33　危険物の運搬方法に関する基準について，次のうち誤っているものはどれか.

解答解説：P78

(1) 運搬容器が著しく摩擦又は動揺を起こさないように運搬する.

(2) 指定数量以上の危険物を運搬する場合には，標識を掲げること.

(3) 指定数量以上の場合，車両を一時停止させるときは，安全な場所を選ぶこと.

(4) 指定数量以上の場合，運搬する危険物に適応する第５種消火設備を備え付けること.

(5) 液体の危険物の収納は，内容積の 95％以下にする.

問 34　危険物を車両等で運搬する際，指定数量の倍数が 1/10 を超える場合，次のうち混載できない組合せはどれか.

解答解説：P78

(1) 第１類と第６類

(2) 第２類と第５類

(3) 第３類と第４類

(4) 第４類と第６類

(5) 第４類と第５類

問 35　消火設備の分類とその設備名の組合せとして，次のうち誤っているものはどれか.

解答解説：P79

(1) 第１種消火設備　　屋内消火栓設備

(2) 第２種消火設備　　泡消火設備

(3) 第３種消火設備　　粉末消火設備

(4) 第４種消火設備　　二酸化炭素を放射する大型消火器

(5) 第５種消火設備　　水バケツ

基本問題

Set2

物理化学の問題

問1 次の記述のうち，誤っているものはどれか． 解答解説：P80

(1) 空気は，主に酸素と窒素の混合物である．

(2) 水は，酸素と水素の化合物である．

(3) メタノールは，炭素と水素と酸素の化合物である．

(4) ガソリンは，いろいろな炭化水素の化合物である．

(5) オゾンは，単体である．

問2 物理変化は，次のうちどれか． 解答解説：P80

(1) 紙が燃えた後に灰が残った．

(2) カリウムを水の中に入れたら水酸化カリウムの水溶液ができた．

(3) 空気を液化して，沸点差により酸素と窒素に分離した．

(4) 鉄がさびて，ぼろぼろになった．

(5) 塩酸に水酸化ナトリウムを混ぜたら，塩と水ができた．

問3 沸点の説明について，次のうち誤っているものはどれか． 解答解説：P81

(1) 沸点は，加圧すると低くなる．

(2) 水の沸点は，1気圧では100℃である．

(3) 一定圧における純粋な物質の沸点は，その物質で決まっている．

(4) 液体の蒸気圧が外圧に等しくなるときの液温を沸点という．

(5) 水に塩を溶かすと，水の沸点は上昇する．

問4 熱の移動には，伝導，対流，ふく射の三つがあるが，次の説明のうち，ふく射によるものはどれか． 解答解説：P81

(1) コップにお湯を入れると，外側も次第に熱くなる．

(2) 太陽熱により風呂水をつくる．

(3) 火災が起きると，その周囲で風が吹く．

(4) なべでお湯を沸かすとき，水の表面から熱くなる．

(5) 金属の火ばしを火の中で使うと，手元が次第に熱くなる．

基本問題 Set1 解答 問24(3) 問25(3) 問26(5) 問27(2) 問28(2) 問29(4) 問30(3) 問31(1)

問5　酸，塩基，塩に関する説明として，次のうち正しいものはどれか． 

(1) 塩化ナトリウムが水に溶け，イオンに分かれることを分解という．

(2) 塩基は，水溶液中で電離して水素イオン（H^+）を生ずる．

(3) 酸は電解質であるが，塩基は非電解質である．

(4) pHが7より大きい水溶液は，酸性である．

(5) 酸と塩基を反応させると塩と水ができる反応を，中和という．

問6　有機化合物の説明について，次の記述のうち誤っているものはどれか． 解答解説：P82

(1) プロパンやベンゼンなどを炭化水素という．

(2) エステルとは，アルコールと酸から水がとれた物質である．

(3) アルコールとエーテルは，炭素と水素の化合物である．

(4) ぎ酸やさく酸は，有機物の酸であり，脂肪酸といわれる．

(5) メタンは飽和化合物であるが，アセチレンやエチレンは不飽和化合物である．

問7　物質の酸化反応を熱化学方程式で表したとき燃焼反応に該当しないものを選べ．
解答解説：P83

(1) $Al + \frac{3}{4} O_2 = \frac{1}{2} Al_2O_3 + 873kJ$

(2) $H_2 + \frac{1}{2} O_2 = H_2O + 242.8kJ$

(3) $C_3H_8 + 5O_2 = 3CO_2 + 4H_2O + 2219kJ$

(4) $N_2 + \frac{1}{2} O_2 = N_2O - 74kJ$

(5) $C_2H_5OH + 3O_2 = 2CO_2 + 3H_2O + 1368kJ$

問8　次の説明で，正しいものはどれか． 解答解説：P83

(1) 鉄などの金属を粉末状にすると燃えやすくなるのは，空気との接触面積が小さくなるからである．

(2) 炭酸ガスや窒素ガスが不燃性ガスといわれるのは，どちらも酸素と化合しないからである．

(3) ガソリンや灯油の燃焼のように，その蒸気が液表面で燃えるものを表面燃焼という．

(4) ガスコンロの元栓を閉めて消火した．これは窒息効果である．

(5) 空気中での燃焼では，酸素の濃度が10%以下になると，火は消える．

問 9　ある可燃性液体の引火点は 40℃，発火点は 220℃である．気温 20℃の室内でこの液体を 50℃に加熱した場合についての説明として，次のうち正しいものはどれか．
解答解説：P84

(1) この液体は，ガソリンである可能性がある．
(2) 液温が引火点より高いので，自然発火のおそれがある．
(3) 気温より引火点が高いので，火源があれば引火のおそれがある．
(4) 液温が引火点より高いので，火源があれば引火のおそれがある．
(5) 液温が発火点より低いので，火源があっても，引火のおそれはない．

問 10　ベンゼンの性質は，引火点－10℃，着火温度 498℃，蒸気比重 2.8，燃焼範囲は 1.7 ～ 7.1％である．次のうち誤っているものはどれか．
解答解説：P84

(1) ベンゼンの蒸気は，空気の 2.8 倍の重さである．
(2) －10℃の液温で液表面に濃度 1.7％の混合気を発生する．
(3) ベンゼンを常温で扱う場合，火気があれば引火する．
(4) ベンゼンを 500℃に熱せられた鉄板に流すと発火する．
(5) ベンゼンの蒸気と空気が，容積比で 1：100 に混合している気体に点火すれば燃焼する．

基本問題 Set2　性質・火災予防・消火方法の問題

問 11　危険物の類ごとの一般的性質として，次のうち誤っているものはどれか．
解答解説：P85

(1) 第 1 類……酸化性
(2) 第 2 類……可燃性
(3) 第 3 類……禁水性・自然発火性
(4) 第 5 類……自己反応性
(5) 第 6 類……可燃性

問 12　アセトンの性状として，次のうち正しいものはどれか．
解答解説：P85

(1) 水に溶けない．
(2) 水より軽い．
(3) 無色無臭の液体である．
(4) 引火点はガソリンより低い．
(5) 燃焼範囲は，二硫化炭素よりも広い．

基本問題 Set1 解答 問32(5) 問33(5) 問34(4) 問35(2) **基本問題 Set2 解答** 問1(4) 問2(3) 問3(1) 問4(2)

問 13　第４類危険物に共通する火災予防上の注意事項として，次のうち誤っているものはどれか．

解答解説：P86

(1) 容器は密栓し，冷暗所に貯蔵する．

(2) 貯蔵する場合は，その液温を引火点以上に保つことが必要である．

(3) 導電性の悪いものについては，静電気が蓄積するため，静電気除去のため接地等の措置をする．

(4) 詰め替え等の作業においては，液体の漏えいを防ぐとともに，換気を十分に行い蒸気を屋外の高所に排出する．

(5) 火気又は加熱を避けるとともに，可燃性蒸気を発生させないようにする．

問 14　第４類の危険物とそれに適応する消火剤の組合せとして，次のうち適当でないものはどれか．

解答解説：P86

(1) 重油……二酸化炭素

(2) 灯油……消火粉末

(3) 軽油……強化液（棒状）

(4) トルエン……泡

(5) ガソリン……強化液（霧状）

問 15　次の第４類の危険物の消火剤として，耐アルコール泡でなくてもよいものはどれか．

解答解説：P87

(1) ガソリン

(2) アセトン

(3) 酢酸

(4) エチレングリコール

(5) ジエチルエーテル

問 16　二硫化炭素の性質についての説明で，次のうち誤っているものはどれか．

解答解説：P87

(1) 純粋なものは，無色透明である．

(2) 引火点は非常に低く，－10℃以下である．

(3) 燃焼範囲（爆発範囲）は，アセトアルデヒドよりも狭い．

(4) 蒸気は有毒で，吸入すると危険である．

(5) 燃焼すると有害な亜硫酸ガス（二酸化硫黄）を発生する．

問 17　ガソリン火災のとき，水が不適である理由を 2 つ選べ.

解答解説：P88

A：ガソリンが水に浮いて，燃焼面が広がるから.
B：水が側溝へガソリンを押し流し，遠方まで流れてしまうから.
C：水滴により，ガソリンがかく乱され，燃焼が激しくなるため.
D：水滴でガソリンが飛び散る.
E：水が沸騰して，ガソリンが蒸発する.

(1) A，B
(2) A，C
(3) B，D
(4) C，E
(5) D，E

問 18　エチルアルコールの性質として，次のうち誤っているものはどれか.

解答解説：P88

(1) 揮発性の無色透明の液体である.
(2) 水とはあらゆる割合で混合する.
(3) 沸点はメチルアルコールより高い.
(4) メチルアルコールは強い毒性があるが，エチルアルコールは毒性がない.
(5) 液温が常温（20℃）では引火しない.

問 19　灯油について，次のうち誤っているものはどれか.

解答解説：P89

(1) 無色又は淡紫黄色の液体である.
(2) ぼろ布などに，しみ込んだものは自然発火する危険性がある.
(3) 蒸気比重は空気より重い.
(4) 水より軽く，かつ，水に溶けない.
(5) ガソリンが混合された灯油は，引火の危険性が高くなる.

問 20　アマニ油などの乾性油が最も自然発火を起こしやすい条件は，次のうちどれか.

(1) 布片等にしみ込んだものが通風の悪い状態でたい積されていたとき.
(2) 空気中の水分を吸って加水分解を起こしたとき.
(3) 長い間貯蔵したため変質したとき.
(4) 直射日光に長時間さらされたとき.
(5) 高温で密閉された容器の内圧が高くなったとき.

解答解説：P89

基本問題 Set2 解答　問 5(5)　問 6(3)　問 7(4)　問 8(2)　問 9(4)　問 10(5)　問 11(5)　問 12(2)

基本問題 Set2 法令の問題

問 21　消防法に定める危険物の説明として，次のうち正しいものはどれか．

解答解説：P90

(1) 政令で定める数量以上のものを危険物という．

(2) 危険物には，常温で気体のものもある．

(3) 第１類から第６類までの６つに分類されている．

(4) すべての危険物には，不燃性のものはない．

(5) 硫酸は，危険物である．

問 22　物品①～⑤はいずれも動植物油類を除く非水溶性液体の第４類の石油類である．これらの物品 2,000ℓずつを同一場所で取り扱う場合，指定数量の倍数はいくつになるか．一番近いものを選べ．

解答解説：P90

物　品	①	②	③	④	⑤
引火点	15℃	25℃	80℃	220℃	240℃

(1) 10 倍

(2) 14 倍

(3) 18 倍

(4) 25 倍

(5) 40 倍

問 23　製造所等の区分について，次のうち正しいものはどれか．

解答解説：P91

(1) 地下タンク貯蔵所……地盤面下に埋没されているタンクにおいて危険物を貯蔵し又は取り扱う貯蔵所

(2) 移動タンク貯蔵所……鉄道の車両に固定されたタンクにおいて危険物を貯蔵し又は取り扱う貯蔵所

(3) 給油取扱所……自動車の燃料タンク又は鋼製ドラム等の運搬容器にガソリンを給油する取扱所

(4) 屋内タンク貯蔵所……屋内において危険物を貯蔵し又は取り扱う貯蔵所

(5) 屋外貯蔵所……屋外にあるタンクにおいて危険物を貯蔵し又は取り扱う貯蔵所

問 24　**製造所を設置し使用開始するまでの法令上必要な手続きの順序として，次のうち正しいものはどれか．**

解答解説：P91

(1) 設置許可申請→承認→着工→仮使用申請→許可→完成→仮使用→完成検査→完成検査済証交付→使用開始

(2) 設置許可申請→認可→着工→完成→完成検査→完成検査申請→完成検査済証交付→使用開始

(3) 設置許可申請→許可→着工→仮使用→完成検査申請→完成→完成検査→完成検査済証交付→使用開始

(4) 設置許可申請→許可→着工→完成→完成検査申請→完成検査→完成検査済証交付→使用開始

(5) 仮使用申請→着工→許可→仮使用→完成検査申請→完成→完成検査→完成検査済証交付→使用開始

問 25　**定期点検記録の記載事項として，次のうち誤っているものはどれか．**

解答解説：P92

(1) 点検をした製造所等の名称

(2) 点検を行った危険物取扱者等の氏名

(3) 点検年月日

(4) 点検の方法及び結果

(5) その施設の危険物保安監督者の氏名

問 26　**危険物保安統括管理者，危険物保安監督者及び危険物施設保安員の関係について，次のうち誤っているものはどれか．**

解答解説：P92

(1) 危険物保安統括管理者は，事業所全体における危険物の保安に関する業務を統括管理する．

(2) 危険物保安監督者は，火災等の災害が発生した場合に作業者を指揮して応急措置を講じるとともに消防機関等に連絡する．

(3) 危険物保安監督者は，その製造所等において選任された危険物施設保安員に必要な指示を行う．

(4) 危険物施設保安員は，その製造所等において扱う危険物の危険物取扱者免状を所持する者でなければならない．

(5) 危険物施設保安員は，製造所等の構造及び設備に係る保安のための業務を行う．

基本問題 Set2 解答　問13(2)　問14(3)　問15(1)　問16(2)　問17(1)　問18(5)　問19(2)　問20(1)

問 27　危険物保安監督者について，次のうち誤っているものはどれか． 

(1) 製造所には，必ず危険物保安監督者を置かなければならない．
(2) 屋外タンク貯蔵所には，必ず危険物保安監督者を置かなければならない．
(3) 危険物保安監督者を決める場合は市町村長の許可が必要である．
(4) 危険物保安監督者は，危険物施設保安員に保安に関する指示を与える．
(5) 危険物保安監督者は，甲種又は乙種危険物取扱者の中から選任しなければならない．

問 28　危険物の保安講習の受講時期について，次のうち正しいものはどれか． 解答解説：P93

(1) 原則として，製造所等において危険物の取扱作業に従事することとなった日から1年以内に，また，講習を受けた日以後における最初の4月1日から3年以内ごとに受講しなければならない．
(2) 危険物保安監督者に選任された危険物取扱者は，直ちに受講しなければならない．
(3) 危険物保安統括管理者は，選任された日より2年以内ごとに受講しなければならない．
(4) 丙種危険物取扱者は，乙種に比べ知識が浅いため，毎年受講しなければならない．
(5) 法令に違反した危険物取扱者は，この講習を受講しなければならない．

問 29　次図に示す屋外タンク貯蔵所の保安距離について，次のうち正しいものはどれか．
解答解説：P94

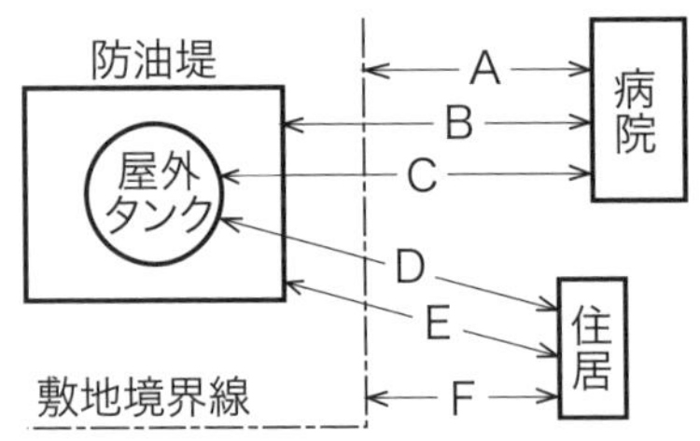

(1) A を 30m 以上，F を 10m 以上確保すること．
(2) A を 30m 以上，D を 10m 以上確保すること．
(3) C を 30m 以上，D を 10m 以上確保すること．
(4) B を 30m 以上，E を 10m 以上確保すること．
(5) C を 30m 以上，F を 10m 以上確保すること．

問 30　灯油を貯蔵する屋内貯蔵所の位置，構造及び設備の技術上の基準について，次のうち誤っているものはどれか．

解答解説：P94

(1) 指定数量の 10 倍以上の貯蔵倉庫には避雷設備を設けること．

(2) 貯蔵倉庫の建築面積は，$500m^2$ 以下とすること．

(3) 壁，柱及び床を耐火構造とし，はりを不燃材料でつくること．

(4) 貯蔵倉庫の床は危険物が浸透しない構造とするとともに適当な傾斜をつけ，かつ，貯留設備を設けること．

(5) 貯蔵倉庫は，地盤面から軒までの高さが 6m 未満の平屋建とし，かつ，その床を地盤面以上に設けること．

解答解説：P95

問 31　屋内タンク貯蔵所についての説明として，次のうち誤っているものはどれか．

(1) 屋内貯蔵タンクの容量は，指定数量の 50 倍以下とすること．

(2) 同一のタンク専用室内に貯蔵タンクを 2 以上設置する場合は，タンク容量を合算した量とする．

(3) 貯蔵タンクとタンク専用室の壁との間は，0.5m 以上の間隔を保つこと．

(4) 貯蔵タンクには危険物の量を自動的に表示する装置を設けること．

(5) 屋内貯蔵タンクは，原則として平屋建(ひらやだ)ての建築物に設けられたタンク専用室に設置すること．

問 32　第 4 類危険物の地下貯蔵タンクのうち，圧力タンク以外のタンクに設ける通気管の構造として，誤っているものはどれか．

解答解説：P95

(1) 先端は水平より下に 45 度以上曲げ，雨水の侵入を防ぐ構造としなければならない．

(2) 細目の銅網等による引火防止装置を設けなければならない．

(3) 先端は敷地境界線より 1.5m 以上離さなければならない．

(4) 先端は地上 2m 以上の高さとしなければならない．

(5) 通気管は，地下貯蔵タンクの頂部に付けること．

問 33　消火設備について，次のうち誤っているものはどれか．

解答解説：P96

(1) 霧状の強化液を放射する大型消火器は，第 4 種の消火設備である．

(2) 消火粉末を放射する小型消火器及び乾燥砂は，第 5 種の消火設備である．

(3) 所要単位の計算方法として，危険物は指定数量の 10 倍を 1 所要単位とする．

(4) 地下タンク貯蔵所には，第 5 種の消火設備を 2 個以上設ける．

(5) 電気設備に対する消火設備は，電気設備のある場所の面積 $200m^2$ ごとに 1 個以上設ける．

基本問題 Set2 解答 問 21 (3)　問 22 (2)　問 23 (1)　問 24 (4)　問 25 (5)　問 26 (4)

問 34　貯蔵所における危険物の貯蔵の技術上の基準について，次のうち誤っているものはどれか．

解答解説：P96

(1) 屋内貯蔵所では，危険物は容器に収納して貯蔵すること．

(2) 類の異なる危険物は，原則として同一の貯蔵所において貯蔵しないこと．

(3) 屋外貯蔵タンクの防油堤は，滞水しやすいから，水抜口は通常開放しておくこと．

(4) 屋内貯蔵タンクの元弁は，危険物を出し入れするとき以外は閉鎖しておくこと．

(5) 地下貯蔵タンクの計量口は，計量するとき以外は閉鎖しておくこと．

問 35　給油取扱所における危険物の取扱いの基準に適合しないものは，次のうちどれか．

解答解説：P97

(1) 一部又は全部が給油空地から，はみ出た状態で自動車に給油するときは，細心の注意を払うこと．

(2) 自動車等に給油するときは，固定給油設備を使用して直接給油すること．

(3) 自動車等に給油するときは，自動車等の原動機を停止させること．

(4) 自動車等の洗浄を行う場合は，引火点を有する液体の洗剤を使用しないこと．

(5) 油分離装置にたまった危険物は，あふれないように随時くみ上げること．

基本問題

Set3

物理化学の問題

問 1　次の記述のうち，誤っているものはどれか．　解答解説：P98

(1) 砂糖水は，混合物である．
(2) 二酸化炭素は，化合物である．
(3) 水素は，単体である．
(4) 酸素とオゾンは，同素体である．
(5) メタノールとエタノールは，同位体である．

問 2　物質が状態変化する際の熱の出入りについて，次のうち正しいものはどれか．　解答解説：P98

(1) 気体が固体に変わるとき，熱の吸収が起こる．
(2) 気体が液体に変わるとき，熱の吸収が起こる．
(3) 液体が気体に変わるとき，熱の放出が起こる．
(4) 液体が固体に変わるとき，熱の吸収が起こる．
(5) 固体が直接気体に変わるとき，熱の吸収が起こる．

問 3　熱に関する説明について，次のうち誤っているものはどれか．　解答解説：P99

(1) 対流による熱の移動は，液体と気体に限って行われる．
(2) 熱伝導率は，気体より固体のほうが大きい．
(3) 比熱の大きい物質は，温まりやすく冷えやすい．
(4) 液体が蒸発するとき必要な熱を，蒸発熱という．
(5) 一般に液体と固体では，液体のほうが比熱が大きい．

問 4　液温 25℃のガソリン 10,000 ℓ を 45℃まで温めた．このときの体積は次のうちどれか．
ただし，ガソリンの体膨張率を 0.00135 とする．　解答解説：P99

(1) 10,270 ℓ
(2) 10,300 ℓ
(3) 10,350 ℓ
(4) 10,500 ℓ
(5) 10,680 ℓ

基本問題 Set2 解答　問 27 (3)　問 28 (1)　問 29 (3)　問 30 (2)　問 31 (1)　問 32 (4)　問 33 (5)

問5　次の酸化と還元の説明のうち，正しいものはどれか． 解答解説：P100

(1) 物質から酸素を奪うことを酸化という．
(2) ガソリンが空気中で燃焼しているのは，酸化反応である．
(3) 鉄が空気中で錆びるのは還元反応である．
(4) 物質が水素を失うことを還元という．
(5) 物質が電子を得ることを酸化という．

問6　燃焼に関する説明として，次のうち誤っているものはどれか． 解答解説：P100

(1) 燃焼とは，物質が光と熱を発生しながら，酸素と化合することである．
(2) 物質が燃焼するには，可燃物，酸素供給源，点火源の3要素が必要である．
(3) 可燃性液体の燃焼は，発生する蒸気が空気と混合して燃える．これを蒸発燃焼という．
(4) 可燃物は粉状になると，空気との接触面積が大きくなり，そのため塊状のときより熱が伝導しやすくなるので，燃焼しやすくなる．
(5) 木材の燃焼は，熱分解により発生した可燃性の気体が最初に燃焼する．

問7　静電気に関する説明として，次のうち正しいものはどれか． 解答解説：P101

(1) 湿度の低いときは，静電気が蓄積しにくい．
(2) 静電気は，二種の電気の不良導体の摩擦により発生するが，これは固体と液体に限ってみられる現象である．
(3) 静電気による火災では，燃焼物に対応した消火方法をとればよい．
(4) 石油類を扱うとき静電気に注意する必要があるのは，静電気が蓄積すると液温が高くなるからである．
(5) 石油類をホースで送る場合に発生する静電気の量は，流速に反比例する．

問8　可燃物の燃焼の難易について，次のうち誤っているものはどれか． 解答解説：P101

(1) 熱伝導率の大きい物質ほど燃焼しやすい．
(2) 空気との接触面積が広いほど燃焼しやすい．
(3) 周囲の温度が高いほど燃焼しやすい．
(4) 可燃性ガスが多く発生する物質ほど燃焼しやすい．
(5) 発熱量の大きいものほど燃焼しやすい．

問9　エチルアルコールを次の状態にした場合，燃焼する可能性のあるものはどれか．ただし，エチルアルコールの性状は，沸点79℃，引火点13℃，発火点363℃及び燃焼範囲4.3～19%である． 解答解説：P102

(1) エチルアルコールの蒸気10ℓと空気90ℓの混合気に点火した場合．
(2) 温度40℃のエチルアルコールの液中で，電気火花を飛ばした場合．
(3) 300℃に加熱した鉄板上に，エチルアルコールを流した場合．
(4) 液温10℃のエチルアルコールにマッチの炎を接近させた場合．
(5) エチルアルコールを直接，炎に接触しないようにして，200℃まで加熱した場合．

問10　二酸化炭素消火剤の説明として，次のうち誤っているものはどれか． 解答解説：P102

(1) 毒性はほとんどないが，密閉室で大量に使用すると酸素欠乏状態となることがある．
(2) 初期の火災では，冷却効果も期待できる．
(3) 高温の炭素に触れると一酸化炭素を生成する．このガスは有毒である．
(4) 不燃性で比重が空気の約1.5倍と大きく，窒息効果が大きい．
(5) 電気を通しやすいので，電気設備の火災には使用できない．

基本問題 Set3　性質・火災予防・消火方法の問題

問11　第4類の危険物の性質について，次のうち誤っているものはどれか． 解答解説：P103

(1) 燃焼は可燃性液体から発生した蒸気と空気が混合して燃える．
(2) 引火点の低いものほど危険性は大きい．
(3) 発生した蒸気は，燃焼範囲外の濃度であれば燃焼しない．
(4) 燃焼範囲の下限値の低いものほど危険性は高い．
(5) 水に溶けるものは，可燃性蒸気が発生しにくいため危険性は低い．

問12　第4類の危険物は火災を予防するため通風，換気に心掛けなければならないが，その一番の理由は次のうちどれか． 解答解説：P103

(1) 発生する蒸気が悪臭を放つため．
(2) 発生する蒸気が毒性をもつため．
(3) 発生する蒸気が容器を腐食するため．
(4) 発生する蒸気が低所に滞留し，燃焼範囲内の濃度になると危険であるため．
(5) 発生する蒸気が静電気を発生するため．

基本問題 Set2 解答　問34(3)　問35(1)　**基本問題 Set3 解答**　問1(5)　問2(5)　問3(3)　問4(1)

問 13　火災の区分と火災の内容及び使用する消火器の標識の組合せとして，次のうち正しいものはどれか.　解答解説：P104

	区　分	内　容	標　識
(1)	A 級火災	普通火災	赤　丸
(2)	A 級火災	油火災	黄　丸
(3)	B 級火災	油火災	黄　丸
(4)	B 級火災	電気火災	青　丸
(5)	C 級火災	電気火災	赤　丸

問 14　特殊引火物の説明として，次のうち誤っているものはどれか.　解答解説：P104

(1) アセトアルデヒド，酸化プロピレンは特殊引火物である.
(2) 引火点が－20℃以下のものはすべて該当する.
(3) 発火点が 100℃以下のものはすべて該当する.
(4) 引火点が－20℃以下で沸点が 40℃以下のものが該当する.
(5) 一般に，第 4 類の危険物のうち発火点が最も低いもの又は最も引火点や沸点が低いものが該当する.

問 15　第 1 石油類のみの組合せとして，次のうち正しいものはどれか.　解答解説：P105

(1) ベンゼン，トルエン，メチルエチルケトン
(2) ガソリン，酢酸エステル類，酢酸
(3) エーテル，キシレン，クロロベンゼン
(4) ピリジン，ギ酸エステル，グリセリン
(5) クレオソート油，エチレングリコール，アニリン

問 16　ガソリンの説明として，次のうち適切でないものはどれか.　解答解説：P105

(1) オレンジ系の色に着色されているものは自動車用である.
(2) 水より軽く水に溶けない.
(3) 蒸気比重は 1 より大きい.
(4) 電気の不良導体であるため，流体が配管を流れるとき静電気が発生する.
(5) 軽油と混合して使用すると，燃焼範囲が広くなる.

問 17　灯油の説明として，次のうち誤っているものはどれか． 解答解説：P106

(1) 引火点は 40℃以上で，常温（20℃）では通常引火しない．
(2) 比重は 1 より小さく，水に溶けない．
(3) ガソリンに注いでも混合せず，次第に分離してくる．
(4) 蒸気比重は，空気より重い．
(5) 布などの繊維製品などにしみ込んだ状態では，40℃以下でも引火する．

問 18　重油について，次のうち誤っているものはどれか． 解答解説：P106

(1) 水より重い．
(2) 水に溶けない．
(3) 沸点は 300℃以上である．
(4) 引火点は一般に 60℃以上である．
(5) 粘度によって，A 重油，B 重油，C 重油に分類されている．

問 19　ある物質の性状は次のとおりである． 解答解説：P107

「非水溶性，その蒸気は毒性が強い，引火点－10℃，着火温度 498℃，蒸気比重 2.77，融点 5.4℃及び沸点 80℃である．」

この物質は，次のうちどれか．

(1) 酢酸
(2) ベンゼン
(3) トルエン
(4) アセトアルデヒド
(5) 二硫化炭素

問 20　危険物の特性について，次のうち誤っているものはどれか． 解答解説：P107

(1) ベンゼンは水に溶けにくく，蒸気は毒性がある．
(2) エチルアルコールは毒性がない．また水によく溶ける．
(3) アセトアルデヒドは水によく溶け，その蒸気は空気より重い．
(4) 二硫化炭素は，燃焼すると有毒な硫化水素を発生する．
(5) メチルエチルケトンは水より軽く，また水にわずかに溶ける．

基本問題 Set3 解答　問 5(2)　問 6(4)　問 7(3)　問 8(1)　問 9(1)　問 10(5)　問 11(5)　問 12(4)

基本問題 Set3　法令の問題

問 21　品名・〔物品〕と指定数量の組合せとして，次のうち誤っているものはどれか．

解答解説：P108

(1) 特殊引火物　〔二硫化炭素〕　50 ℓ
(2) 第 1 石油類　〔ガソリン〕　200 ℓ
(3) 第 3 石油類　〔重　油〕　2,000 ℓ
(4) アルコール類　〔メチルアルコール〕　3,000 ℓ
(5) 第 4 石油類　〔ギヤー油〕　6,000 ℓ

問 22　法令では指定数量以上の危険物の取扱いについて規制しているが，指定数量未満の危険物についての貯蔵や取扱いについては，どのように規制されているか．正しいものを次のうちから選べ．

解答解説：P108

(1) 指定数量以上の危険物と同等に規制されている．
(2) 消防法施行令で準危険物として規制されている．
(3) 危険物の規制に関する規則で規制されている．
(4) 市町村条例で規制されている．
(5) 全く規制されておらず自由である．

問 23　貯蔵所において，危険物の品名，数量又は指定数量の倍数を変更するときの手続きとして，次のうち正しいものはどれか．

解答解説：P109

(1) 変更しようとする日の 10 日前までに，市町村長等の許可を得る．
(2) 変更しようとする日の 20 日前までに，所轄消防長に届け出る．
(3) 変更しようとする日の 10 日前までに，市町村長等に届け出る．
(4) 変更しようとする日の 20 日前までに，所轄消防長の承認を得る．
(5) 変更した後に，所轄消防長に届け出る．

問 24　予防規程の制定が必要な製造所等は，次のうちどれか．

解答解説：P109

(1) 指定数量の 30 倍の危険物を取り扱う給油取扱所
(2) 指定数量の 50 倍の危険物を取り扱う販売取扱所
(3) 20,000 ℓ のガソリンを貯蔵する移動タンク貯蔵所
(4) 指定数量の 120 倍の危険物を貯蔵する屋外タンク貯蔵所
(5) 指定数量の 80 倍の危険物を貯蔵する屋内貯蔵所

問 25　製造所等の定期点検の説明として，次のうち誤っているものはどれか. 解答解説：P110

(1) 点検は原則として1年に1回以上実施しなければならない.

(2) 点検記録は，原則として3年間保存しなければならない.

(3) 危険物取扱者の立会いを受けた場合は，危険物取扱者以外の者も点検を行うことができる.

(4) 移動タンク貯蔵所は，点検を行う必要はない.

(5) 危険物保安監督者は，点検を行うことができる.

解答解説：P110

問 26　危険物取扱者に関する記述として，次のうち誤っているものはどれか.

(1) 製造所等で，乙種危険物取扱者が立ち会えば，危険物取扱者以外の者が，その乙種危険物を取り扱うことができる.

(2) 乙種危険物取扱者は，指定された類の危険物の取扱い又は立会いができる.

(3) 丙種危険物取扱者は，第4類の危険物のうちのすべての石油類を取り扱うことができる.

(4) 6か月以上の実務経験を有する甲種又は乙種危険物取扱者は，危険物保安監督者になることができる.

(5) 甲種危険物取扱者は，すべての危険物の取扱い又は立会いができる.

問 27　免状の説明として，次のうち誤っているものはどれか. 解答解説：P111

(1) 免状の交付を受けている者は，当該免状の記載事項に変更が生じたときには，居住地又は勤務地を管轄する都道府県知事に書換えを申請しなければならない.

(2) 免状は，交付を受けた都道府県の範囲内だけでなく，全国どこでも有効である.

(3) 免状の交付を受けている者が免状を亡失又は破損した場合は，免状を交付又は書換えをした都道府県知事に再交付を申請することができる.

(4) 免状を亡失してその再交付を受けた者が亡失した免状を発見した場合は，これを10日以内に免状の再交付を受けた都道府県知事に提出しなければならない.

(5) 免状の返納を命じられた者は，その日から起算して3年を経過しないと免状の交付を受けられない.

基本問題 Set3 解答 問13(3) 問14(2) 問15(1) 問16(5) 問17(3) 問18(1) 問19(2) 問20(4)

問 28　次の貯蔵所のうち，ガソリンを貯蔵することができない施設はどれか． 解答解説：P111

(1) 屋外タンク貯蔵所

(2) 屋外貯蔵所

(3) 移動タンク貯蔵所

(4) 地下タンク貯蔵所

(5) 簡易タンク貯蔵所

問 29　下図は屋外タンク貯蔵所の配置図である．保有空地の幅，敷地内距離及び保安距離のそれぞれに該当するＡ～Ｈの組合せとして，次のうち正しいものはどれか． 解答解説：P112

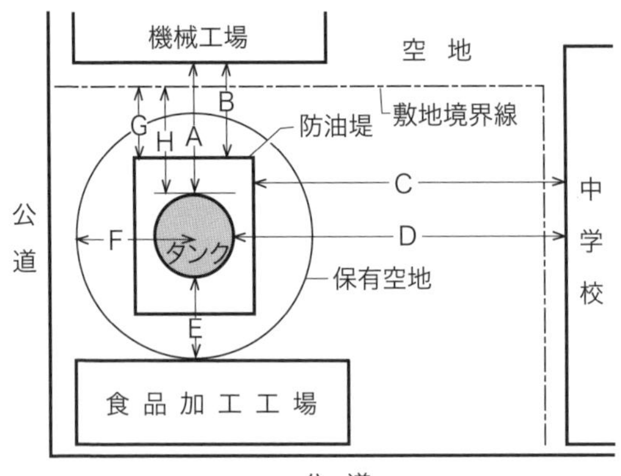

	保有空地の幅	敷地内距離	保安距離
(1)	E	H	D
(2)	E	H	A
(3)	E	G	B
(4)	F	G	C
(5)	F	G	A

問 30　ガソリンを貯蔵する屋外タンク貯蔵所の技術上の基準として，次のうち誤っているものはどれか. 解答解説：P112

(1) 屋外貯蔵タンクの周囲には，危険物が漏れた場合に，その流出を防止するため防油堤を設けなければならない.

(2) 屋外貯蔵タンクの注入口には，その旨の掲示板を設けなければならない.

(3) 屋外貯蔵タンクのポンプ設備の周囲には，一定の空地が必要である.

(4) 指定数量の5倍以上の危険物を貯蔵する場合は，避雷設備を設けなければならない.

(5) タンクの側板と当該タンクが存する敷地の境界線との間で，一定の距離を確保する必要がある.

問 31　ある製造所で次の危険物を保有している. 指定数量の倍数はいくつか. 解答解説：P113

・アセトアルデヒド　200ℓ
・ガソリン　1,000ℓ
・エチルアルコール　1,200ℓ
・メチルエチルケトン　2,000ℓ
・ピリジン　4,000ℓ

(1) 32
(2) 40
(3) 55
(4) 60
(5) 72

問 32　消火設備に関する説明として，次のうち正しいものはどれか. 解答解説：P113

(1) 粉を放射する小型消火器は，第4種の消火設備である.

(2) 二酸化炭素を放射する大型消火器は，第3種の消火設備である.

(3) 消火設備は，第1種から第5種までに区分されている.

(4) 第3種消火設備は，第3類の危険物火災に適応するものである.

(5) 第4種消火設備は，第4類の危険物火災に適応するものである.

基本問題 Set3 解答　問21(4) 問22(4) 問23(3) 問24(1) 問25(4) 問26(3) 問27(5)

問 33　製造所等における危険物の貯蔵，取扱いについて，次のうち誤っているものはどれか．

解答解説：P114

(1) 製造所等においては，みだりに火気を使用しないこと．

(2) 製造所等においては，常に整理及び清掃を行うこと．

(3) 危険物のくず，かす等は1日に1回以上廃棄その他適当な処置をすること．

(4) 危険物を詰め替える場合は，原則として運搬容器を使用すること．

(5) 危険物が残存しているおそれがある設備等を修理する場合は，少量であれば火災の危険性はないので，そのまま行ってよい．

解答解説：P114

問 34　製造所等における危険物の取扱いについて，次のうち正しいものはどれか．

(1) 危険物を焼却の方法で廃棄する場合は，周囲に住宅がある場合にかぎり，見張人を付けなければならない．

(2) 指定数量の40倍以上の危険物を取り扱う場合は，危険物取扱者ではなく危険物保安監督者が立ち会わなければならない．

(3) 地下貯蔵タンクの計量口は，危険物を注入するときには，逆流を防止するため開放しておかなければならない．

(4) 移動貯蔵タンクから危険物を貯蔵し，又は取り扱うタンクに，引火点が40℃未満の危険物を注入するときは，移動タンク貯蔵所の原動機を停止させなければならない．

(5) 給油取扱所で引火点が40℃未満の危険物を自動車等に給油するときは，自動車等の原動機を停止しなければならない．

問 35　移動タンク貯蔵所による危険物の移送について，次のうち誤っているものはどれか．

解答解説：P115

(1) 灯油を移送する移動タンク貯蔵所には，丙種危険物取扱者が乗車していればよい．

(2) 市町村長等の認可を受けていれば，危険物取扱者が乗車しなくても危険物を移送することができる．

(3) 移動タンク貯蔵所には，完成検査済証，点検記録表等の書類を備え付けなければならない．

(4) 危険物取扱者は，危険物を移送する移動タンク貯蔵所に乗車する際は，免状を携帯していなければならない．

(5) 甲種危険物取扱者は，移動タンク貯蔵所で移送する危険物がどの類であっても，これに乗車して移送に当たることができる．

基本問題

Set4

物理化学の問題

問1　次の用語の説明のうち，誤っているものはどれか． 解答解説：P116

(1) 化合……2種以上の純物質が混ざり合う現象．
(2) 中和……酸と塩基が反応して塩と水ができる現象．
(3) 凝縮……気体が液体になる現象．
(4) 昇華……固体が直接気体になる現象，又はその逆の現象．
(5) 融解……固体が液体になる現象．

問2　次のうち混合物はどれか． 解答解説：P116

(1) 塩化ナトリウム
(2) 硫酸マグネシウム
(3) 海水
(4) 塩化マグネシウム
(5) 蒸留水

問3　熱膨張と体膨張について，次のうち誤っているものはどれか． 解答解説：P117

(1) 一般に液体の体膨張率は，固体より大きい．
(2) 固体の体膨張率は，線膨張率の約1/3である．
(3) 体膨張率が0.009である液体の線膨張率は，約0.003である．
(4) 線膨張率とは，固体の温度を1℃上昇させた場合に伸びた長さと，もとの長さとの比率をいう．
(5) 気体の体積は，圧力が一定の場合には，温度が1℃上がるごとに，その気体の0℃のときの体積に対し約1/273ずつ膨張する．

問4　酸化と還元についての説明として，次のうち誤っているものはどれか． 解答解説：P117

(1) ある物質から水素を奪い去る反応も酸化という．
(2) 炭素が燃えて二酸化炭素になるような反応を，酸化の中でも特に燃焼という．
(3) 還元とは，例えば金属の酸化物から酸素が奪われて金属に戻るような反応である．
(4) 一般に酸化と還元は同時には起こらない．
(5) ある物質の元素が電子を失う反応が酸化といわれる．

基本問題 Set3 解答　問28(2)　問29(1)　問30(4)　問31(1)　問32(3)

問5　金属の性質について，次のうち正しいものはどれか． 解答解説：P118

(1) 比重はすべて1より大きいから，水に浮くものはない．
(2) 金属は，一般に陰イオンになりやすい．
(3) 一般に，粉状にすれば燃焼しやすくなる．
(4) すべて常温で固体である．
(5) 金属は危険物ではない．

問6　燃焼の三要素に関する説明として，次のうち誤っているものはどれか． 解答解説：P118

(1) 燃焼の三要素は，可燃物，酸素供給源，点火源である．
(2) 窒素は，酸素と化合しても熱を発生しないので，可燃物ではない．
(3) 銅粉，酸素，電気火花という組合せは，燃焼の三要素がそろっている．
(4) 二酸化炭素はこれ以上酸素と化合できないもので，可燃物ではない．
(5) 蒸発熱や融解熱も，点火源になり得る．

問7　エチルアルコールの燃焼反応式で，次のうち正しいものはどれか． 解答解説：P119

(1) $C_2H_5OH + O_2 \rightarrow 2CO_2 + H_2O$
(2) $C_2H_5OH + 2O_2 \rightarrow 3CO_2 + 2H_2O$
(3) $2C_2H_5OH + O_2 \rightarrow CO_2 + H_2O$
(4) $C_2H_5OH + 3O_2 \rightarrow 2CO_2 + 3H_2O$
(5) $3C_2H_5OH + 2O_2 \rightarrow CO_2 + H_2O$

問8　燃焼に関する次の説明のうち，誤っているものはどれか． 解答解説：P119

(1) 引火点とは，火気を近づけると燃えはじめる最低の液温である．
(2) 引火点とは，可燃性液体が液表面に燃焼に必要な蒸気を生ずるときの最低の温度のことである．
(3) 発火点（着火温度）とは，可燃物が空気中で加熱されて燃えはじめるときの最高の温度である．
(4) 一般に，固体には発火点はあるが，引火点はない．
(5) 燃焼範囲とは，空気中で可燃性蒸気の燃焼が可能な，蒸気の濃度範囲のことである．

問９　**次の液体の「引火点」及び「燃焼範囲の下限値」として考えられる組合せはどれか．「ある引火性液体は 50℃で液面付近で濃度 7%（vol）の可燃性蒸気を発生した．この状態でライターの火を近づけたところ引火した．」**

解答解説：P120

	引火点	燃焼範囲の下限値
(1)	20℃	9%（vol）
(2)	30℃	4%（vol）
(3)	40℃	8%（vol）
(4)	50℃	10%（vol）
(5)	60℃	12%（vol）

問 10　**火災と，その火災に適応する消火器の組合せとして，次のうち誤っているものはどれか．**

解答解説：P120

(1) 普通火災……霧状の強化液消火器
(2) 油火災……二酸化炭素消火器
(3) 油火災……泡消火器
(4) 電気火災……泡消火器
(5) 電気火災……リン酸塩類の粉末消火器

基本問題 Set4　性質・火災予防・消火方法の問題

問 11　**危険物の類別の特性に関する記述として，次のうち誤っているものはどれか．**

(1) 第 1 類の危険物は，そのもの自体は燃焼しないが，熱，衝撃，摩擦などによって分解し，極めて激しい燃焼を起こさせる．
(2) 第 2 類の危険物は，比較的低温で引火しやすい固体で，燃焼速度が速く，消火が困難である．
(3) 第 4 類の危険物は，液状であって，蒸気は空気と混合すると引火又は爆発の危険性がある．
(4) 第 5 類の危険物は，自己反応性物質で，自己反応により多量の熱を発生し，又は爆発的に反応が進行する．
(5) 第 6 類の危険物は，自らは不燃性であるが強酸化剤である．また，水と接触すると発熱し，可燃性ガスを発生する．

解答解説：P121

基本問題 Set3 解答 問33(5) 問34(4) 問35(2) **基本問題 Set4 解答** 問1(1) 問2(3) 問3(2) 問4(4)

問 12　次の記述は，第４類の危険物の一般的性質を説明したものである．このうち誤っているものはどれか．

解答解説：P121

(1) 一般に水より軽く，水に溶けにくい．
(2) 一般に蒸気は空気より重い．
(3) 一般に引火しやすい．
(4) 一般に蒸気が空気とわずかに混合していても燃焼する．
(5) 一般に着火温度が低いものほど危険である．

問 13　第４類の危険物に共通する一般的な火災予防上の注意事項として，次のうち誤っているものはどれか．

解答解説：P122

(1) 加熱する場合は，その液温が引火点以上にならないように注意する．
(2) 引火点が低いものは，引火の危険性が高いので，火気等の点火源に注意する．
(3) 石油類等の電導性の悪いものは，静電気が蓄積しやすいため，アース等の帯電防止設備を実施する．
(4) 空缶でも危険物蒸気が充満していることが多く，火災時の熱で爆発する危険があるので安全な場所に保管する．
(5) 詰め替え等の作業は，蒸気の漏えいを防止するため，密室で行う．

問 14　第４類の危険物の火災に普通用いられる消火方法として，次のうち適当なものはどれか．

解答解説：P122

(1) 液温を冷却して引火点以下にする．
(2) 可燃性蒸気の発生を少なくする．
(3) 酸素の供給を遮断する．
(4) 可燃性蒸気を除去する．
(5) 可燃性液体の温度を発火点以下に下げる．

問 15　エーテル（ジエチルエーテル）の説明として，誤っているものどれか．

解答解説：P123

(1) 引火点は，－45℃と非常に低い．
(2) 沸点は，35℃である．
(3) 燃焼範囲は，1.9～36％で広い．
(4) 日光にさらされても変質はしない．
(5) 蒸気には麻酔性がある．

解答解説：P123

問 16　ガソリン，灯油及び軽油に関する次の説明のうち，誤っているものはどれか．

(1) 一般に灯油は軽油よりも引火点が低い．
(2) ガソリン，灯油及び軽油は，原油より分留されたもので，種々の炭化水素の混合物である．
(3) ガソリンと灯油は，どちらも液温が常温程度で引火の危険性がある．
(4) 一般に灯油及び軽油のほうが，ガソリンよりも発火点が低い．
(5) 軽油はディーゼル車の燃料となる．

問 17　ベンゼンの性質について，次のうち誤っているものはどれか． 解答解説：P124

(1) 引火点は－10℃で，非常に引火しやすい．
(2) 発火点はガソリンより低い．
(3) 各種の有機物をよく溶かすが，水には溶けない．
(4) 芳香族炭化水素である．
(5) 毒性が強く，蒸気を吸入すると中毒症状を起こす．

問 18　軽油の性状について，次のうち誤っているものはどれか． 解答解説：P124

(1) 蒸気は空気より軽い．
(2) 比重は 1 より小さい．
(3) 引火点は 45℃以上である．
(4) 発火点は，エチルアルコールより低い．
(5) 引火点は，ベンゼンよりも高い．

問 19　重油の一般性質として，次のうち誤っているものはどれか． 解答解説：P125

(1) 水より重い暗褐色の液体である．
(2) 常温（20℃）において液状である．
(3) 引火点は重油の種類により異なる．
(4) 粘度により A 重油，B 重油，C 重油に分けられ，A 重油が一番良質である．
(5) 引火性の小さい物質であるが，加熱されると危険性が高くなる．

問 20　次の危険物のうち，燃焼範囲の最も広いものはどれか． 解答解説：P125

(1) 二硫化炭素
(2) アセトアルデヒド
(3) メチルアルコール
(4) ガソリン
(5) ベンゼン

基本問題 Set4 解答　問 5(3)　問 6(5)　問 7(4)　問 8(3)　問 9(2)　問 10(4)　問 11(5)

問 21 **製造所等以外の場所において，軽油 3,000 ℓ を 7 日間仮に貯蔵し，又は取り扱う場合必要な手続きはどれか．** 解答解説：P126

(1) 防火上安全な場所であれば，特に手続きは必要でない．
(2) 所轄消防長又は消防署長に届け出る．
(3) 消防本部，消防署が置かれていない市町村の場合，都道府県知事の認可を受ける．
(4) 所轄消防長又は消防署長の承認を受ける．
(5) 当該区域を管轄する市町村長に届け出る．

問 22 **危険物製造所等を設置してその使用開始が認められる時期として，次のうち正しいものはどれか．** 解答解説：P126

(1) 設置許可を受けた後ならいつでもよい．
(2) 完成検査申請書を提出した後．
(3) 工事が完了した後．
(4) 工事完了の届出をした後．
(5) 完成検査済証の交付を受けた後．

問 23 **予防規程に関する記述として，次のうち正しいものはどれか．** 解答解説：P127

(1) 予防規程を制定又は変更するときは，必ず市町村長等の認可を受けなければならない．
(2) 予防規程は，危険物保安統括管理者が制定しなければならない．
(3) 予防規程は，自衛消防組織を置く事業所では，制定する必要はない．
(4) 予防規程に定めなければならない事項は，市町村条例で定められている．
(5) 指定数量の 10 倍以上の危険物を貯蔵し，又は取り扱う製造所等は，必ず予防規程を制定しておかなければならない．

問 24　**製造所等の定期点検について，次のうち誤っているものはどれか．** 解答解説：P127

(1) 定期点検は，当該製造所等の位置，構造及び設備が技術上の基準に適合しているか否かについて行う．

(2) 危険物取扱者の立会いを受けた場合は，危険物取扱者以外の者でも定期点検を行うことができる．

(3) 定期点検は原則として1年に1回以上行わなければならない．

(4) 危険物施設保安員は，定期点検を行うことができる．

(5) 定期点検を実施した場合は，30日以内にその結果を市町村長等に報告しなければならない．

問 25　**危険物取扱者に関する説明として，次のうち誤っているものはどれか．** 解答解説：P128

(1) 危険物取扱者には，甲種，乙種及び丙種の3種類がある．

(2) 危険物取扱者でなくても危険物保安統括管理者になることができる．

(3) 製造所等において，危険物の取扱作業に従事する危険物取扱者は，一定期間ごとに講習を受けなければならない．

(4) 危険物取扱者は，移動タンク貯蔵所に乗車するときは，危険物取扱者免状を紛失するといけないので，事務所に保管する．

(5) 危険物取扱者が，消防法令に違反したときは，危険物取扱者免状の返納を命ぜられることがある．

問 26　**危険物取扱者免状の記述として，次のうち正しいものはどれか．** 解答解説：P128

(1) 免状の再交付の事由には，亡失，滅失，破損，汚損又は返納命令の5つがある．

(2) 免状を亡失した場合は，10日以内に「その免状を交付した都道府県知事」に届け出なければならない．

(3) 免状を亡失又は破損し再交付を受けたい場合は，再度試験を受けなければならない．

(4) 免状を亡失して，免状の再交付を受けた者が亡失した免状を発見した場合は，これを10日以内に再交付を受けた都道府県知事に提出しなければならない．

(5) 消防法令に違反して免状の返納を命じられた場合でも60日を経過すれば改めて免状の交付を受けることができる．

基本問題 Set4 解答 問12(4) 問13(5) 問14(3) 問15(4) 問16(3) 問17(2) 問18(1) 問19(1) 問20(2)

問 27　次のうち，屋外貯蔵所で貯蔵できない危険物はいくつあるか． 解答解説：P129

硫黄，エチルアルコール，二硫化炭素，ギヤー油，ヤシ油，ガソリン，灯油，重油，引火性固体（引火点 0℃以上のもの）

(1) 1つ
(2) 2つ
(3) 3つ
(4) 4つ
(5) 5つ

問 28　製造所の設置基準として，次のうち誤っているものはどれか． 解答解説：P129

(1) 床面積は，原則として 3,000m^2 以下とすること．
(2) その製造所外の住宅から，10m 以上の保安距離を確保すること．
(3) 地階は設けないこと．
(4) その製造所の建築物や工作物の周囲には，定められた幅の空地を保有すること．
(5) 指定数量の倍数が 10 以上の製造所には，避雷設備を設けること．

問 29　引火性液体を貯蔵する屋外タンク貯蔵所の防油堤についての記述として，次のうち誤っているものはどれか． 解答解説：P130

(1) 防油堤の高さは，0.3m 以上であること．
(2) 防油堤は，鉄筋コンクリート又は土で造ること．
(3) 防油堤には，その内部の滞水を外部に排出するための水抜口を設けること．
(4) 1 の屋外貯蔵タンクの周囲に設ける防油堤の容量は，当該タンクの容量の 110%以上とすること．
(5) 防油堤内に設置する屋外貯蔵タンクの数は，10 以下とすること．

問 30　給油取扱所の位置，構造及び設備の技術上の基準として，次のうち正しいものはどれか．　解答解説：P130

(1) 固定給油設備は，道路境界線より 3m 以上，敷地境界線及び建築物の壁から 3m 以上の間隔を保つこと．

(2) 固定給油設備には，先端に弁を設けた全長 5m 以下の給油ホースを設けること．

(3) 固定給油設備の周囲の空地は，給油取扱所の周囲の地盤面より低くするとともに，その表面に適当な傾斜をつけ，かつ，アスファルトなどで舗装すること．

(4) 間口 10m 以内，奥行 6m 以内の空地を保有すること．

(5) 固定給油設備に接続する簡易貯蔵タンクを設ける場合は，取り扱う石油類の品質ごとに 2 個ずつで，かつ，合計 6 個以内とすること．

問 31　第 5 種の消火設備で電気火災に適応するものは，次のうちどれか．　解答解説：P131

(1) 強化液を放射する大型消火器

(2) ハロゲン化物を放射する大型消火器

(3) 二酸化炭素を放射する小型消火器

(4) スプリンクラー設備

(5) 泡を放射する小型消火器

問 32　製造所等における危険物の貯蔵又は取扱いに共通する技術上の基準について，次のうち誤っているものはどれか　解答解説：P131

(1) 危険物を容器に収納して貯蔵し又は取り扱うときは，当該危険物の性質に応用した容器を使用すること．

(2) 製造所等においては，みだりに火気を使用しないこと．

(3) 常に整理及び清掃に努めるとともに，みだりに空箱その他不必要な物件を置かないこと．

(4) 可燃性の液体，可燃性の蒸気又は可燃性のガスがもれ，又は滞留するおそれのある場所では，火花を発する工具や履物等を使用しないこと．

(5) 危険物を保護液中に保存する場合には，当該危険物の品名が確認できるように一部を保護液から露出しておくこと．

基本問題 Set4 解答　問 21 (4)　問 22 (5)　問 23 (1)　問 24 (5)　問 25 (4)　問 26 (4)

解答解説：P132

問 33　危険物の貯蔵及び取扱いの基準として，次のうち誤っているものはどれか．

(1) 第 4 類危険物を廃棄する方法のひとつに，地中に埋める方法がある．

(2) 屋内貯蔵所においては，容器に収納して貯蔵する危険物の温度が 55℃を超えないようにすること．

(3) 屋外貯蔵タンクの元弁及び注入口の弁は，危険物を出し入れするとき以外は，閉鎖しておかなければならない．

(4) 移動貯蔵タンクから，引火点が 40℃未満の危険物を他のタンクへ注入するときは，移動タンク貯蔵所の原動機を停止させなければならない．

(5) 給油取扱所において，自動車等に給油するときは，自動車等の原動機を停止させなければならない．

問 34　危険物保安監督者を危険物の種類や数量に関係なく選任しなくてもよい製造所等は，次のうちどれか．

解答解説：P132

(1) 屋外タンク貯蔵所

(2) 移動タンク貯蔵所

(3) 給油取扱所

(4) 製造所

(5) ガソリンを貯蔵する屋内貯蔵所

問 35　運搬に関する次の記述のうち，誤っているものはどれか．

解答解説：P133

(1) 危険物を運搬する場合は，その量の多少にかかわらず運搬の規制を受ける．

(2) 類を異にする危険物を混載して運搬することは，類によっては認められている．

(3) 指定数量以上の危険物を運搬する場合は，消火器を備え付け，「危」の標識も必要となる．

(4) 夜間に危険物を運搬する場合は，市町村長へ届け出なければならない．

(5) 容器の収納口は，上向きに積載しなければならない．

基本問題

Set5

物理化学の問題

問 1　**単体, 化合物, 混合物と並べた次の組合せのうち, 正しいものはどれか.** 解答解説：P134

	単　体	化合物	混合物
(1)	鉄	トルエン	空　気
(2)	ガラス	石　油	水　銀
(3)	マグネシウム	原　油	ガソリン
(4)	硫　黄	塩　酸	二酸化炭素
(5)	水	エチレン	軽　油

問 2　**比熱が 2.5J/(g･K) の液体 200 g を 15℃から 25℃まで温めるために必要な熱量は, 次のうちどれか.** 解答解説：P134

(1)　2.5 kJ
(2)　5.0 kJ
(3)　10.0 kJ
(4)　25.0 kJ
(5)　50.0 kJ

問 3　**融点が－120℃で沸点が 80℃の物質を－20℃と 60℃の温度に保ったときの物質の状態として, 次のうち正しいものはどれか.** 解答解説：P135

	－20℃のとき	60℃のとき
(1)	気　体	気　体
(2)	液　体	気　体
(3)	液　体	液　体
(4)	固　体	液　体
(5)	固　体	固　体

基本問題 Set4 解答　問27(2) 問28(1) 問29(1) 問30(2) 問31(3) 問32(5)

問4　熱に関する説明として，次のうち誤っているものはどれか． 

(1) 熱伝導率の小さい物質は，熱を伝えにくい．

(2) 比熱とは，物質1gの温度を1℃（1K）上昇させるのに必要な熱量である．

(3) 比熱が大きい物質は，温まりやすく冷めやすい．

(4) 気体の体積は，温度1℃の上昇に対し，0℃のときの体積の約1/273ずつ膨張する．

(5) 一般に体膨張率の大きい順は，気体，液体，固体である．

問5　タンクや容器に液体の危険物を入れる場合，空間容積が必要となる．その理由として最も関係のあるものは，次のうちどれか． 解答解説：P136

(1) 酸　化

(2) 熱放射

(3) 熱伝導

(4) 体膨張

(5) 沸　点

問6　次の危険物で一番重いものはどれか．分子式で判断せよ． 解答解説：P136
ただし，原子量は次の値である．C＝12，H＝1，O＝16，N＝14

(1) ベンゼン C_6H_6

(2) メチルアルコール CH_3OH

(3) ジエチルエーテル $C_2H_5OC_2H_5$

(4) 酢酸エチル $CH_3COOC_2H_5$

(5) ピリジン C_5H_5N

問7　燃焼の三要素に関する説明として，次のうち誤っているものはどれか． 解答解説：P137

(1) 空気は酸素供給源となり得るが，酸素濃度が15％以下になると燃焼は継続しない．

(2) 燃焼の三要素がそろえば，必ず燃焼は起こり，継続する．

(3) 金属の打撃火花は，可燃性蒸気の点火源となり得る．

(4) 酸素と化合するものでも，可燃物にならないものがある．

(5) 鉄粉，小麦粉は，いずれも可燃物になり得る．

解答解説：P137

問８　**静電気の発生を防ぐための方法として，次のうち誤っているものはどれか．**

(1) 配管内の危険物の流動を速くする．
(2) 接地する．
(3) 空気をイオン化する．
(4) 湿度を高くする．
(5) 配管などの導電性をよくする．

問９　**次の文章の意味として，正しい説明はどれか．** 解答解説：P138

「引火性液体Ａの引火点は，40℃である．」

(1) 気温が40℃になると自然に発火する．
(2) 液温が40℃になると燃焼範囲の下限の濃度の蒸気を発生する．
(3) 液温が40℃になると蒸気を発生しはじめる．
(4) 気温が40℃になると燃焼可能な量の蒸気を発生する．
(5) 液体が40℃まで加熱されると発火する．

問10　**空気100ℓにガソリン２ℓを混ぜると，濃度は何％(vol)になるか．** 解答解説：P138

(1) 1.5％ (vol)
(2) 1.96％ (vol)
(3) 2％ (vol)
(4) 2.2％ (vol)
(5) 2.4％ (vol)

基本問題5

基本問題 Set5　性質・火災予防・消火方法の問題

問11　**危険物の薬品びんがあり，そのラベルには次のように性状が記載されていた．その薬品の類を答えよ．** 解答解説：P139

「灰色の結晶であり，熱により分解し水素を発生する．水と激しく反応して水素を発生する．その反応熱により自然発火する．湿気中でも自然発火する．酸化剤と混蝕すると発火・発熱のおそれがある．」

(1) 第１類
(2) 第２類
(3) 第３類
(4) 第５類
(5) 第６類

基本問題Set4解答 問33(1) 問34(2) 問35(4) 基本問題Set5解答 問1(1) 問2(2) 問3(3)

問 12　第４類の危険物の性状として，次のうち誤っているものはどれか. 

解答解説：P139

(1) 液状の有機化合物である.

(2) 蒸気比重が空気より大きいため，低所に滞留しやすい.

(3) 水に溶けやすいものが多い.

(4) 水より軽いものが多く，火災が拡大しやすい.

(5) 一般に電気の不良導体であり，静電気を発生しやすい.

問 13　第４類危険物に関する火災予防上の注意事項として，次のうち正しいものはどれか.

解答解説：P140

(1) 衣服は，ナイロンよりも木綿のほうが，人体に静電気が発生するのを防ぐ効果がある.

(2) 容器に貯蔵する場合，内容物が膨張して容器が破損しないように容器の上部に空気抜きのための穴を開けておく.

(3) 引火点の比較的高いものは，加熱しても引火の危険性はない.

(4) 危険物を貯蔵する場合には，着火温度以上にならないよう注意すれば，引火のおそれはなく安全である.

(5) 貯蔵庫に危険物を貯蔵する場合，危険物の蒸気が貯蔵庫から外部へ出ないよう，貯蔵庫は出入口以外は完全な密閉構造にする必要がある.

問 14　第４類危険物の火災の消火方法として，次のうち誤っているものはどれか.

(1) 大量の危険物の火災の場合は，直接注水すると燃焼面が拡大するため危険である.

(2) 水溶性危険物に対しては，耐アルコール性の泡消火剤が使用される.

(3) 少量の油火災の消火には，乾燥砂も効果がある.

(4) 可燃性液体の消火には，窒息による消火は困難なため，通常冷却による消火の方法がとられる.

(5) 霧状の強化液は，油火災に効果がある.

解答解説：P140

問 15　**ガソリンやベンゼンの火災に対する消火器として，適さないものはいくつあるか.** 解答解説：P141

粉末消火器　　ハロゲン化物消火器　　強化液（霧状）消火器
泡消火器　　二酸化炭素消火器

(1) 0
(2) 1つ
(3) 2つ
(4) 3つ
(5) 4つ

問 16　**酸化プロピレンの性状として，次のうち誤っているものはどれか.** 解答解説：P141

(1) 引火点は－37℃である.
(2) 水には溶けない.
(3) 沸点は約35℃である.
(4) 燃焼範囲は2.8～37％である.
(5) 無色の液体である.

問 17　**ベンゼンとトルエンの性状について，次のうち誤っているものはどれか.** 解答解説：P142

(1) ともに芳香族炭化水素である.
(2) ともに無色の液体で水より軽い.
(3) ともに引火点は常温（20℃）より低い.
(4) ベンゼンは水に溶けないが，トルエンは水によく溶ける.
(5) 蒸気はともに有毒であるが，その毒性はベンゼンの方が強い.

問 18　**酢酸の性状について，次のうち誤っているものはどれか.** 解答解説：P142

(1) 引火点は，21℃以上で70℃未満である.
(2) 発火点は，軽油よりかなり高い.
(3) 水溶液は，弱い酸性を示す.
(4) 蒸気比重は，空気の約2倍である.
(5) 20℃まで液温が下がると凝固する.

基本問題 Set5 解答　問4(3)　問5(4)　問6(4)　問7(2)　問8(1)　問9(2)　問10(2)　問11(3)

問 19　乾性油がしみ込んだ繊維などは，取扱いにあたって特に注意しなければならない．その理由として，次のうち正しいものはどれか． 解答解説：P143

(1) 乾性油が繊維などにしみ込むと，引火性固体をつくるから．
(2) 乾性油が繊維を溶かし，可燃性ガスを発生させるから．
(3) 乾性油が繊維などにしみ込むと，発火点が低くなるから．
(4) 乾性油が繊維などにしみ込むと，引火点が低くなるから．
(5) 乾性油は，空気中の酸素により酸化されやすく，かつ，酸化熱が蓄積されやすい状態にあるため，自然発火の危険性があるから．

問 20　液比重が 1 以上のもののみの危険物の組合せは，次のうちどれか． 解答解説：P143

(1) 酢　酸　　ガソリン　　軽　油
(2) 重　油　　ベンゼン　　二硫化炭素
(3) 酢　酸　　メチルエチルケトン　　重　油
(4) 酢　酸　　ニトロベンゼン　　二硫化炭素
(5) アセトン　　グリセリン　　二硫化炭素

基本問題 Set5　法令の問題

問 21　次の危険物を，次の量貯蔵したとき，指定数量の倍数がちょうど 20 倍になるものはどれか．ただし現在，第 3 石油類（水溶性）を指定数量 12 倍貯蔵している． 解答解説：P144

(1) アセトアルデヒド　400 ℓ
(2) ガソリン　2000 ℓ
(3) 灯油　6000 ℓ
(4) 重油　10000 ℓ
(5) エタノール　3600 ℓ

問 22　指定数量以上の危険物を，製造所等以外の場所で仮に貯蔵し，又は取り扱うための手続とその期間として，次のうち正しいものはどれか． 解答解説：P144

(1) 所轄消防署長の承認を受けたときは 20 日以内
(2) 所轄消防長の承認を受けたときは 10 日以内
(3) 所轄消防団長の承認を受けたときは 10 日以内
(4) 市町村長の承認を受けたときは 20 日以内
(5) 都道府県知事の承認を受けたときは 20 日以内

問 23　原則として，住宅，学校，病院等から一定の距離（保安距離）を保たなくてもよい製造所等は，次のうちどれか．

解答解説：P145

(1) 製造所
(2) 屋外貯蔵所
(3) 屋内貯蔵所
(4) 屋内タンク貯蔵所
(5) 一般取扱所

解答解説：P145

問 24　製造所等において定める予防規程について，次のうち正しい内容はどれか．

(1) 位置，構造，設備の点検項目について定めた規程をいう．
(2) 変更工事に関する手続について定めた規程をいう．
(3) 危険物保安監督者が行う指導内容を定めた規程をいう．
(4) 火災を予防するため，危険物の保安に関し必要な事項を定めた規程をいう．
(5) 労働災害を予防するための安全規程をいう．

問 25　定期点検を義務づけられていない製造所等は，次のうちどれか．

解答解説：P146

(1) 移動タンク貯蔵所
(2) 地下タンク貯蔵所
(3) 地下タンクを有する製造所
(4) 簡易タンク貯蔵所
(5) 地下タンクを有する給油取扱所

問 26　危険物取扱者について，次のうち誤っているものはどれか．

解答解説：P146

(1) 丙種危険物取扱者は，危険物保安監督者になることができる．
(2) 免状の交付を受けている者を危険物取扱者という．
(3) 危険物取扱者が取り扱うことができる危険物の種類は，免状に記載されている．
(4) 製造所等においては，危険物取扱者以外の者は甲種又は乙種危険物取扱者の立会いがあれば，危険物を取り扱うことができる．
(5) 危険物保安統括管理者は，危険物取扱者でなくても選任することができる．

基本問題 Set5 解答　問 12(3)　問 13(1)　問 14(4)　問 15(1)　問 16(2)　問 17(4)　問 18(5)

問 27　危険物保安監督者に関する説明として，次のうち正しいものはどれか． 解答解説：P147

(1) 危険物保安監督者を選任したときは，消防署長へ届出をしなければならない．
(2) 危険物取扱者免状の交付を受けている者を危険物保安監督者という．
(3) 危険物取扱者であれば，市町村長等の承認で，だれでも危険物保安監督者に選任できる．
(4) 危険物保安監督者を定めなければならない危険物施設は，特定の危険物製造所等である．
(5) 危険物保安監督者を定めるのは，市町村長等である．

問 28　次の文の（　　）内のＡ～Ｃに当てはまる語句の組合せはどれか．
「免状の再交付は，当該免状の（　Ａ　）をした都道府県知事に申請することができる．免状を亡失し再交付を受けた者は，亡失した免状を発見した場合はこれを（　Ｂ　）以内に免状の（　Ｃ　）を受けた都道府県知事に提出しなければならない．」 解答解説：P147

	A	B	C
(1)	交　付	30 日	再交付
(2)	交　付	14 日	再交付
(3)	交付又は書換え	10 日	再交付
(4)	交　付	7 日	交　付
(5)	交付又は書換え	7 日	交　付

問 29　危険物を貯蔵し又は取り扱う場合に，数量について制限のないものは次のうちどれか． 解答解説：P148

(1) 移動タンク貯蔵所
(2) 屋内タンク貯蔵所
(3) 屋外タンク貯蔵所
(4) 第 1 種販売取扱所
(5) 簡易タンク貯蔵所

問 30　製造所等の保安距離について，次のうち誤っているものはどれか． 解答解説：P148

(1) 屋内タンク貯蔵所は，重要文化財から 50m 以上確保しなければならない．
(2) 屋外貯蔵所は，学校，病院から 30m 以上確保しなければならない．
(3) 製造所等は，使用電圧が 20,000 ボルトの特別高圧架空電線から，水平距離で 3m 以上確保しなければならない．
(4) 一般取扱所は，高圧ガス施設から 20m 以上確保しなければならない．
(5) 屋外タンク貯蔵所は，同一敷地外の住居から 10m 以上確保しなければならない．

問 31　灯油 3,000 ℓ，ガソリン 1,400 ℓ 及び重油 4,000 ℓ を貯蔵する倉庫についての説明として，次のうち誤っているものはどれか． 解答解説：P149

(1) この倉庫に貯蔵する危険物は，指定数量の 12 倍である．
(2) これらの危険物に対する消火設備の所要単位は 12 単位である．
(3) この倉庫は，屋内貯蔵所として許可を受けなければならない．
(4) この倉庫には，危険物保安監督者を選任しなければならない．
(5) この倉庫は，第 4 類の危険物のみを貯蔵している．

問 32　地下タンク貯蔵所の設置に関する説明として，次のうち誤っているものはどれか． 解答解説：P149

(1) 引火防止装置を設けた直径 30mm 以上の通気管を設置すること．
(2) タンクの外部にはさび止め塗装をすること．
(3) 地下貯蔵タンクの頂部は，0.6m 以上地盤面から下にあること．
(4) 容量は，60,000 ℓ 以下であること．
(5) タンクの周囲に漏えい検査管を 4 本以上設けること．

問 33　次に掲げる危険物製造所等のうちで，警報設備を設けなければならないものはどれか． 解答解説：P150

(1) 重油 12,000 ℓ を取り扱う一般取扱所
(2) ガソリン 12,000 ℓ を貯蔵する移動タンク貯蔵所
(3) なたね油 12,000 ℓ を貯蔵する屋内貯蔵所
(4) ギヤー油 12,000 ℓ を製造する製造所
(5) 軽油 12,000 ℓ を貯蔵する屋外タンク貯蔵所

基本問題 Set5 解答 問 19 (5) 問 20 (4) 問 21 (1) 問 22 (2) 問 23 (4) 問 24 (4) 問 25 (4) 問 26 (1)

問 34　移動タンク貯蔵所による危険物の移送に関する説明として，次のうち誤っているものはどれか． 解答解説：P150

(1) 移動タンク貯蔵所には，完成検査済証，点検記録表等を備え付けなければならない．

(2) 危険物取扱者は，危険物取扱者免状を携帯していなければならない．

(3) 移送する危険物を取り扱うことができる危険物取扱者が乗車しなければならない．

(4) 長距離の移送をする場合は，乙種危険物取扱者が同乗しなければならない．

(5) 危険物の移送をする者は，移送の開始前に消火器等の点検を行うことが義務づけられている．

問 35　製造所等の許可の取消し又は使用停止命令が出される場合がある．それはどのようなときか．誤っているものを選べ． 解答解説：P151

(1) 簡易タンク貯蔵所の位置を無許可で変更したとき．

(2) 給油取扱所において，危険物保安監督者を定めていないとき．

(3) 製造所の危険物取扱者が免状の書換えをしていないとき．

(4) 新設した一般取扱所で，完成検査前に危険物を取り扱ったとき．

(5) 移動タンク貯蔵所において，定期点検を怠っているとき．

応用問題
Set1
物理化学の問題

問 1　**燃焼の仕方についての次の説明文で，（　A　）（　B　）に入るものを選べ．**
紙や木材は，加熱すると，可燃性ガスが発生し，これがまず最初に燃える（　A　）である．木炭やコークスの場合，表面が赤熱し，そのまま燃える（　B　）である．

解答解説：P152

	A	B
(1)	蒸発燃焼	分解燃焼
(2)	蒸発燃焼	表面燃焼
(3)	分解燃焼	表面燃焼
(4)	分解燃焼	蒸発燃焼
(5)	表面燃焼	分解燃焼

問 2　**二硫化炭素の燃焼についての説明で，（　A　）（　B　）に入るものを選べ．**
「二硫化炭素が燃焼すると（　A　）と（　B　）になる．」

解答解説：P152

	A	B
(1)	過酸化水素	二酸化炭素
(2)	過酸化水素	水蒸気
(3)	二酸化硫黄	水蒸気
(4)	二酸化硫黄	二酸化炭素
(5)	二酸化炭素	水蒸気

問3　発火点と引火点の説明で，正しいものの組合せを選べ． 解答解説：P153

A：引火点とは，液面近くに小火炎を近づけると，燃え出すのに十分な濃度の蒸気を液面上に発生する，最低の液温である．

B：発火点とは，空気中で可燃性物質を加熱した場合，これに火炎あるいは火花などを近づけなくとも発火し，燃焼を開始する最低の温度である．

C：引火点は発火点より高い．

D：発火点は，測定条件に関係なく，物質固有の値である．

(1) A，B
(2) B，C
(3) C，D
(4) A，D
(5) B，D

問4　消火方法とその消火効果の組合せで，誤っているものはどれか． 解答解説：P153

(1) アルコールランプの炎をふたをして消す．…… 窒息効果
(2) ガスの元栓を閉めて，火を消す．………………… 窒息効果
(3) ロウソクの炎を吹き消す．………………………… 除去効果
(4) 重油の火災に泡消火剤で消す．…………………… 窒息効果
(5) 木材の火災に強化液を放射して消火する．…… 冷却効果

問5　炭素と水素のみからなる有機化合物が燃焼すると何ができるか． 解答解説：P154

(1) 有機過酸化物と二酸化炭素
(2) 過酸化水素と水蒸気
(3) 飽和有機化合物と二酸化炭素
(4) 二酸化炭素と硫化水素
(5) 二酸化炭素と水蒸気

問6　静電気についての説明で，誤っているものはどれか． 解答解説：P154

(1) 非水溶性の第4類危険物は，静電気がたまりにくい．
(2) 電気的に絶縁された2つの異なる物質が接触して離れるときに，一方が正，他方が負に帯電する．
(3) 湿度が低いほど，静電気は蓄積されやすい．
(4) 静電気が蓄積すると，放電火花が生じることがある．
(5) 衣類の場合，木綿の方がポリエステル繊維よりも，静電気がたまりにくい．

問 7　炭素が燃焼するときの反応式は，次のとおりである． 解答解説：P155

$$C + \frac{1}{2}O_2 = CO + 110.6kJ\cdots\cdots A$$

$$C + O_2 = CO_2 + 394.3kJ\cdots\cdots B$$

この反応式から考えて，次のうち正しいものはどれか．ただし，原子量は，炭素 12，酸素 16 である．

(1) A 式は炭素が完全燃焼するときの反応式である．
(2) B 式は炭素が不完全燃焼するときの反応式である．
(3) 二酸化炭素 1mol は，28g である．
(4) 炭素 12g で二酸化炭素は 28g 生成する．
(5) A 式，B 式とも，炭素は発熱反応により酸化されている．

問 8　次の化学変化の説明文の（　　）内に適する語を選べ． 解答解説：P155

「2 種類以上の物質が反応し，別の物質ができることを（　A　）といい，できた物質を（　B　）という．」

	A	B
(1)	酸化	酸化物
(2)	酸化	還元物
(3)	還元	化合物
(4)	化合	化合物
(5)	分解	混合物

問 9　酸と塩基について，次の（　　）内の語句を選べ． 解答解説：P156

「塩酸は，酸であるので，pH は 7 より（　A　）．水酸化ナトリウムは，塩基であるので，その水溶液の pH は 7 より（　B　）．
塩酸と水酸化ナトリウムを反応させると，食塩と水が生じるが，この反応を（　C　）と呼ぶ．」

	A	B	C
(1)	大きい	小さい	酸化
(2)	大きい	大きい	酸化
(3)	小さい	大きい	中和
(4)	小さい	大きい	還元
(5)	小さい	小さい	中和

基本問題 Set5 解答　問34 (4)　問35 (3)　応用問題 Set1 解答　問1 (3)　問2 (4)

問 10　ある物質は反応速度が 10℃上昇するごとに 2 倍になる．10℃から 60℃になった場合の反応速度の倍数として，次のうち正しいものを選べ． 解答解説：P156

(1)　8 倍
(2)　20 倍
(3)　32 倍
(4)　64 倍
(5)　100 倍

応用問題 Set1　性質・火災予防・消火方法の問題

問 11　次の各類の危険物の性状で，誤っているものはどれか． 解答解説：P157

(1) 第 1 類の危険物は，すべて固体である．
(2) 第 2 類の危険物は，すべて固体である．
(3) 第 3 類の危険物は，固体又は液体である．
(4) 第 5 類の危険物は，すべて液体である．
(5) 第 6 類の危険物は，すべて液体である．

問 12　最近，埋設配管の腐食による危険物の漏えい事故が起こっている．その原因とならないものはどれか． 解答解説：P157

(1) 地下水位が高いため，水に接するところと，接しないところがある．
(2) 埋設するとき，工具が落下し，配管の表面に傷をつけた．
(3) コンクリート内に埋設した．
(4) 工事に使用する機器の接地をする際，接地のくいが，配管に当たった．
(5) その付近に，電気鉄道等があり，直流電流が流れる状態になっていた．

問 13　第 4 類の危険物の一般的性状として，次のうち誤っているものはどれか． 解答解説：P158

(1) 水に溶けないものが多い．
(2) 可燃性蒸気を発生する．
(3) 水より軽いものが多い．
(4) 蒸気は空気より重い．
(5) 発火点は 100℃以下である．

解答解説：P158

問 14　第４類の危険物とその消火薬剤の説明で，次のうち誤っているものはどれか.

(1) 重油 …………………… 泡消火剤が効果的である.
(2) ガソリン …………… 二酸化炭素消火剤が効果的である.
(3) 二硫化炭素 ………… 霧状の水を放射するものは，効果的である.
(4) アルコール類 ……… 耐アルコール泡は効果的である.
(5) 灯油 …………………… 棒状の水放射が効果的である.

解答解説：P159

問 15　第４類第１石油類を取扱う施設で注意すべき点として，次のうち正しいものはどれか.

(1) 蒸気は空気より重く，遠方まで漂っていることがあるが，遠方での火気の使用は問題ない.
(2) 設置する電気機器は，防爆性能を有したものを使用する.
(3) 鉄びょうの付いた靴を使用する.
(4) 木綿より，ナイロンの衣服を作業着として使用する.
(5) 静電気は，点火源にならないので特に注意する必要はない.

問 16　ガソリンの性状として，次のうち誤っているものはどれか. 解答解説：P159

(1) 自動車用ガソリンは，オレンジ色に着色されている.
(2) 水より軽く，水に溶けない.
(3) 引火点は 100℃以下である.
(4) 着火温度は約 300℃である.
(5) 燃焼範囲は，おおよそ 1vol%～ 8vol%である.

問 17　酢酸の性状として，次のうち誤っているものはどれか. 解答解説：P160

(1) 水より重い.
(2) 引火点は常温（20℃）より低い.
(3) 高純度のものより，水溶液の方が腐食性が強い.
(4) 皮膚に触れると，火傷を起こす.
(5) 青い炎を上げて燃える.

問 18　動植物油類のうち，乾性油の説明として，次のうち誤っているものはどれか.

解答解説：P160

(1) 乾性油は，不乾性油より自然発火しやすい.
(2) よう素価が大きいほど，自然発火しやすい.
(3) 熱が蓄積されやすい状態になっているほど，自然発火しやすい.
(4) 風通しのよいほど，自然発火しにくい.
(5) 引火点が高いほど，自然発火しやすい.

応用問題 Set1 解答　問 3(1)　問 4(2)　問 5(5)　問 6(1)　問 7(5)　問 8(4)　問 9(3)

問 19　ジエチルエーテルの貯蔵・取扱いの方法とその理由の説明として，次のうち誤っているものはどれか．

解答解説：P161

	貯蔵・取扱いの方法	理由
(1)	容器は密栓する．	揮発性が大きい．
(2)	直射日光をさけ，冷暗所に保存	爆発性の過酸化物を生じる．
(3)	火気や高温体の接触をさける．	引火点が低い．
(4)	容器等に水を張り，蒸気の発生を抑制する．	水より重く，水に溶けない．
(5)	建物内部に滞留した蒸気は，屋外の高所に排出する．	蒸気は空気より重い．

問 20　アセトンの性状として，次のうち誤っているものはどれか．

解答解説：P161

(1) 水に溶けない．
(2) 水より軽い．
(3) 無色透明の液体である．
(4) 発生する蒸気は，空気より重く，低所に滞留する．
(5) 揮発しやすい．

応用問題 Set1　法令の問題

問 21　法別表第一に危険物として掲げられているものは，次のうちいくつあるか．

解答解説：P162

A　アルコール類
B　過酸化水素
C　プロパン
D　酸素
E　硫黄

(1) 1つ
(2) 2つ
(3) 3つ
(4) 4つ
(5) 5つ

問 22　貯蔵し，又は取扱う危険物の数量に関係なく，予防規程を定めなければならない製造所等は，次のうちどれか． 解答解説：P162

（1）製造所
（2）屋外貯蔵所
（3）屋外タンク貯蔵所
（4）屋内給油取扱所
（5）地下タンク貯蔵所

問 23　次に掲げる危険物が同一の貯蔵所において貯蔵されている場合，指定数量の倍数はいくつか．（　）内の数値は指定数量を示す． 解答解説：P163

- **過酸化水素（300kg）…………………… 300kg**
- **過酸化ベンゾイル（10kg）…………… 20kg**
- **過マンガン酸カリウム（300kg）…… 660kg**

（1）3.4
（2）4
（3）5.2
（4）6
（5）6.8

問 24　次の保安対象物で保安距離が必要でないものはどれか． 解答解説：P163

（1）5000V の高圧架空電線
（2）住居（同一敷地内にないもの）
（3）小学校
（4）劇場
（5）重要文化財

問 25　製造所等の消火設備について，次のうち誤っているものはどれか． 解答解説：P164

（1）所用単位の計算方法として，危険物は指定数量の 10 倍を 1 所用単位とする．
（2）乾燥砂は，第 5 種の消火設備である．
（3）地下タンク貯蔵所には，第 5 種の消火設備を 2 個以上設ける．
（4）電気設備に対する消火設備は，電気設備のある場所の面積 $100m^2$ ごとに 1 個以上設ける．
（5）消火粉末を放射する大型消火器は，第 5 種の消火設備である．

応用問題 Set1 解答 問 10（3）問 11（4）問 12（3）問 13（5）問 14（5）問 15（2）問 16（3）問 17（2）問 18（5）

問 26　販売取扱所の区分並びに位置，構造及び設備の基準について，次のうち誤っているものはどれか．

解答解説：P164

(1) 指定数量の倍数が 15 以下のものを第一種販売取扱所という．
(2) 指定数量の倍数が 15 を超え 40 以下のものを第二種販売取扱所という．
(3) 第一種販売取扱所には，第一種販売取扱所である旨を表示した標識と防火に関し必要な事項を表示した掲示板を設けなければならない．
(4) 第一種販売取扱所は，建築物の 2 階に設置できる．
(5) 建築物の第二種販売取扱所の用に供する部分には，当該部分のうち，延焼のおそれのない部分に限り，窓を設けることができる．

問 27　給油取扱所に設置できない用途の建築物は，次のうちどれか．

解答解説：P165

(1) 給油取扱所の関係者が居住する住宅
(2) 立体駐車場
(3) 飲食店
(4) コンビニ
(5) 車の展示場

問 28　製造所等の所有者，管理者又は占有者の義務違反とそれに対する市町村長等からの措置命令で，次のうち誤っているものはどれか．

解答解説：P165

	違反内容	措置命令
(1)	製造所等において，危険物の貯蔵又は取扱いが，技術上の基準に違反している．	貯蔵・取扱基準の遵守命令
(2)	製造所等の位置，構造及び設備が，技術上の基準に違反しているとき．	危険物施設の基準適合命令
(3)	危険物保安監督者に保安講習を受講させていなかったとき．	危険物保安監督者の解任命令
(4)	危険物の流出，その他の事故が発生したときに，応急の措置を講じていないとき．	危険物施設の応急措置命令
(5)	管轄する区域にある移動タンク貯蔵所について，危険物の流出，その他の事故が発生したとき．	移動タンク貯蔵所の応急措置命令

問 29　類を異にする危険物は，原則同時貯蔵できないが，屋内貯蔵所又は屋外貯蔵所において，相互に 1m 以上の間隔を置く場合，同時貯蔵が認められるものがある．次の組合せで，同時貯蔵が認められないものはどれか． 解答解説：P166

(1) 第１類と第６類
(2) 第２類と第３類の黄りん
(3) 第２類の引火性個体と第４類
(4) 第３類と第５類
(5) 第４類の有機過酸化物と第５類の有機過酸化物

解答解説：P166

問 30　危険物保安監督者の業務として，定められていないものは，次のうちどれか．

(1) 危険物の取扱作業の保安に関し，必要な監督業務を実施すること．
(2) 火災などの災害防止のため，隣接製造所等，その他関連する施設の関係者との連絡を保つ．
(3) 危険物施設保安員を置く製造所等にあっては，危険物施設保安員に必要な指示を行う．
(4) 火災等，災害発生時に作業者を指揮して，応急措置を講ずること，及び，直ちに消防機関等へ連絡する．
(5) 製造所等の位置，構造又は設備の変更，その他法に定める諸手続に関する業務を実施すること．

問 31　危険物取扱者についての記述で，次のうち誤っているものはどれか． 解答解説：P167

(1) 甲種又は乙種危険物取扱者が立会わなければ，危険物取扱者以外の者は，危険物を取扱うことはできない．
(2) 丙種危険物取扱者は，第４類のうち，定められた危険物について，取扱うことができる．
(3) 乙種第４類危険物取扱者は，すべての第４類危険物を取扱うことができる．
(4) 乙種危険物取扱者は，だれでも危険物保安監督者になることができる．
(5) 無資格者は，危険物施設保安員になることができる．

応用問題 Set1 解答 問 19 (4)　問 20 (1)　問 21 (3)　問 22 (4)　問 23 (3)　問 24 (1)　問 25 (5)

問 32　保安講習について，正しいものは，次のうちどれか． 解答解説：P167

(1) 危険物取扱者は，すべて３年に１回受講しなければならない．

(2) 危険物の取扱作業に従事していない危険物取扱者は，受講しなくてもよい．

(3) 法令に違反し，罰金以上の刑に処せられた危険物保安監督者が受講する講習である．

(4) 危険物施設保安員は，すべて受講しなければならない．

(5) 危険物保安監督者のみ，受講するよう義務づけられている．

問 33　移動タンク貯蔵所の取扱いの基準で，（　　）内に適するものを選べ．

移動タンク貯蔵所から危険物を貯蔵し，取り扱うタンクに，引火点（　　）℃未満の危険物を注入・荷下ろしするときは，移動タンク貯蔵所の原動機を停止させること． 解答解説：P168

(1) 30

(2) 40

(3) 45

(4) 50

(5) 55

問 34　危険物の運搬についての技術上の基準で，正しいものはどれか． 解答解説：P168

(1) 貨物トラックでなければ，運搬してはならない．

(2) 指定数量以上の危険物の運搬について適用される．

(3) 夜間，運搬する場合，守らなければならない基準である．

(4) 容器は収納口を上方に向けて積載すれば，どんな材質でもよい．

(5) 指定数量未満の危険物についても運搬の基準は適用される．

問 35　法令上，製造所等の使用停止命令の事由に該当しないものは，次のうちどれか．

(1) 施設を譲渡されたが，届出をしていなかったとき．

(2) 変更許可を受けないで，製造所等の位置，構造又は設備を変更したとき．

(3) 危険物保安監督者を選任したが，その者に保安の監督をさせていなかったとき．

(4) 指定数量の倍数を変更したが，その届出をしていなかった場合．

(5) 完成検査を受けないで製造所等を使用したとき．

解答解説：P169

応用問題

Set2

物理化学の問題

問 1　次の気体又は物質の蒸気のうちで，空気より軽いものはどれか． 解答解説：P170

(1) 一酸化炭素
(2) 二酸化炭素
(3) メチルアルコール
(4) ベンゼン
(5) ガソリン

問 2　静電気についての説明で，次のうち誤っているものはどれか． 解答解説：P170

(1) 静電気が蓄積すると，放電火花が生じることがある．
(2) 帯電体が放電するときの火花エネルギーは，

$E = \frac{1}{2}QV = \frac{1}{2}CV^2$　　Q：電気量，V：電圧，C：静電容量で表される．

(3) 物質に静電気が蓄積すると，その物質は蒸発しやすくなる．
(4) 一般に，液体や固体が流動するときは，静電気が発生する．
(5) 湿度が低いほうが，静電気は蓄積されやすい．

問 3　比熱の説明として，次のうち誤っているものはどれか． 解答解説：P171

(1) 比熱が大きいものは，温まりにくく，冷めにくい．
(2) 比熱とは，物質 1g の温度を 1K（ケルビン）上昇させるのに必要な熱量である．
(3) 水の比熱は，4.19J/g・K である．
(4) 水の比熱は，すべての物質の中で一番大きい．
(5) 水，ガソリン，鉄のうち，比熱の最も小さいものはガソリンである．

問 4　次の pH の値で，酸性であり，かつ，中性に一番近いものはどれか． 解答解説：P171

(1) pH ＝ 3
(2) pH ＝ 6.7
(3) pH ＝ 7.5
(4) pH ＝ 9
(5) pH ＝ 12

応用問題 Set1 解答　問 26 (4)　問 27 (2)　問 28 (3)　問 29 (4)　問 30 (5)　問 31 (4)

問5　酸化剤と還元剤の説明として，次のうち誤っているものはどれか． 解答解説：P172

(1) 他の物質を酸化させるもの………… 酸化剤
(2) 他の物質を還元させるもの………… 還元剤
(3) 他の物質に酸素を与えるもの……… 酸化剤
(4) 物質に水素を与えるもの…………… 還元剤
(5) 他の物質に電子を与えるもの……… 酸化剤

問6　次の危険物を200kg貯蔵している．下記の説明で正しいものはどれか． 解答解説：P172

・液比重　0.87　　・燃焼範囲　2.8%～7.6%
・引火点　11℃　　・発火点　480℃
・沸　点　80℃　　・蒸気比重　1.3

(1) 体積は174ℓである．
(2) 蒸気濃度10%のときは，火気を近づけると燃える．
(3) 液温を11℃まで熱すると，自然発火する．
(4) 液温を480℃まで熱すると，火気を近づけると燃える．
(5) 蒸気は空気より重い．

問7　メチルアルコールの燃焼の反応式は，次のとおりである． 解答解説：P173

$$2CH_3OH + 3O_2 \rightarrow 4H_2O + 2CO_2$$

メチルアルコール96gを完全燃焼させるのに必要な理論上の酸素量は，次のうちどれか．ただし，原子量は炭素(C)12，水素(H)1，酸素(O)16とする．

(1) 24g
(2) 32g
(3) 48g
(4) 64g
(5) 144g

問8　ガソリンの燃焼範囲は，1.4～7.6vol%である．このことより，次のうち正しい内容はどれか． 解答解説：P173

(1) 空気100ℓにガソリン蒸気を7.6ℓ混合した場合は，長時間放置すれば自然発火する．
(2) 空気100ℓにガソリン蒸気を1.4ℓ混合した場合は，点火すると燃焼する．
(3) 空気98.6ℓとガソリン蒸気1.4ℓとの混合気体は，点火すると燃焼する．
(4) 空気1.4ℓとガソリン蒸気98.6ℓとの混合気体は，点火すると燃焼する．
(5) 空気1.4ℓとガソリン蒸気100ℓとの混合気体は，点火すると燃焼する．

問 9　次の電解質についての説明のうち，正しいものはどれか．　解答解説：P174

(1) 水に溶けたとき水素イオン（H^+）を出すものは塩基である．

(2) 水に溶けたとき電離して水酸化物イオン（OH^-）を出すものは酸である．

(3) 物質が水に溶けて陽イオンと陰イオンに分かれることを電離という．

(4) 純粋な水は，電気をよく通す．

(5) 酸と塩基を反応させると塩と水を生じる．この反応を化合という．

問 10　消火器と主な消火効果との組合せとして，次のうち誤っているものはどれか．　解答解説：P174

(1) 水消火器……………………… 冷却効果

(2) 泡消火器……………………… 窒息効果

(3) 二酸化炭素消火器………… 窒息効果・冷却効果・希釈効果

(4) ハロゲン化物消火器……… 冷却効果

(5) 粉末消火器…………………… 負触媒（抑制）効果・窒息効果

応用問題 Set2　性質・火災予防・消火方法の問題

問 11　次の共通性状を有する危険物の類別を答えよ．　解答解説：P175

「この類の危険物の多くは分子内に酸素を含有している．いずれも可燃性である．加熱，衝撃，摩擦等により発火・爆発することがある．」

(1) 第 1 類危険物

(2) 第 2 類危険物

(3) 第 3 類危険物

(4) 第 5 類危険物

(5) 第 6 類危険物

問 12　すべての第４類の危険物に当てはまる記述として，次のうち正しいものはどれか．　解答解説：P175

(1) 可燃物である．

(2) 常温（20℃）以上に温めると水溶性となる．

(3) 0℃以上にならないと燃焼しない．

(4) 液体の比重は 1 より小さい．

(5) 酸素を含有している化合物である．

応用問題 Set1 解答 問32 (2) 問33 (2) 問34 (5) 問35 (1) **応用問題 Set2 解答** 問 1 (1) 問2 (3) 問3 (5) 問4 (2)

問 13　第４類の危険物の火災に最も適する消火剤の効果は，次のうちどれか． 解答解説：P176

(1) 可燃性蒸気の発生を抑制する．
(2) 液温を引火点以下に下げる．
(3) 可燃性蒸気の濃度を下げる．
(4) 空気の供給を遮断したり，化学的に燃焼反応を抑制する．
(5) 危険物を除去する．

問 14　ジエチルエーテルの貯蔵及び取扱いの方法として，次のうち誤っているものはどれか． 解答解説：P176

(1) 直射日光をさける．
(2) 水より重く，水に溶けにくいので，水中保存をする．
(3) 冷暗所に貯蔵し，容器は密栓する．
(4) 建物内部に滞留した蒸気は，屋外の高所に排出する．
(5) 火気及び高温体の接近をさける．

問 15　メチルエチルケトンの性状として，次のうち誤っているものはどれか． 解答解説：P177

(1) 無色の液体である．
(2) 沸点は 80℃である．
(3) 引火点は－7℃である．
(4) 発火点は 404℃である．
(5) 水によく溶ける．

問 16　ヘキサンの性状として，次のうち誤っているものはどれか． 解答解説：P177

(1) 水に溶けない．
(2) 水よりも軽い．
(3) 引火点は 0℃よりも低い．
(4) 無色無臭の揮発性液体である．
(5) 灯油や軽油と混ざり合う．

問 17　スチレンの性状として，次のうち誤っているものはどれか． 解答解説：P178

(1) 無色の液体で，特有の臭気がある．
(2) アルコール，エーテル，二硫化炭素等にはよく溶けるが，水には溶けない．
(3) 熱や光により，容易に重合する．
(4) 第 2 石油類に分類される．
(5) 水より重い．

問 18　クレオソート油の性状として，次のうち正しいものはどれか． 解答解説：P178

(1) 無色無臭の液体である．

(2) アルコール，ベンゼンなどに溶けるが，水には溶けない．

(3) 沸点は，100℃である．

(4) 水より軽い．

(5) 発火点は，約 250℃以下である．

問 19　メチルアルコール，アセトン，二硫化炭素の性状として，次のうち誤っているものはどれか． 解答解説：P179

(1) 沸点は，メチルアルコールが最も低い．

(2) 引火点は，メチルアルコールが最も高い．

(3) 発火点は，アセトンが最も高い．

(4) 燃焼範囲は，二硫化炭素が最も広い．

(5) 液の比重は，二硫化炭素が最も大きい．

問 20　ガソリンを貯蔵していたタンクに灯油を入れるときは，タンク内のガソリンの蒸気を完全に除去してから入れなければならないが，その理由は，次のうちどれか． 解答解説：P179

(1) タンク内のガソリンの蒸気が灯油と混合することにより，ガソリンの引火点が高くなるから．

(2) タンク内に充満していたガソリンの蒸気が灯油と混合して熱を発生し，発火することがあるから．

(3) タンク内に充満していたガソリンの蒸気が灯油に吸収されて燃焼範囲の濃度に薄まり，かつ，灯油の流入で発生した静電気の火花で引火することがあるから．

(4) タンク内のガソリンの蒸気が灯油と混合して，灯油の発火点が著しく低くなるから．

(5) タンク内のガソリンの蒸気が灯油の蒸気と混合するとき発熱し，その熱で灯油の温度が高くなるから．

応用問題 Set2 解答 問 5(5) 問 6(5) 問 7(5) 問 8(3) 問 9(3) 問 10(4) 問 11(4) 問 12(1)

応用問題	Set2	法令の問題

問 21 **法別表第一に危険物の品名として掲げられているものは，次のA～Eのうちいくつあるか．** 解答解説：P180

A ナトリウム

B 硝酸

C 鉄粉

D 水素

E エチレン

(1) 1つ

(2) 2つ

(3) 3つ

(4) 4つ

(5) 5つ

問 22 **現在，軽油を500ℓ貯蔵している．これと同一の場所に次の危険物を貯蔵した場合，法令上，指定数量の倍数が1以上となるものは，次のうちどれか．** 解答解説：P180

(1) ベンゼン……………… 100ℓ

(2) エタノール………… 150ℓ

(3) 灯油…………………… 300ℓ

(4) 重油…………………… 600ℓ

(5) シリンダー油…… 2,000ℓ

問 23 **屋外貯蔵所において，貯蔵できる危険物の組合せで正しいものは，次のうちどれか．** 解答解説：P181

(1)	アセトアルデヒド	アセトン	灯油
(2)	軽油	硫黄	重油
(3)	シリンダー油	ガソリン	メチルアルコール
(4)	ガソリン	ナトリウム	赤りん
(5)	硝酸	過酸化水素	黄りん

問 24　仮使用の説明として，次のうち正しいものはどれか． 解答解説：P181

(1) 仮使用とは，製造所等を変更する場合に，工事が終了した部分を仮に使用することをいう．

(2) 仮使用とは，定期点検中の製造所等を7日以内の期間，仮に使用することをいう．

(3) 仮使用とは，製造所等の設置工事において，工事終了部分を完成検査前に使用することをいう．

(4) 仮使用とは，製造所等を変更する場合に，変更工事にかかわる部分以外の部分の全部又は一部を，市町村長等の承認を得て完成検査前に仮に使用することをいう．

(5) 仮使用とは，製造所等を変更する場合．変更工事の開始前に仮に使用することをいう．

問 25　危険物保安監督者及び危険物取扱者についての説明（A～E）で，正しいものはいくつあるか． 解答解説：P182

A　危険物保安監督者を定めるのは，製造所等の所有者等である．

B　危険物保安監督者を選任し，又は解任した場合，その旨を市町村長等に届け出なければならない．

C　製造所等においては，その許可数量及び品名等にかかわらず，危険物保安監督者を定めておかなければならない．

D　危険物取扱者でない者でも，甲種又は乙種危険物取扱者の立会いがあれば，危険物を取扱うことができる．

E　丙種危険物取扱者は，第4類の危険物のうち特定の危険物を貯蔵又は取扱う製造所等の危険物保安監督者になることができる．

(1) 1つ

(2) 2つ

(3) 3つ

(4) 4つ

(5) 5つ

応用問題 Set2 解答　問13(4)　問14(2)　問15(5)　問16(4)　問17(5)　問18(2)　問19(1)　問20(3)

問 26　危険物の取扱作業の保安講習の受講対象となるのは，次のうちどの者か． 解答解説：P182

(1) 危険物施設保安員

(2) 危険物保安統括管理者

(3) すべての危険物取扱者

(4) 製造所等で危険物の取扱作業に従事しているすべての者

(5) 製造所等で危険物の取扱作業に従事しているすべての危険物取扱者

問 27　一定数量以上の危険物を貯蔵し又は取扱うようになる場合，危険物施設保安員を選任しなければならない製造所等として，次のうち正しいものはどれか． 解答解説：P183

(1) 第一種販売取扱所

(2) 給油取扱所

(3) 屋外貯蔵所

(4) 製造所

(5) 移送取扱所

問 28　製造所等の定期点検について，次のうち誤っているものはどれか． 解答解説：P183

(1) 1 年に 1 回以上行わなければならない．

(2) 点検の記録は，5 年間保存しなければならない．

(3) 移動タンク貯蔵所は，貯蔵又は取扱う危険物の品名及び数量にかかわらず，定期点検を実施しなければならない．

(4) 原則として，危険物取扱者又は危険物施設保安員が行わなければならない．

(5) 危険物取扱者又は危険物施設保安員以外の者が，その点検を行う場合は，危険物取扱者（乙 4 類以上）の立会いを受けなければならない．

問 29　製造所の設備の技術上の基準について，誤っているものはどれか． 解答解説：P184

(1) 危険物を取扱うにあたって静電気を発生するおそれのある設備は，静電気を有効に除去する装置を設けること．

(2) 危険物を取扱う建築物は，危険物を取扱うのに必要な採光，照明及び換気の設備を設けること．

(3) 可燃性の蒸気又は可燃性の微粉が滞留する建築物は，その蒸気又は微粉が屋外の低所に排出される設備を設けること．

(4) 危険物を加圧する設備は，圧力計又は規則で定める安全装置を設けること．

(5) 危険物を加熱，若しくは冷却する設備又は危険物の取扱いに伴って温度変化が起こる設備は，温度測定装置を設けること．

解答解説：P184

問 30　給油取扱所における「給油空地」の説明として，次のうち正しいものはどれか．

(1) 固定給油設備のうち，ホース機器の周囲に設けられた，自動車等に直接給油し，及び給油を受ける自動車等が出入りするために設けられた間口 10m 以上，奥行 6m 以上の空地のことである．

(2) 懸垂式の固定給油設備と道路境界線の間に設けられた，幅 4m 以上の空地のことである．

(3) 給油取扱所の専用タンクに移動貯蔵タンクから危険物を注入するとき，移動タンク貯蔵所が停車するために設けられた空地のことである．

(4) 固定給油設備のうちホース機器の周囲に設けられた，$9m^2$（3m × 3m）以上の空地のことである．

(5) 消防活動及び延焼防止のために給油取扱所の周囲に設けられた，幅 3m 以上の空地のことである．

問 31　ある製造所において，第 4 類第 2 石油類を 2000 ℓ 製造した．指定数量と倍数の説明で，次のうち正しいものはどれか．

解答解説：P185

(1) 非水溶性の場合，指定数量は 1000 ℓ で，倍数は 2 倍である．

(2) 非水溶性の場合，指定数量は 2000 ℓ で，倍数は 1 倍である．

(3) 水溶性の場合，指定数量は 2000 ℓ で，倍数は 2 倍である．

(4) 水溶性の場合，指定数量は 1000 ℓ で，倍数は 2 倍である．

(5) 水溶性，非水溶性を問わず，指定数量は 1000 ℓ で，倍数は 2 倍である．

問 32　危険物の取扱いのうち，消費及び廃棄の技術上の基準として，次のうち誤っているものはどれか．

解答解説：P185

(1) 埋没する場合は，危険物の性質に応じて安全な場所で行うこと．

(2) 焼却による危険物の廃棄は，燃焼又は爆発によって他に危害又は損害を及ぼすおそれが大きいので行ってはならない．

(3) 焼入れ作業は，危険物が危険な温度に達しないように注意して行うこと．

(4) バーナーを使用する場合は，バーナー逆火を防ぎ，かつ，危険物があふれないようにすること．

(5) 染色の作業は，可燃性の蒸気が発生するので換気に注意すること．

応用問題 Set2 解答 問 21 (3) 問 22 (1) 問 23 (2) 問 24 (4) 問 25 (3)

問 33　給油取扱所の位置，構造，設備の技術上の基準について，次のうち誤っているものはどれか．

解答解説：P186

(1) 地下専用タンクの容量の制限はない．

(2) 敷地の周囲には，自動車の出入りする側を除き，高さ 2m 以上の防火壁を設けること．

(3) 空地はコンクリート等で舗装し，その地盤面は周囲の地盤面より低くすること．

(4) 間口 10m 以上，奥行 6m 以上の空地を保有すること．

(5) 固定給油設備は，敷地境界線から 2m 以上，道路から 4 ～ 6m 以上の間隔を保つこと．

問 34　危険物の各類とその運搬容器の外部に行う注意事項の表示として，次のうち誤っているものはどれか．（　）内に具体的な物品名を示す．

解答解説：P186

(1) 第 1 類（塩素酸カリウム）……「火気・衝撃注意」「可燃物接触注意」

(2) 第 2 類（鉄粉）……「火気厳禁」

(3) 第 4 類（灯油）……「火気厳禁」

(4) 第 5 類（過酸化ベンゾイル）……「火気厳禁」「衝撃注意」

(5) 第 6 類（硝酸）……「可燃物接触注意」

問 35　製造所等の使用停止命令の事由として該当しないものは，次のうちどれか．

(1) 定期点検の届出を怠っているとき．

(2) 定期点検をしなければならない製造所等について，この期間内に点検しないとき．

(3) 変更許可を受けないで，製造所等の位置，構造又は設備を変更したとき．

(4) 危険物の貯蔵及び取扱いの基準の遵守命令に違反したとき．

(5) 完成検査を受けずに，使用したとき．

解答解説：P187

応用問題
Set3
物理化学の問題

問１ 爆発についての記述で，次のうち誤っているものはどれか． 解答解説：P188

(1) 固体の可燃物が粉末状で空気中に浮遊するとき，点火源を与えると強力に爆発することがある．これを「粉じん爆発」という．

(2) 石炭の粉は，粉じん爆発を起こす．

(3) 小麦粉は，粉じん爆発を起こす．

(4) 可燃性蒸気が密閉状態のところで燃焼範囲にあるとき，火源によって爆発現象を起こすことを「粉じん爆発」という．

(5) 粉じん爆発は，可燃性蒸気の爆発と同じように，燃焼範囲がある．

問２ 次の化学構造式で表される物質の名前を答えよ． 解答解説：P188

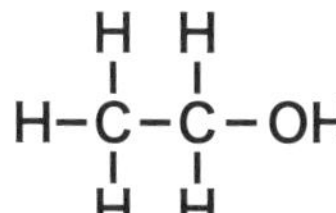

(1) メタノール　(2) エタノール

(3) ベンゼン　(4) キシレン

(5) 酢酸

問３ 次の物質のうち，常温（20℃）で，燃焼形態が蒸発燃焼のものはいくつあるか． 解答解説：P189

A：ガソリン

B：水素

C：コークス

D：ナフタリン

E：セルロイド

(1) なし

(2) 1つ

(3) 2つ

(4) 3つ

(5) 4つ

応用問題 Set2 解答 問26(5) 問27(4) 問28(2) 問29(3) 問30(1) 問31(1) 問32(2)

問 4　化学変化のみに関する用語の組合せは，次のうちどれか． 解答解説：P189

(1)	昇華	融解	化合
(2)	凝固	混合	化合
(3)	分解	混合	凝固
(4)	酸化	混合	昇華
(5)	酸化	燃焼	中和

問 5　酸の一般的な性質として，次のうち誤っているものはどれか． 解答解説：P190

(1) 亜鉛などの金属を溶かし，酸素を発生する．
(2) 水に溶けると電離して，水素イオンを生じる．
(3) 青色リトマス試験紙を赤く変える．
(4) 水溶液の pH は，7 より小さい．
(5) 塩基を中和して，塩と水を生じる．

問 6　金属の性質について，次のうち誤っているものはどれか． 解答解説：P190

(1) 金属は燃焼しない．
(2) 金属の中には，水に浮くものがある．
(3) 比重が約 4 以下の金属を一般に軽金属という．
(4) イオンへのなりやすさは，金属の種類によって異なる．
(5) 希硝酸と反応しないものがある．

問 7　次の気体で一番重いものはどれか．原子量は，C = 12，O = 16，H = 1，N = 14 とする． 解答解説：P191

(1) 二酸化炭素（CO_2）
(2) エチレン（C_2H_4）
(3) エタン（C_2H_6）
(4) メタン（CH_4）
(5) 窒素（N_2）

問 8　可燃物とその燃焼の形態の組合せとして，次のうち誤っているものはどれか．

解答解説：P191

(1) アセチレン　　拡散燃焼
(2) 木　材　　　分解燃焼
(3) セルロイド　　自己燃焼
(4) ガソリン　　蒸発燃焼
(5) 硫　黄　　　表面燃焼

問 9　「ある可燃性液体の引火点が 50℃，燃焼範囲の下限（値）が 2.3vol%，上限（値）が 18.5vol%である．」

解答解説：P192

次の説明で誤っているものはどれか．

(1) 空気との混合気体の濃度が 18.5vol%を超えると点火源を与えても燃焼しない．
(2) 液温が 50℃になれば，液体表面に生ずる可燃性蒸気の濃度は 18.5vol%となる．
(3) 液温が 50℃のとき，液体表面に燃焼範囲の下限の濃度の混合気体が存在する．
(4) 液温が 50℃以上になれば引火する．
(5) この液体の蒸気 5 ℓ と空気 95 ℓ の混合気体中で，電気スパークを飛ばすと燃焼する．

問 10　消火に関する説明で，次のうち誤っているものはどれか．

解答解説：P192

(1) 引火点以下にすれば，消火できる．
(2) 可燃性蒸気と空気との混合気の濃度を燃焼下限値以下にすれば，消火できる．
(3) 一般に酸素の濃度を 14 ～ 15vol%以下とすれば，消火できる．
(4) 爆風により可燃性蒸気を吹き飛ばす方法で，消火できる場合もある．
(5) 燃焼の三要素である可燃物，酸素供給源，点火源のひとつを取り去っただけでは，消火できない．

応用問題 Set2 解答　問 33(3)　問 34(2)　問 35(1)　応用問題 Set3 解答　問 1(4)　問 2(2)　問 3(3)

応用問題 Set3 性質・火災予防・消火方法の問題

問 11 危険物の類ごとの共通する性質とその具体的物質名の表で，次のうち誤っているものはどれか. 解答解説：P193

	類名	共通する性質	物質名
(1)	第１類	酸化性の固体．加熱分解し酸素を発生.	塩素酸塩類
(2)	第２類	可燃性固体．還元性物質で大変燃焼しやすい.	硫黄
(3)	第３類	自然発火又は水と接触して発火若しくは可燃性ガスを発生する.	カリウム
(4)	第５類	可燃物と酸素が共存している物質で自己燃焼性がある.	硝酸エチル
(5)	第６類	還元性液体であり還元性が強い.	硝酸

問 12 第４類の危険物の火災予防の方法として，貯蔵場所は通風，換気に注意しなければならないが，この一番の理由はどれか. 解答解説：P193

(1) 液温を発火点以下に保つため.
(2) 自然発火を防止するため.
(3) 発生する蒸気の滞留を防ぐため.
(4) 室温を引火点以下に保つため.
(5) 静電気の発生を防止するため.

問 13 一般に第４類の危険物の火災には，水をかけて消火するのは適切でないといわれている．その理由は，次のうちどれか. 解答解説：P194

(1) 燃焼面が拡大するから.
(2) 発火点が下がるから.
(3) 可燃性ガスが発生するから.
(4) 引火点が下がるから.
(5) 発熱，発火するから.

問14　**油火災及び電気火災の両方に適応する消火剤の組合せを次のうちから選べ.**

解答解説：P194

(1) 二酸化炭素　粉末　棒状の強化液
(2) 二酸化炭素　ハロゲン　泡
(3) 二酸化炭素　泡　霧状の強化液
(4) ハロゲン　粉末　霧状の強化液
(5) ハロゲン　粉末　棒状の強化液

問15　**ガソリンの性状として，正しいものは次のうちどれか.**

解答解説：P195

(1) 二硫化炭素より発火点は低い.
(2) 蒸気比重は1より大きい.
(3) 引火点は20℃以上である.
(4) ジエチルエーテルより燃焼範囲は広い.
(5) 電気の良導体であり，静電気が蓄積されにくい.

問16　**トルエンの性状として，次のうち誤っているものはどれか.**

解答解説：P195

(1) 無色の液体である.
(2) 水によく溶ける.
(3) 特有の芳香を有している.
(4) アルコール，ベンゼン等の有機溶剤に溶ける.
(5) 揮発性があり，蒸気は空気より重い.

問17　**メタノールとエタノールに共通する性状として，次のうち誤っているものはどれか.**

解答解説：P196

(1) 引火点は常温（20℃）より高い.
(2) 沸点は，100℃未満である.
(3) 蒸気は空気より重い.
(4) 飽和1価のアルコールである.
(5) 燃焼時の炎の色は淡いため，認識しにくいことがある.

問18　**酢酸（氷酢酸）の性状として，次のうち誤っているものはどれか.**

解答解説：P196

(1) 水，エチルアルコールとジエチルエーテルに溶ける.
(2) 無色透明の液体で刺激臭を有する.
(3) 水溶液は腐食性を有し，弱い酸性を示す.
(4) 15℃では凝固しない.
(5) エチルアルコールと反応して，酢酸エステルを生成する.

応用問題 Set3 解答　問4(5)　問5(1)　問6(1)　問7(1)　問8(5)　問9(2)　問10(5)

問19 **布にしみ込ませて大量に放置すると，自然発火する危険性が最も高い危険物は，次のうちどれか．** 解答解説：P197

(1) 第3石油類のうち，重油
(2) 第4石油類のうち，シリンダー油
(3) 動植物油類のうち，半乾性油
(4) 動植物油類のうち，不乾性油
(5) 動植物油類のうち，乾性油

問20 **液体の比重が1より大きいものは，次のうちいくつあるか．** 解答解説：P197

エチルアルコール　二硫化炭素　グリセリン
ニトロベンゼン　クロロベンゼン　重油

(1) 2つ　(2) 3つ　(3) 4つ　(4) 5つ　(5) 6つ

応用問題 Set3 法令の問題

問21 **次の危険物の品名とその分類で，誤っているものはどれか．** 解答解説：P198

(1) 酸化プロピレンは，特殊引火物である．
(2) トルエンは，第1石油類に属する．
(3) 重油は，第2石油類に属する．
(4) クレオソート油は，第3石油類に属する．
(5) ギヤー油は，第4石油類に属する．

問22 **危険物取扱者に関する記述として，次のうち誤っているものはどれか．** 解答解説：P198

(1) 甲種危険物取扱者は，すべての種類の危険物を取り扱うことができる．
(2) 乙種第4類の危険物取扱者は，同じ液体の危険物である第6類の硝酸の取扱いができる．
(3) 乙種第4類の危険物取扱者は，丙種危険物取扱者がアルコール類を取り扱う場合，立会いをして取り扱わせることができる．
(4) 丙種危険物取扱者が取り扱うことのできる危険物は，第4類のうち，ガソリン，灯油，軽油，第3石油類（重油，潤滑油及び引火点130℃以上のものに限る．），第4石油類及び動植物油類である．
(5) 乙種危険物取扱者には，6か月以上の危険物取扱いの実務経験があれば，危険物保安監督者になる資格があるが，丙種危険物取扱者には資格がない．

解答解説：P199

問 23 **危険物製造所等の仮使用に関する説明として，次のうち正しいものはどれか.**

(1) 指定数量以上の危険物を 10 日以内の期間，仮に取り扱うため，仮使用の申請をした.

(2) 製造所等を仮使用する場合は，所轄の消防長の承認を受ければよい.

(3) 仮使用ができるのは，変更の許可に伴い，仮使用の承認を受けてから完成検査済証が交付されるまでの期間である.

(4) 設置許可を受けた製造所等が一部完成したので，その完成部分を使用するため，仮使用の承認を受けた.

(5) 製造所等の完成検査を受けたが，一部分が不合格であったので，合格している部分を使用するため，改めて仮使用の承認申請をした.

問 24 **危険物を取扱う場合，必要な申請書類及び申請先の組合せとして，次のうち誤っているものはどれか.**

解答解説：P199

	申請内容	申請の種類	申請先
(1)	製造所等の位置，構造又は設備を変更しようとする場合	変更の許可	市町村長等
(2)	製造所等の位置，構造及び設備等を変更しないで，貯蔵する危険物の品名を変更する場合	変更の届出	所轄消防長又は消防署長
(3)	製造所等の変更工事にかかわる部分以外の部分，又は一部を，完成検査前に仮に使用する場合	承　認	市町村長等
(4)	製造所等において，予防規程の内容を変更する場合	認　可	市町村長等
(5)	製造所等以外の場所で，指定数量以上の危険物を，10 日以内の期間，仮に貯蔵し，又は取扱う場合	承　認	所轄消防長又は消防署長

応用問題 Set3 解答 問 11 (5) 問 12 (3) 問 13 (1) 問 14 (4) 問 15 (2) 問 16 (2) 問 17 (1) 問 18 (4)

問 25　危険物取扱者免状の返納を命じることのできる者は，次のうちどれか． 解答解説：P200

(1) 都道府県知事　(2) 市町村長　(3) 消防庁長官　(4) 消防長　(5) 消防署長

問 26　危険物取扱者免状を交付された後，1 年間危険物の取扱いに従事していなかった者が，新たに 2 月 1 日から危険物の取扱いに従事することとなった．この場合，危険物の取扱作業の保安に関する講習の受講時期で，次のうち正しいものはどれか．免状交付日は従事する 1 年前の 2 月 1 日とする． 解答解説：P200

(1) 従事することとなった日から 6 ヶ月以内に受講しなければならない．
(2) 従事することとなった日から 1 年以内に受講しなければならない．
(3) 従事することとなった日から 2 年後の最初の 3 月 31 日までに受講しなければならない．
(4) 従事することとなった日から 3 年後の最初の 3 月 31 日までに受講しなければならない．
(5) 従事することとなった日から 5 年後の最初の 3 月 31 日までに受講しなければならない．

問 27　製造所等の予防規程について，次のうち誤っているものはどれか． 解答解説：P201

(1) 予防規程を定めたときは，市町村長等に認可を受けなければならない．
(2) 予防規程を変更するときは，市町村長等に認可を受けなければならない．
(3) 予防規程は，危険物保安監督者が定めなければならない．
(4) 予防規程は，危険物の貯蔵・取扱いの技術上の基準に適合していなければならない．
(5) 製造所等の所有者等及びその従業者は，予防規程を守らなければならない．

問 28　製造所等の外壁等から 50m 以上の距離（保安距離）を保たなければならない建築物は，次のうちどれか． 解答解説：P201

(1) 重要文化財
(2) 中学校
(3) 当該製造所の敷地外にある住居
(4) 高圧ガス施設
(5) 使用電圧が，7,000V 以上 35,000V 未満の特別高圧架空電線

問 29　次の４基（A～D）の屋外貯蔵タンクを同一の防油堤内に設置する場合，この防油堤の必要最小限の容量として，正しいものはどれか．

解答解説：P202

A	ガソリン　200 kℓ
B	灯　油　　300 kℓ
C	軽　油　　500 kℓ
D	重　油　　600 kℓ

(1)　200 kℓ
(2)　500 kℓ
(3)　600 kℓ
(4)　660 kℓ
(5)　1,600 kℓ

解答解説：P202

問 30　製造所等に設ける標識，掲示板について，次のうち誤っているものはどれか．

(1) 製造所には，「危険物製造所」の標識を設けなければならない．
(2) 移動タンク貯蔵所には，「危」と表示した標識を設けなければならない．
(3) 第４類の危険物を貯蔵する屋内貯蔵所には，「火気厳禁」と表示した掲示板を設けなければならない．
(4) 屋外タンク貯蔵所には，危険物の類別，品名及び貯蔵・取扱最大数量並びに危険物保安監督者の氏名又は職名を表示した掲示板を設けなければならない．
(5) 第４類の危険物を貯蔵する地下タンク貯蔵所には，「取扱注意」と表示した掲示板を設けなければならない．

解答解説：P203

問 31　次の製造所等において，警報設備を設置しなくてはならないものはどれか．

(1) 第１石油類（非水溶性液体）を 20,000 ℓ 貯蔵する移動タンク貯蔵所
(2) 第２石油類（水溶性液体）を 20,000 ℓ 貯蔵する屋内貯蔵所
(3) 第３石油類（非水溶性液体）を 10,000 ℓ 貯蔵する屋内貯蔵所
(4) 第４石油類を 40,000 ℓ 貯蔵する屋外タンク貯蔵所
(5) 動植物油類を 60,000 ℓ 貯蔵する屋外貯蔵所

応用問題 Set3 解答 問19(5) 問20(3) 問21(3) 問22(2) 問23(3) 問24(2)

問 32　販売取扱所の説明として，(　　) 内に適する数値を選べ． 解答解説：P203

「第 1 種販売取扱所は，指定数量の (　　) 倍以下を，容器入りのまま販売できる．」

(1) 8　(2) 10　(3) 15　(4) 20　(5) 40

解答解説：P204

問 33　危険物の運搬に関する技術上の基準について，誤っているものは次のうちどれか．

(1) 第 4 類の危険物と第 6 類の危険物とは指定数量の 10 分の 1 以下である場合を除き，混載して積載してはならない．
(2) 指定数量以上の危険物を車両で運搬する場合は，標識を掲げるほか，消火設備を備えなければならない．
(3) 指定数量以上の危険物を車両で運搬する場合は，所轄消防長又は消防署長に届け出なければならない．
(4) 運搬容器の外部には，原則として危険物の品名，数量等を表示して積載しなければならない．
(5) 運搬容器は，収納口を上方に向けて積載しなければならない．

解答解説：P204

問 34　危険物を移動タンク貯蔵所で移送する場合の措置として，正しいものはどれか．

(1) 移送する 7 日前に許可を受けた所轄消防署長へ届け出なければならない．
(2) 危険物取扱者免状は常置場所である事務所で保管している．
(3) 弁，マンホール等の点検は，1 月に 1 回以上行わなければならない．
(4) 移送中に休憩する場合は，所轄消防長の承認を受けた場所で行わなければならない．
(5) 乙種第 4 類危険物取扱者は，エチルアルコールを移動タンク貯蔵所で移送できる．

問 35　使用停止命令の発令事由に該当するものは，次のうちどれか． 解答解説：P205

(1) 危険物保安監督者を選任していない場合
(2) 予防規程を承認を得ないで変更した場合
(3) 危険物取扱者が危険物保安講習を受講していない場合
(4) 施設を譲渡されたが届出をしていなかった場合
(5) 危険物施設保安員を選任していない場合

応用問題 Set3 解答　問 25 (1)　問 26 (3)　問 27 (3)　問 28 (1)　問 29 (4)　問 30 (5)　問 31 (2)　問 32 (3)　問 33 (3)　問 34 (5)　問 35 (1)

⇦ 矢印の方向に引くと,「問題編」は,取りはずすことができます.